应用型本科院校"十三五"规划教材/计算机类

U0222661

主　编　赵　菲　朱莹泽
副主编　宫　洁　宋　伟
　　　　李　颖　郭　旭
主　审　线恒录

计算机基础
——Windows 7+Office 2010

Basic of Computer——Windows 7+Office 2010

CPU

哈尔滨工业大学出版社

内容简介

本书吸取了国内同类教材的优点,以强调应用技能为目标,以实践性、实用性和前沿性为编写原则。本书主要介绍了计算机基础知识、操作系统、Word 2010 文字处理软件、Excel 2010 电子表格软件、Power-Piont 演示文稿制作软件及 Internet 基础与应用等知识。

本书内容丰富,结构清晰,具有很强的实用性,可作为应用型本科院校计算机公共基础课的教材,也可作为计算机等级考试参考书。

图书在版编目(CIP)数据

计算机基础:Windowns 7 + Office 2010/赵菲,朱莹泽主编.
—哈尔滨:哈尔滨工业大学出版社,2016.8(2017.8 重印)
应用型本科院校"十三五"规划教材
ISBN 978 - 7 - 5603 - 6029 - 4

Ⅰ.①计⋯ Ⅱ.①赵⋯ ②朱⋯ Ⅲ.①Windows 操作系统 –
高等学校 – 教材 ②办公自动化 – 应用软件 – 高等学校 – 教材
Ⅳ.①TP316.7 ②TP317.1

中国版本图书馆 CIP 数据核字(2016)第 178806 号

策划编辑　杜　燕
责任编辑　刘　瑶
封面设计　卞秉利
出版发行　哈尔滨工业大学出版社
社　　址　哈尔滨市南岗区复华四道街 10 号　邮编 150006
传　　真　0451 - 86414749
网　　址　http://hitpress.hit.edu.cn
印　　刷　黑龙江艺德印刷有限责任公司
开　　本　787mm×1092mm　1/16　印张 17.5　字数 400 千字
版　　次　2016 年 8 月第 1 版　2017 年 8 月第 2 次印刷
书　　号　ISBN 978 - 7 - 5603 - 6029 - 4
定　　价　34.80 元

序

哈尔滨工业大学出版社策划的《应用型本科院校"十三五"规划教材》即将付梓，诚可贺也。

该系列教材卷帙浩繁，凡百余种，涉及众多学科门类，定位准确，内容新颖，体系完整，实用性强，突出实践能力培养。不仅便于教师教学和学生学习，而且满足就业市场对应用型人才的迫切需求。

应用型本科院校的人才培养目标是面对现代社会生产、建设、管理、服务等一线岗位，培养能直接从事实际工作、解决具体问题、维持工作有效运行的高等应用型人才。应用型本科与研究型本科和高职高专院校在人才培养上有着明显的区别，其培养的人才特征是：①就业导向与社会需求高度吻合；②扎实的理论基础和过硬的实践能力紧密结合；③具备良好的人文素质和科学技术素质；④富于面对职业应用的创新精神。因此，应用型本科院校只有着力培养"进入角色快、业务水平高、动手能力强、综合素质好"的人才，才能在激烈的就业市场竞争中站稳脚跟。

目前国内应用型本科院校所采用的教材往往只是对理论性较强的本科院校教材的简单删减，针对性、应用性不够突出，因材施教的目的难以达到。因此亟须既有一定的理论深度又注重实践能力培养的系列教材，以满足应用型本科院校教学目标、培养方向和办学特色的需要。

哈尔滨工业大学出版社出版的《应用型本科院校"十三五"规划教材》，在选题设计思路上认真贯彻教育部关于培养适应地方、区域经济和社会发展需要的"本科应用型高级专门人才"精神，根据前黑龙江省委书记吉炳轩同志提出的关于加强应用型本科院校建设的意见，在应用型本科试点院校成功经验总结的基础上，特邀请黑龙江省9所知名的应用型本科院校的专家、学者联合编写。

本系列教材突出与办学定位、教学目标的一致性和适应性，既严格遵照学科体系的知识构成和教材编写的一般规律，又针对应用型本科人才培养目标及与之相适应的教学特点，精心设计写作体例，科学安排知识内容，围绕应用讲授理论，做到"基础知识够用、实践技能实用、专业理论管用"。同时注意适当融入新理论、新技术、新工艺、新成果，并且制作了与本书配套的 PPT 多媒体教学课件，形成立体化教材，供教师参考使用。

《应用型本科院校"十三五"规划教材》的编辑出版，是适应"科教兴国"战略对复合型、应用型人才的需求，是推动相对滞后的应用型本科院校教材建设的一种有益尝试，在应用型创新人才培养方面是一件具有开创意义的工作，为应用型人才的培养提供了及时、可靠、坚实的保证。

希望本系列教材在使用过程中，通过编者、作者和读者的共同努力，厚积薄发、推陈出新、细上加细、精益求精，不断丰富、不断完善、不断创新，力争成为同类教材中的精品。

前　言

《计算机基础——Windows 7 + Office 2010》一书对学生了解和掌握计算机的基础知识和基本技能，并通过对计算机及其网络进行相关知识的学习，将起到非常重要的作用。

本书作为计算机基础知识类的通识性教材，将计算机基础知识与基本应用有机结合，力求从思路到基本能力训练，尽量减少难于阅读的文字描述。书中介绍了计算机基础知识、操作系统、Word 2010 文字处理软件、Excel 2010 电子表格软件、PowerPiont 演示文稿制作软件及 Internet 基础与应用等内容。全书分为 6 章。第 1 章介绍了计算机与信息基础知识、计算机发展史及当前计算机发展状况，力求扩大学生的知识面；第 2 章介绍了 Windows 7 的基本操作、资源管理器、系统设置和其他功能，编写中注意操作系统的发展和 Windows 7 操作系统的特点；第 3、4、5 章分别对 Office 2010 办公应用软件做了介绍，包括 Word 2010、Excel 2010、PowerPoint 演示文稿，使学生了解该系列软件的共性调整和操作方法，以提高学生自主拓展知识的能力；第 6 章介绍了 Internet 基础与应用，增加了网络技术应用和收发邮件操作等实际内容。

本书的特点是取材新颖，内容丰富，重点突出，结构清晰，知识模块化组织，逻辑性强，具有良好的教学适用性及较强的实用性和可操作性，符合当今计算机科学技术最新发展趋势与流行元素。编者按教与学的规律精心设计每一章的内容，注重对学生实践能力和探究能力的培养。

本书具体分工如下：赵菲编写第 1 章，宫洁编写第 2 章，宋伟编写第 3 章，李颖编写第 4 章，郭旭编写第 5 章，朱莹编写第 6 章。全书由赵菲统稿。

由于编者水平有限，书中难免存在疏漏，欢迎广大读者提出宝贵意见。

编者
2016 年 5 月

目　　录

第1章　计算机基础知识 ……………………………………………………………… 1

1.1　计算机系统 ……………………………………………………………………… 1

1.2　计算机系统构成 ………………………………………………………………… 6

1.3　数据表示与存储 ………………………………………………………………… 11

1.4　多媒体技术简介 ………………………………………………………………… 16

1.5　计算机病毒 ……………………………………………………………………… 21

1.6　计算机网络基础 ………………………………………………………………… 24

1.7　因特网基础知识 ………………………………………………………………… 28

练习题 ………………………………………………………………………………… 36

第2章　操作系统 …………………………………………………………………… 39

2.1　操作系统概述 …………………………………………………………………… 39

2.2　Windows 7 操作系统 …………………………………………………………… 44

2.3　文件管理 ………………………………………………………………………… 52

2.4　常用工具 ………………………………………………………………………… 56

2.5　Windows 7 网络配置与应用 …………………………………………………… 61

练习题 ………………………………………………………………………………… 67

第3章　Word 2010 文字处理软件 ………………………………………………… 72

3.1　Word 2010 基础知识 …………………………………………………………… 72

3.2　文档的基本操作 ………………………………………………………………… 75

3.3　文档的基本编辑 ………………………………………………………………… 80

3.4　格式化文档 ……………………………………………………………………… 86

3.5　表格处理 ………………………………………………………………………… 112

3.6　各种对象的处理 ………………………………………………………………… 122

3.7　文档的保护和打印输出 ………………………………………………………… 131

练习题 ………………………………………………………………………………… 133

第 4 章　Excel 2010 电子表格软件 ………………………………………… 141

　4.1　Excel 2010 基础知识 ……………………………………………… 141

　4.2　工作表基本操作 …………………………………………………… 144

　4.3　格式化工作表 ……………………………………………………… 161

　4.4　单元格处理 ………………………………………………………… 174

　4.5　图表处理 …………………………………………………………… 186

　4.6　电子表格高级操作 ………………………………………………… 193

　4.7　打印设置 …………………………………………………………… 208

　4.8　工作表保护和隐藏 ………………………………………………… 209

　练习题 …………………………………………………………………… 210

第 5 章　PowerPoint 演示文稿制作软件 ………………………………… 215

　5.1　演示文稿基础知识 ………………………………………………… 215

　5.2　PowerPoint 演示文稿的基本操作 ………………………………… 218

　5.3　视图与幻灯片 ……………………………………………………… 222

　5.4　幻灯片制作 ………………………………………………………… 225

　5.5　主题与背景设置 …………………………………………………… 227

　5.6　演示文稿放映设计 ………………………………………………… 230

　5.7　演示文稿打包与打印 ……………………………………………… 234

　练习题 …………………………………………………………………… 236

第 6 章　Internet 基础与应用 …………………………………………… 240

　6.1　计算机网络基础知识 ……………………………………………… 240

　6.2　Internet 概述 ……………………………………………………… 242

　6.3　WWW 应用 ………………………………………………………… 246

　6.4　电子邮件应用 ……………………………………………………… 256

　练习题 …………………………………………………………………… 264

参考文献 …………………………………………………………………… 268

第 1 章

计算机基础知识

1.1 计算机系统

1.1.1 计算机概述

1. 计算机的发展

计算机的诞生酝酿了很长一段时间。1946 年 2 月,第一台电子计算机 ENIAC 在美国加州问世,ENIAC 用了 18 000 个电子管和 86 000 个其他电子元件,长 50 英尺(1 英尺 = 0.304 8 m),宽 30 英尺,占地 1 500 英尺^2,重达 30 t,有两间教室那么大,运算速度却只有每秒 300 次各种运算或 5 000 次加法运算,耗资 100 万美元以上。ENIAC 和现在的计算机相比,还不如一些高级袖珍计算器,但它的诞生为人类开辟了一个崭新的信息时代,是计算机的始祖,揭开了计算机时代的序幕。

计算机的发展到目前为止共经历了 4 个时代。1946~1959 年,第一代计算机的内部元件使用的是电子管,因此这段时期称为"电子管计算机时代"。由于一部计算机需要几千个电子管,每个电子管都会散发大量的热量,因此,如何散热是一个令人头痛的问题。电子管的寿命最长只有 3 000 h,计算机运行时常常发生由于电子管被烧坏而使其死机的现象。第一代计算机主要用于科学研究和工程计算,如图 1.1 所示。

1960~1964 年,由于在计算机中采用了比电子管更先进的晶体管,因此这段时期称为"晶体管计算机时代"。晶体管比电子管小得多,不需要暖机时间,消耗能量较少,处理更迅速、更可靠。第二代计算机的程序语言从机器语言发展到汇编语言。接着,高级语言即 FORTRAN 语言和 COBOL 语言相继开发出来并被广泛使用。这时,开始使用磁盘和磁带作为辅助存储器。第二代计算机的体积有所减小,价格有所下降,计算机工业迅速发展,使用的人也多起来了,第一台个人计算机 IBM 5150 就是在这一时期诞生的,如图 1.2 所示。第二代计算机主要用于商业、大学教学和政府机关。

图 1.1　世界上第一台电子计算机 ENIAC

图 1.2　第一台个人计算机 IBM 5150

1965～1970 年,集成电路被应用到计算机中,因此这段时期被称为"中小规模集成电路计算机时代"。集成电路(Integrated Circuit,IC)是做在晶片上的一个完整的电子电路,这个晶片比手指甲还小,却包含了几千个晶体管元件,这一时期出现了第一台笔记本电脑 Osborne1,如图 1.3 所示。第三代计算机的特点是体积更小,价格更低,可靠性更高,计算速度更快。第三代计算机的代表是 IBM 公司花了 50 亿美元开发的 IBM 360 系列。

图 1.3　第一台笔记本电脑 Osborne1

从 1971 年至今,被称之为"大规模集成电路计算机时代"。第四代计算机使用的元件依然是集成电路,但这种集成电路已经大大改善,它包含几十万到上百万个晶体管,人们称之为大规模集成电路(Large Scale Integrated Circuit,LSI)和超大规模集成电路(Very Large Scale Integrated Circuit,VLSI)。1975 年,美国 IBM 公司推出了个人计算机(Personal

Computer,PC),从此,人们对计算机不再陌生,计算机开始进入家庭,并深入到人类生活的各个方面。现代的家用计算机如图1.4所示。

图1.4　现代的家用计算机

2. 计算机的特点

(1)自动运行程序。

计算机能在程序控制下自动连续地高速运算。由于采用存储程序控制的方式,因此一旦输入编制好的程序,启动计算机后,就能自动地执行下去直至完成任务。这是计算机最突出的特点。

(2)运算速度快。

计算机能以极快的速度进行计算。现在普通的计算机每秒可执行几十万条指令,而巨型机则达到每秒几十亿次甚至几百亿次。随着计算机技术的发展,计算机的运算速度不断提高。例如天气预报,由于需要分析大量的气象资料数据,单靠手工完成计算是不可能的,而用巨型计算机只需十几分钟就可以完成。

(3)运算精度高。

计算机具有其他设备无法比拟的计算精度,目前已达到小数点后上亿位的精度。

(4)具有记忆和逻辑判断能力。

人是有思维能力的。而思维能力在本质上是一种逻辑判断能力。计算机借助于逻辑运算,可以进行逻辑判断,并根据判断结果自动地确定下一步该做什么。计算机的存储系统由内存和外存组成,具有存储和"记忆"大量信息的能力,现代计算机的内存容量已达到上百兆甚至几千兆,而外存也有惊人的容量。如今的计算机不仅具有运算能力,还具有逻辑判断能力,可以使用其进行诸如资料分类、情报检索等具有逻辑加工性质的工作。

(5)可靠性高。

随着微电子技术和计算机技术的发展,现代电子计算机连续无故障运行时间可达到几十万小时以上,具有极高的可靠性。例如,安装在宇宙飞船上的计算机可以连续几年可靠地运行。计算机应用在管理中也具有很高的可靠性,而人却很容易因疲劳而出错。

另外,计算机对于不同的问题,只是执行的程序不同,因而具有很强的稳定性和通用性。用同一台计算机能解决各种问题,应用于不同的领域。微型计算机除了具有上述特点外,还具有体积小、质量轻、耗电少、维护方便、可靠性高、易操作、功能强等特点。

3. 计算机的应用

计算机的应用领域已渗透到社会的各行各业，正在改变传统的工作、学习和生活方式，推动社会的发展。计算机的主要应用领域如下：

（1）科学计算（或数值计算）。

科学计算是指利用计算机来完成科学研究和工程技术中提出的数学问题的计算。在现代科学技术工作中，科学计算问题是大量的和复杂的。利用计算机的高速计算、大存储容量和连续运算的能力，可以实现人工无法解决的各种科学计算问题。

例如，建筑设计中为了确定构件尺寸，通过弹性力学导出一系列复杂方程，长期以来由于计算方法跟不上而一直无法求解。而计算机不但求解了这类方程，而且引起了弹性理论上的一次突破，出现了有限单元法。

（2）数据处理（或信息处理）。

数据处理是指对各种数据进行收集、存储、整理、分类、统计、加工、利用、传播等一系列活动的统称。据统计，80%以上的计算机主要用于数据处理，工作量大、面宽，决定了计算机应用的主导方向。

数据处理从简单到复杂已经历了 3 个发展阶段：

①电子数据处理（Electronic Data Processing，EDP）。它是以文件系统为手段，实现一个部门内的单项管理。

②管理信息系统（Management Information System，MIS）。它是以数据库技术为工具，实现一个部门的全面管理，以提高工作效率。

③决策支持系统（Decision Support System，DSS）。它是以数据库、模型库和方法库为基础，帮助管理决策者提高决策水平，改善运营策略的正确性与有效性。

目前，数据处理已广泛地应用于办公自动化、企事业计算机辅助管理与决策、情报检索、图书管理、电影电视动画设计、会计电算化等各行各业。信息正在形成独立的产业，多媒体技术使信息展现在人们面前的不仅是数字和文字，还有声情并茂的声音和图像信息。

（3）辅助技术（或计算机辅助设计与制造）。

计算机辅助技术在计算机的应用领域不断扩大、应用水平不断提高和计算机科学技术的快速进展情况下，不断深入和拓宽发展。辅助是强调了人的主导作用，计算机和使用者构成了一个密切交互的人机系统。辅助技术包括 CAD、CAM 和 CAI 等。

①计算机辅助设计（Computer Aided Design，CAD）。

计算机辅助设计是计算机系统辅助设计人员进行工程或产品设计，以实现最佳设计效果的一种技术。它已广泛地应用于飞机、汽车、机械、电子、建筑和轻工等领域。例如，在电子计算机的设计过程中，利用 CAD 技术进行体系结构模拟、逻辑模拟、插件划分、自动布线等，可大大提高设计工作的自动化程度。又如，在建筑设计过程中，可以利用 CAD 技术进行力学计算、结构计算、绘制建筑图纸等，这样不但提高了设计速度，而且大大提高了设计质量。

②计算机辅助制造（Computer Aided Manufacturing，CAM）。

计算机辅助制造是利用计算机系统进行生产设备的管理、控制和操作的过程。例如,在产品的制造过程中,运行计算机控制机器,来处理生产过程中所需的数据,控制和处理材料的流动及对产品进行检测等。使用 CAM 技术可以提高产品质量,降低成本,缩短生产周期,提高生产率,改善劳动条件。

将 CAD 和 CAM 技术集成,实现设计生产自动化,这种技术被称为计算机集成制造系统(CIMS)。它的实现将真正做到无人化工厂(或车间)。

③计算机辅助教学(Computer Aided Instruction,CAI)。

计算机辅助教学是教师利用计算机系统使用课件来进行教学。课件可以用著作工具或高级语言来开发制作,它能引导学生循序渐进地学习,使学生轻松自如地从课件中学到所需要的知识。CAI 的主要特色是交互教育、个别指导和因人施教。

(4)过程控制(或实时控制)。

过程控制是利用计算机及时采集检测数据,按最优值迅速地对控制对象进行自动调节或自动控制。采用计算机进行过程控制,不仅可以大大提高控制的自动化水平,而且可以提高控制的及时性和准确性,从而改善劳动条件,提高产品质量及合格率。因此,计算机过程控制已在机械、冶金、石油、化工、纺织、水电、航天等领域得到了广泛的应用。

例如,在汽车工业方面,利用计算机控制机床、控制整个装配流水线,不但可以实现精度要求高、形状复杂的零件加工自动化,而且可以使整个车间或工厂实现自动化。

(5)人工智能(或智能模拟)。

人工智能(Artificial Intelligence)是计算机模拟人类的智能活动,诸如感知、判断、理解、学习、问题求解和图像识别等。现在人工智能的研究已取得不少成果,有些已开始走向实用阶段。例如,能模拟高水平医学专家进行疾病诊疗的机器人,具有一定思维能力的智能机器人等。

(6)网络应用。

计算机技术与现代通信技术的结合构成了计算机网络。计算机网络的建立,不仅解决了单位之间、地区之间、国家之间、计算机与计算机之间的通信,各种软、硬件资源的共享,也大大地促进了国际间的文字、图像、视频和声音等各类数据的传输与处理。

4. 计算机的分类

计算机按其规模、速度和功能的不同,可分为:

(1)巨型计算机。巨型计算机又称为超级计算机。其特点是高速度、大容量。主要应用于科学计算、互联网智搜索、资源勘探、生物医药研究、航空航天装备研制、金融工程、新材料开发等方面。

(2)大型计算机。其特点是速度快,具有丰富的外部设备和功能强大的软件。主要应用于计算机中心和计算机网络中。

(3)小型计算机。其特点是结构简单、成本较低、性价比突出。主要应用于企业管理、银行、学校等单位。

(4)微型计算机。其特点是体积小、质量轻、价格低、功能较全、可靠性高、操作方便等。现已进入社会的各个领域。

(5)单片机。其特点是体积小、质量轻、价格便宜。主要应用于仪器仪表、电子产品、家电、工业过程控制、安全防卫、汽车及通信系统、计算机外部设备等。

1.2 计算机系统构成

计算机由硬件和软件两部分组成,共同协调运行应用程序,处理和解决实际问题。硬件是计算机赖以工作的实体,是各种物理部件的有机结合;软件是控制计算机运行的灵魂,由各种程序及程序所处理的数据组成。

1.2.1 硬件系统

1. 运算器

运算器(Arithmetic Unit)是计算机中执行各种算术和逻辑运算操作的部件。在通常情况下,运算器由算术逻辑单元(ALU)、累加器(ACC)、状态寄存器、通用寄存器组、多路转换器、数据总线等组成。算术逻辑运算单元(ALU)的基本功能为加、减、乘、除四则运算,与、或、非、异或等逻辑操作,以及移位、求补等操作。计算机运行时,运算器的操作和操作种类由控制器决定。运算器处理的数据来自存储器;处理后的结果数据通常送回存储器,或暂时寄存在运算器中。

运算器的处理对象是数据,所以数据长度和计算机数据表示方法,对运算器的性能影响极大。20 世纪 70 年代,微处理器常以 1 个、4 个、8 个、16 个二进制位作为处理数据的基本单位。大多数通用计算机则以 16、32、64 位作为运算器处理数据的长度。能对一个数据的所有位同时进行处理的运算器称为并行运算器。如果一次只处理一位,则称为串行运算器。有的运算器一次可处理几位(通常为 6 位或 8 位),一个完整的数据分成若干段进行计算,称为串/并行运算器。运算器往往只处理一种长度的数据。有的也能处理几种不同长度的数据,如半字长运算、双倍字长运算、四倍字长运算等。有的数据长度可以在运算过程中指定,称为变字长运算。

按照数据的不同表示方法,分为二进制运算器、十进制运算器、十六进制运算器、定点整数运算器、定点小数运算器、浮点数运算器等。按照数据的性质,分为地址运算器和字符运算器等。

运算器的性能指标是衡量整个计算机性能的重要因素之一。与运算器相关的性能指标包括计算机的字长和运算速度。

2. 控制器

控制器(Control Unit)是计算机的心脏,控制全机各个部件的工作。控制器的基本功能是根据指令计数器中指定的地址从内存取出一条指令,对指令进行译码,再由操作控制部件有序地控制各部件完成操作码规定的功能。

控制器由指令寄存器(Instruction Register)、指令译码器(Instruction Decoder)、程序计数器(Program Counter)和操作控制器(Operation Counter)4 个部分组成。

根据产生微操作控制信号的方式不同,控制器可分为组合逻辑型、存储逻辑型、组合逻辑与存储逻辑结合型 3 种。

3. 存储器

存储器(Memory)是计算机系统内最主要的记忆装置,能够把大量计算机程序和数据存储起来,既能接收计算机内的信息(数据和程序),又能保存信息,还可以根据命令读取已保存的信息。

存储器按功能可分为内存(主存储器)和外存(辅助存储器),按存放位置又可分为内存储器和外存储器。内存是主板上的存储部件,用来存储当前正在执行的数据、程序和结果;内存容量小、存取速度快,但断电后信息全部丢失。外存是磁性存储介质或光盘等部件,用来存放各种数据文件和程序文件等需要长期保存的信息。外存容量大,存取速度慢,断电后内容不丢失。

(1) 内存储器。

现代的内存储器多半是半导体存储器,采用大规模集成电路或超大规模集成电路器件。内存储器按其工作方式的不同,可分为随机存取存储器(简称随机存储器或 RAM)和只读存储器(简称 ROM)。

①随机存储器。随机存储器允许随机地按任意指定地址向内存单元存入或从该单元取出信息,对任一地址的存取时间都是相同的。由于信息是通过电信号写入存储器的,因此断电时 RAM 中的信息就会消失。计算机工作时使用的程序和数据等都存储在 RAM 中,如果对程序或数据进行修改,则将它存储到外存储器中,否则关机后信息将丢失。通常所说的内存大小就是指 RAM 的大小,一般以 KB 或 MB 为单位。

②只读存储器。只读存储器是只能读出而不能随意写入信息的存储器。ROM 中的内容是由厂家制造时用特殊方法写入的,或者要利用特殊的写入器才能写入。当计算机断电后,ROM 中的信息不会丢失。当计算机重新启动后,其中的信息被保留,仍可被读出。ROM 适宜存放计算机启动的引导程序、启动后的检测程序、系统最基本的输入输出程序、时钟控制程序及计算机的系统配置和磁盘参数等重要信息。

(2) 外存储器。

普通计算机常用的外存包括软磁盘(简称软盘)、硬磁盘(简称硬盘)和光盘。

①软盘。软盘按尺寸划分有 5.25 英寸盘(简称 5 寸盘)和 3.5 英寸盘(简称 3 寸盘)。

二者之间的主要区别是:3.5 英寸盘的尺寸比 5.25 英寸盘小,由硬塑料制成,不易弯曲和损坏;3.5 英寸盘的边缘有一个可移动的金属滑片,对盘片起保护作用,读写槽位于金属滑片下,平时被盖住;3.5 英寸盘无索引孔;3.5 英寸盘的写保护装置是盘角上的一个正方形的孔和一个滑块,当滑块封住小孔时,可以对盘片进行读写操作,当小孔打开时,则处于写保护状态。

软盘记录信息的格式是:将盘片分成许多同心圆,称为磁道,磁道由外向内顺序编号,信息记录在磁道上。另外,从同心圆放射出来的若干条线将每条磁道分割成若干个扇区,按顺序编号。这样,就可以通过磁道号和扇区号查找到信息在软盘上的存储位置,一个完整的软盘存储系统由软盘、软盘驱动器和软驱适配卡组成。

软盘只能存储数据,如果要对它进行读出或写入数据的操作,还必须有软盘驱动器。软盘驱动器位于主机箱内,由磁头和驱动装置两部分组成。磁头用来定位磁道,驱动装

置的作用是使磁盘高速旋转,以便对磁盘进行读写操作。软驱适配卡是连接软盘驱动器与主板的专用接口板,通过34芯扁平电缆与软盘驱动器连接。

②硬盘。从数据存储原理和存储格式上看,硬盘与软盘完全相同。但硬盘的磁性材料是涂在金属、陶瓷或玻璃制成的硬盘基片上,而软盘的基片是塑料的。硬盘相对软盘来说,主要是存储空间比较大,现在的硬盘容量已在160 GB以上。硬盘大多由多个盘片组成,此时,除了每个盘片要分为若干个磁道和扇区以外,多个盘片表面的相应磁道将在空间上形成多个同心圆柱面。

在通常情况下,硬盘安装在计算机的主机箱中,但现在已出现多种移动硬盘。这种移动硬盘通过USB接口和计算机连接,方便用户携带大容量的数据。

③光盘。随着多媒体技术的推广,光盘以其容量大、寿命长、成本低的特点,很快受到人们的欢迎,普及相当迅速。与磁盘相比,光盘是通过光盘驱动器中的光学头用激光束来读写的。目前,用于计算机系统的光盘有3类,即只读光盘(CD - ROM)、一次写入光盘(CD - R)和可擦写光盘(CD - RW)。

(3)存储器的性能指标。

①存储器容量。

存储器容量是指存储器可以容纳的二进制信息总量,即存储信息的总位(Bit)数。设计算机的地址线和数据线位数分别是 p 和 q,则该存储器芯片的地址单元总数为 $2p$,该存储器芯片的位容量为 $2p \times q$。存储器容量越大,存储的信息就越多。目前,存储器芯片的容量越来越大,而价格在不断降低,这主要得益于大规模集成电路的发展。

②存取速度。

存储器的速度直接影响计算机的速度。存取速度可用存取时间和存储周期这两个时间参数来衡量。存取时间是指CPU发出有效存储器地址即启动一次存储器读写操作,到该读写操作完成所经历的时间,这个时间越短,则存取速度越快。目前,高速缓冲存储器的存取时间已小于5 ns。存储周期是连续启动两次独立的存储器操作所需要的最小时间间隔,这个时间间隔一般略大于存取时间。

③可靠性。

存储器的可靠性用平均故障间隔时间(Mean Time Between Failures,MTBF)来衡量,MTBF越长,可靠性越高。内存储器常采用纠错编码技术来延长MTBF,以提高可靠性。

4. 输入设备

输入设备(Input Devices)用来向计算机输入数据和信息。其主要功能是把可读信息转换为计算机能识别的二进制代码输入计算机,供计算机处理,是人与计算机系统之间进行信息交换的主要装置之一。

目前常用的输入设备有键盘、鼠标、摄像头、扫描仪、光笔、手写输入板、语音输入装置等。

(1)键盘。

键盘(Key Board)是目前最常用、最普遍的输入设备,主要用于输入字符信息。键盘的种类比较多,有101键、102键、104键、手写键盘、人体工程学键盘等,其接口规格有两种,即PS/2和USB。

键盘上的字符分布是根据字符的使用频度确定的。人的 10 根手指的灵活程度是不一样的,灵活一点的手指分管使用频度较高的键位;反之,不太灵活的手指分管使用频度较低的键位。将键盘一分为二,左右手分管两边,分别按在基本键上。

（2）鼠标。

鼠标（Mouse）通常有两个按键和一个滚轮,当它在平板上滑动时,屏幕上的鼠标指针也随之移动。它不仅可以用于光标定位,还可以用来选择菜单、命令和文件,是多窗口环境下必不可少的输入设备。

常见的鼠标有机械鼠标、光学鼠标、光学机械鼠标、无线鼠标等。

（3）其他输入设备。

除了键盘、鼠标外,输入设备还有扫描仪、条型码阅读器、光学字符阅读器、触摸屏、手写笔、语言输入设备和图像输入设备等。

5. 输出设备

输出设备（Output Devices）是把各种计算结果数据或信息以数字、字符、图像、声音等形式表示出来。其主要功能是将计算处理后的各种内部格式的信息转换为人们能识别的形式表达出来。除了常用的输出设备（显示器、打印机）外,还有绘图仪、影像输出、语音输出、磁记录设备等。

（1）显示器。

显示器（又称监视器）是计算机中最重要的输出设备之一,也是人机交互必不可少的设备。其主要功能是将图形、图像和视频等信息显示出来。

①显示器的分类。

显示器按工作原理可分为 CRT（阴极射线管显示器）、LCD（液晶显示器）、PDP（等离子体显示器）、VFD（真空荧光显示器）等,目前市场的主流是 CRT 和 LCD 显示器。

②显示器的主要技术指标。

像素与点距:屏幕上图像的分辨率或清晰度取决于能在屏幕上独立显示点的直径,这种独立显示的点称为像素。而屏幕上两个像素之间的距离称为点距,该指数直接影响显示效果。像素越小,在同一个字符面积下像素数就越多,则显示的字符就越清晰。

分辨率:每帧的线数和每线的点数的乘积。在通常情况下,该值是衡量显示器性能的重要指标。

显示器的尺寸:指显像管对角线长度,一般以英寸为单位。

（2）打印机。

打印机是把文字或图形在纸上输出的计算机外部设备。一般计算机常用的打印机有点阵打印机、喷墨打印机和激光打印机 3 种类型。

①点阵打印机。

点阵式打印机主要由打印头、运载打印头的小车机构、色带机构、输纸机构和控制电路等部分组成。其中,打印头是点阵打印机的核心构成部件。通常,点阵打印机有 9 针、24 针两种,针的数目可以影响打印文字的质量。

②喷墨打印机。

喷墨打印机属于非击打式打印机。其优点是价格低廉,打印质量高于点阵打印机,可以支持彩色打印,无噪声;缺点是打印速度慢、耗材贵。

③激光打印机。

激光打印机也是非击打式打印机。其优点是无噪声、打印速度快、打印质量好,常用来打印正式公文及图表;缺点是价格高、耗材贵。

(3)其他输出设备。

计算机使用的其他输出设备还有绘图仪、音频输出设备、视频投影仪等。

1.2.2　计算机软件系统

软件系统是为运行、管理和维护计算机而编制的各种程序、数据和文档的总称。

计算机系统由硬件系统和软件系统两部分组成。只有硬件没有软件的计算机被称为裸机。计算机中硬件系统和软件系统是互相依赖、不可分割的。

计算机硬件、软件、用户三者之间是一种层次结构关系。其中,硬件处于内层,用户处于外层,软件则是在硬件和用户之间,用户通过软件使用计算机硬件。

1. 软件

软件是计算机程序、方法、规则、相关的文档资料以及在计算机上运行的程序时所必需的数据的集合。软件的发展受到应用与硬件发展的推动和制约。

2. 软件系统及其组成

计算机软件分为系统软件(System Software)和应用软件(Application Software)两种。

(1)系统软件。

系统软件是指控制和协调计算机及外部设备、支持应用软件开发和运行的软件。其主要功能是调度、监控和维护计算机系统,负责管理计算机系统中各独立硬件协调工作。

系统软件主要包含操作系统(Operating System)、语言处理系统、数据库管理系统和系统辅助处理程序等。其中操作系统是主要部分,目前常用的是微软公司的 Windows 操作系统。

系统软件是软件的基础,所有应用软件都是在系统软件上运行的。

(2)应用软件。

应用软件是用户可以使用的各种程序设计语言以及用各种程序设计语言编制的应用程序的集合,主要分为应用软件和用户软件两类。

在计算机中,应用软件的种类很多,常见的有以下几个:

①办公软件。

办公软件一般包括文字处理软件、电子表格处理软件、演示文稿制作软件、个人数据库、个人信息管理软件等。

②多媒体处理软件。

多媒体处理软件是应用软件领域中的一个重要分支,主要包括图形处理软件、图像处理软件、动画制作软件、音频视频处理软件及桌面排版软件等。

③网络工具软件。

常见的网络工具软件有 Web 服务器软件、Web 浏览器、文件上传工具及远程登录工具等。

1.3　数据表示与存储

1.3.1　计算机中的数据

ENIAC 是一台十进制计算机,采用 10 个真空管来表示一位十进制数。但是,这种十进制表示法在使用过程中存在很多问题,继而由冯·诺依曼提出了二进制的表示法。

二进制只有"0"和"1"两个取值。相对十进制而言,采用二进制表示法不但运算简单、便于实现,更重要的是所占用的空间和所消耗的能量小、机器性能高。

计算机内部均采用二进制来表示各种信息。凡涉及十进制和二进制间的转换问题,都由计算机系统的硬件和软件协调实现。

1.3.2　计算机中的数据单位

计算机中数据的最小单位是位,存储容量的基本单位是字节。其中,8 个二进制位构成 1 个字节。

1. 位

位是度量数据的最小单位,单位为 Bit。在采用二进制表示法的电路中,代码只有"0"和"1"两个取值,被称为"数码",即"位"。

2. 字节

8 位二进制构成一个字节,单位为 Byte。字节是信息组织和存储的基本单位,也是计算机体系结构的基本单位。

3. 字长

人们将计算机一次能够并行处理的二进制位称为机器的字长。字长是计算机的一个重要的性能指标,直接反映一台计算机的计算能力和计算精度。字长越长,计算机的数据处理速度越快。

4. 其他

计算机中其他的数据单位还有千字节(KB)、兆字节(MB)、吉字节(GB)、太字节(TB)等。其换算关系如下:

$$1 \text{ KB} = 1\,024 \text{ B}$$
$$1 \text{ MB} = 1\,024 \text{ KB}$$
$$1 \text{ GB} = 1\,024 \text{ MB}$$
$$1 \text{ TB} = 1\,024 \text{ GB}$$

1.3.3 数制与编码

1. 数制

数制也称计数制,是用一组固定的符号和统一的规则来表示数值的方法。人类在实际生活中使用最多的是十进制,另外还有七进制、十二进制等,但计算机能极快地进行运算,但其内部并不像看到的信息那样,而是全部使用只包含 0 和 1 两个数值的二进制。在计算机领域,人们通常采用的数制除了二进制外,还有十进制、八进制和十六进制。

2. 进位计数制

常用的数制都采用进位计数制,简称进位制,是按进位方式实现计数的一种规则。进位计数制涉及数码、基数和位权 3 个概念。

①数码:一组用来表示某种数制的符号。

②基数:数制所使用的数码个数。

③位权:数码在不同位置上的倍率值,对于 N 进制数,整数部分第 i 位的位权为 N^{i-1},而小数部分第 j 位的位权为 N^{-j}。

常用的数制表示如下:

①十进制(D):有 10 个基数,为 0~9,逢十进一。

②二进制(B):有 2 个基数,为 0 和 1,逢二进一。

③八进制(O):有 8 个基数,为 0~7,逢八进一。

④十六进制(H):有 16 个基数,分别为 0~9 与 A~F,逢十六进一。

3. 常用数制的书写形式

在书写时,为了区别不同的数制,可采用以下两种方法表示。

(1)用一个下标表示。

例:$(10)_{10}$ $(10)_2$ $(10)_{16}$

   十进制   二进制   十六进制

(2)用数值后面加上特定的字母来区分。

例:10D   10B   10H

   十进制   二进制   十六进制

其中,在表示十进制时,D 可以省略。

4. 进制转换

(1)其他进制转换为十进制。

方法:将其他进制按权位展开,然后把各项相加,即可得到相应的十进制数。

例:$N = (10110.101)B = (\quad)D$

$N = 1 \times 2^4 + 0 \times 2^3 + 1 \times 2^2 + 1 \times 2^1 + 0 \times 2^0 + 1 \times 2^{-1} + 0 \times 2^{-2} + 1 \times 2^{-3}$

$\quad = 16 + 4 + 2 + 0.5 + 0.125$

$\quad = (22.625)D$

$N = (10110.101)B = (22.625)D$

（2）将十进制转换成其他进制。

方法:分两部分进行,即将整数部分和小数部分分别进行转换,然后将转换后的数组合在一起。

整数部分:(辗转相除法)把要转换的数除以目标进制的基数,把余数作为目标进制的最低位,把上一次得的商再除以目标进制的基数,把余数作为目标进制的次低位,继续上一步,直到最后的商为零或为预定位数,这时的余数就是目标进制的最高位。

小数部分:(辗转相乘法)把要转换数的小数部分乘以目标进制的基数,把得到的整数部分作为目标进制小数部分的最高位,把上一步得的小数部分再乘以目标进制的基数,把整数部分作为目标进制小数部分的次高位,继续上一步,直到小数部分变成零或达到预定的要求为止。

例:78D = (　　　　)B

整数部分:　　　小数部分:

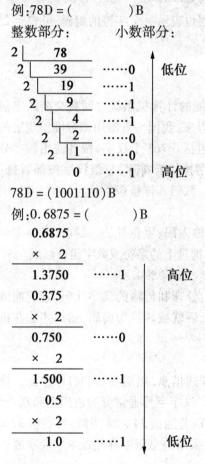

78D = (1001110)B

例:0.6875 = (　　　　)B

0.6875 = (0.1011)B

（3）二进制与八进制、十六进制的相互转换。

二进制转换为八进制、十六进制:它们之间满足 2^3 和 2^4 的关系,因此把要转换的二进制从低位到高位每3位或4位一组,高位不足时在有效位前面添0,然后把每组二进制数转换成八进制或十六进制即可。

八进制、十六进制转换为二进制时,把上面的过程逆过来即可。

例:N = (C1B)H = (　　　)B

十六进制:　C　　　1　　　B

$\downarrow$　　　$\downarrow$　　　$\downarrow$

二进制数:1100　　0001　　1011

N = (C1B)H = (1100 0001 1011)B

5.计算机中字符的编码

(1)西文字符的编码。

ASCII 码是美国标准信息交换码,被国际标准化组织(ISO)指定为国际标准,ASCII 码有 7 位码和 8 位码两种版本。国际通用的 7 位 ASCII 码,用 7 位二进制数 $b_6b_5b_4b_3b_2b_1b_0$ 表示一个字符的编码,其编码范围为 0000000B ~ 1111111B,共有 $2^7 = 128$ 个不同的编码值。扩展的 ASCII 码使用 8 位二进制位表示一个字符的编码,可表示 $2^8 = 256$ 个不同字符的编码。

(2)汉字的编码。

①汉字信息交换码(国标码)。

汉字信息交换码是指不同的具有汉字处理功能的计算机系统之间在交换汉字信息时所使用的代码标准。自国家标准 GB 2312 公布以来,我国一直沿用该标准所规定的国标码作为统一的汉字信息交换码。GB 2312 标准包括 6 763 个汉字,按其使用频度分为一级汉字 3 755 个和二级汉字 3 008 个。一级汉字按拼音排序,二级汉字按部首排序。此外,该标准还包括标点符号、数种西文字母、图形、数码等符号 682 个。

②汉字输入码。

为将汉字输入计算机而编制的代码称为汉字输入码,也称外码。目前,汉字主要是经标准键盘输入计算机的,所以汉字输入码都是由键盘上的字符或数字组合而成。

③汉字内码。

汉字内码是为在计算机内部对汉字进行存储、处理和传输的汉字代码,它应能满足存储、处理和传输的要求。当一个汉字输入计算机后就被转换为内码,然后才能在机器内传输、处理。汉字内码的形式是多种多样的。

④汉字字形码。

输出汉字时,根据内码在字库中查到其字形描述信息,然后显示和打印输出。描述汉字字形的方法主要有点阵字形和轮廓字形两种。汉字字形通常分为通用型和精密型。通用型汉字字形点阵分为 3 种:简易型 16 × 16 点阵;普通型 24 × 24 点阵;提高型 32 × 32 点阵。精密型汉字字形用于常规的印刷排版,通常采用信息压缩存储技术。汉字的点阵字形的缺点是放大后会出现锯齿现象,很不美观。

6.整数的编码表示

数值型信息类型有整数和实数。机器数是在计算机内部,表示整数和实数的二进制编码。机器数的位数(字长)由 CPU 的硬件决定,如 8 位、16 位、32 位、64 位、128 位及 256 位。Pentium 处理器的机器数有 32 位/64 位。

整数的编码表示一般不使用小数点,或者认为小数点固定隐含在个位数的右面。整数是"定点数"的特例。整数又分为无符号的整数(Unsigned Integer)和带符号的整数(Signed Integer)两类。无符号的整数是正整数,如字符编码、地址、索引等。带符号的整数是正整数或负整数,如描述一些有正有负的数值。

(1)无符号整数的编码表示。

无符号整数的编码表示方法是用一个机器数表示一个不带符号的整数。其取值范围由机器数的位数决定。

①8位:可表示 $0 \sim 255(2^8 - 1)$ 范围内的所有正整数。最小值是00000000B,最大值是11111111B。

②16位:可表示 $0 \sim 65\ 535(2^{16} - 1)$ 范围内的所有正整数。

③N位:可表示 $0 \sim 2^N - 1$ 范围内的所有正整数。

无符号的整数在运算过程中,若其值超出了机器数可以表示的范围,则将发生溢出现象。溢出后的机器数的值已经不是原来的数据。例如:4位机器数,当计算"1111 + 0011"时发生进位溢出,应该是10010,但只有4位,进位被丢掉了,其计算结果为0010。注意,加、减运算都有溢出问题。

(2)有符号整数的编码表示(原码、反码及补码)。

①原码。

原码编码方法是:机器数的最高位表示整数的符号(0代表正数,1代表负数),其余位以二进制形式表示数据的绝对值。

例:$[+125]_{原码} = 01111101$ $[-4]_{原码} = 10000100$

原码表示的优点是与日常使用的表示方法比较一致,简单、直观;缺点是加法运算与减法运算的规则不一致,整数0有00000000和10000000两种表示形式。计算机内部通常不采用原码而采用补码的形式表示带符号的整数。

②反码。

反码编码方法是:正整数的反码与其原码形式相同;负整数的反码等于其原码除最高符号位保持不变外,其余每一位取反。

例:$[+125]_{反码} = 01111101$ $[-4]_{反码} = 11111011$

③补码。

补码编码方法是:正整数的补码与其原码形式相同;负整数的补码等于其原码除最高符号位保持不变外,其余每位取反,并在末位再加1运算后所得到的结果。

例:$[+33]_{原码} = [00100001B]_{原码} \Rightarrow = [00100001B]_{反码} \Rightarrow = [00100001B]_{补码}$

$[-33]_{原码} = [10100001B]_{原码} \Rightarrow = [11011110B]_{反码} \Rightarrow = [11011111B]_{补码}$

补码的优点是:①能将减法运算转换为加法运算,便于CPU做运算处理。$[X - Y]_{补} = [X]_{补} + [-Y]_{补}$。②原码和补码的表示位数相同,补码可表示整数的个数比原码多一个(整数0只有一种表示形式)。补码的缺点是不直观。

(3)BCD编码。

二进制编码的十进制整数(Binary Coded Decimal,BCD)使用4个二进制位的组合表示1位十进制数字,即用4个二进制位产生16个不同的组合,用其中的10个分别对应表示十进制中的10个数字,其余6个组合为无效。符号用一个0或1表示。

例：$[-53]_{BCD}=101010011$

7. 冯·诺依曼型计算机的硬件结构及其各部分的功能

1945 年，美籍匈牙利科学家冯·诺依曼（图1.5）领导设计 EDVAC（电子离散变量自动计算机）时，提出了两项重大改进：第一，计算机内部采用了二进制；第二，利用存储程序方式控制计算机的操作过程，简化了计算机结构，并成功地运用到了计算机的设计之中。根据这一原理制造的计算机被称为冯·诺依曼型计算机。由于他对现代计算机技术的突出贡献，因此被称为"计算机之父"。其计算机硬件系统的基本结构包括运算器、控制器、存储器、输入设备和输出设备 5 大部分。

图 1.5　计算机之父——冯·诺依曼

（1）运算器。运算器又称为算数逻辑部件，它是对数据或信息进行运算和处理的部件，完成算术运算和逻辑运算。算术运算是按照算术规则进行加、减、乘、除等运算；逻辑运算是指非算术的运算，包括与、或、非、异或、比较、移位等。

（2）控制器。控制器主要由指令寄存器、译码器程序计数器和操作控制器等部件组成。主要负责从存储器中读取程序指令并进行分析，然后按时间的先后顺序向计算机的各部件发出相应的控制信号，以协调、控制输入输出操作和对内存的访问。

（3）存储器。存储器是计算机记忆和暂存数据及程序的部件或装置。存储器分为内存储器（也称主存储器或内存）和外存储器（外存）两种。内存储器包括只读存储器（ROM）和随机存储器（RAM）；外存储器包括外存硬盘、U 盘、移动硬盘、光盘等。

（4）输入设备。输入设备用来把计算机外部的程序、数据等信息送入到计算机内部的设备。输入设备有磁盘、鼠标、键盘、光笔、扫描仪、麦克风等。

（5）输出设备。输出设备用来把计算机的内部信息送出到计算机外部的设备。常用的输出设备有显示器、打印机等。

1.4　多媒体技术简介

1.4.1　多媒体技术

1. 媒体

我们通常所说的"媒体"（Media）包括其中两点含义：一是指信息的物理载体（即存储和传递信息的实体），如书本、挂图、磁盘、光盘、磁带及相关的播放设备等；另一层含义是指信息的表现形式（或者说传播形式），如文字、声音、图像、动画等。多媒体计算机中所说的媒体，是指后者，即计算机不仅能处理文字、数值之类的信息，而且还能处理声音、图形、电视图像等各种不同形式的信息。

国际电话电报咨询委员会 CCITT（Consultative Committee on International Telephone and Telegraph，国际电信联盟 ITU 的一个分会）把媒体分成 5 类：

（1）感觉媒体（Perception Medium）：指直接作用于人的感觉器官，使人产生直接感觉的媒体。如引起听觉反应的声音，引起视觉反应的图像等。

（2）表示媒体（representation Medium）：指传输感觉媒体的中介媒体，即用于数据交换的编码。如图像编码（JPEG、MPEG 等）、文本编码（ASCII 码、GB2312 等）和声音编码等。

（3）表现媒体（Presentation Medium）：指进行信息输入和输出的媒体。如键盘、鼠标、扫描仪、话筒、摄像机等为输入媒体；显示器、打印机及喇叭等为输出媒体。

（4）存储媒体（Storage Medium）：指用于存储表示媒体的物理介质。如硬盘、软盘、磁盘、光盘、ROM 及 RAM 等。

（5）传输媒体（Transmission Medium）：指传输表示媒体的物理介质。如电缆、光缆等。

2. 多媒体

多媒体的英文单词是 Multimedia，它由 media 和 multi 两部分组成。一般理解为多种媒体的综合。

多媒体技术不是各种信息媒体的简单复合，而是一种把文本（Text）、图形（Graphics）、图像（Images）、动画（Animation）和声音（Sound）等形式信息结合在一起，并通过计算机进行综合处理和控制，能支持完成一系列交互式操作的信息技术。多媒体技术的发展改变了计算机的使用领域，使计算机由办公室、实验室中的专用品变成了信息社会的普通工具，广泛应用于工业生产管理、学校教育、公共信息咨询、商业广告、军事指挥与训练，甚至家庭生活与娱乐等。

多媒体技术有以下主要特点：

（1）集成性。能够对信息进行多通道统一获取、存储、组织与合成。

（2）控制性。多媒体技术是以计算机为中心，综合处理和控制多媒体信息，并按人的要求以多种媒体形式表现出来，同时作用于人的多种感官。

（3）交互性。交互性是多媒体应用有别于传统信息交流媒体的主要特点之一。传统信息交流媒体只能单向地、被动地传播信息，而多媒体技术则可以实现人对信息的主动选择和控制。

（4）非线性。多媒体技术的非线性特点将改变人们传统循序性的读写模式。以往人们读写方式大多采用章、节、页的框架，循序渐进地获取知识，而多媒体技术将借助超文本链接（Hyper Text Link）的方法，把内容以一种更灵活、更具变化的方式呈现给读者。

（5）实时性。当用户给出操作命令时，相应的多媒体信息都能够得到实时控制。

（6）信息使用的方便性。用户可以按照自己的需要、兴趣、任务要求、偏爱和认知特点来使用信息，任取图、文、声等信息表现形式。

（7）信息结构的动态性。"多媒体是一部永远读不完的书"，用户可以按照自己的目的和认知特征重新组织信息，增加、删除或修改节点，重新建立链。

3．多媒体信息

（1）文本。

文本是以文字和各种专用符号表达的信息形式，它是现实生活中使用最多的一种信息存储和传递方式。用文本表达信息给人以充分的想象空间，它主要用于对知识的描述性表示，如阐述概念、定义、原理和问题以及显示标题、菜单等内容。

（2）图形和静态图像。

图形是指点、线、面到三维空间的黑白或彩色几何图。图像是由像素点阵组成的画面。它们是多媒体软件中最重要的信息表现形式之一，也是决定一个多媒体软件视觉效果的关键因素。

（3）动画。

动画是利用人的视觉暂留特性，快速播放一系列连续运动变化的图形图像，包括画面的缩放、旋转、变换、淡入淡出等特殊效果。通过动画可以把抽象的内容形象化，使许多难以理解的教学内容变得生动有趣。合理使用动画可以达到事半功倍的效果。

（4）音频。

音频即声音，是人们用来传递信息、交流感情最方便、最熟悉的方式之一。在多媒体课件中，按其表达形式，可将声音分为讲解、音乐及效果3类。

（5）视频。

视频是由图像构成的，若干有联系的静态图像数据连续播放便成了视频。它具有时序性与丰富的信息内涵，常用于交待事物的发展过程。视频非常类似于我们熟知的电影和电视，有声有色，常在多媒体中播放。

1.4.2 多媒体计算机及其组成

1．多媒体计算机

在多媒体计算机之前，传统的微机或个人机处理的信息往往仅限于文字和数字，只能算是计算机应用的初级阶段，同时，由于人机之间的交互只能通过键盘和显示器，故交流信息的途径缺乏多样性。为了改换人机交互的接口，使计算机能够集声、文、图、像处理于一体，人类发明了有多媒体处理能力的计算机。这里重点介绍个人机（即 PC 机）。所谓多媒体个人机（Multimedia Personal Computer，MPC），无非就是具有多媒体处理功能的个人计算机（如早期的 586 机型），它的硬件结构与一般所用的个人机并无太大的差别，只是多了一些软硬件配置而已。用户如果要拥有 MPC，一般有两种途径：一是直接够买具有多媒体功能的 PC 机；二是在基本的 PC 机上增加多媒体套件而构成 MPC。

2．多媒体计算机配置

一般来说，多媒体个人计算机（MPC）的基本硬件结构可以归纳为 7 部分，如图 1.6 所示。

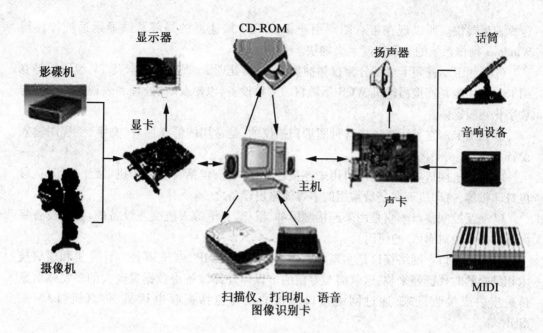

图 1.6　多媒体计算机配置

(1) 至少一个功能强大、速度快的中央处理器(CPU)。

(2) 可管理、控制各种接口与设备的配置。

(3) 具有一定容量(尽可能大)的存储空间。

(4) 高分辨率显示接口与设备。

(5) 可处理音响的接口与设备。

(6) 可处理图像的接口设备。

(7) 可存放大量数据的配置等。

这样提供的配置是最基本 MPC 的硬件基础,它们构成 MPC 的主机。除此以外,MPC 能扩充的配置还包括如下方面:

①光盘驱动器。光盘驱动器包括可重写光盘驱动器(CD-R)、WORM 光盘驱动器和 CD-ROM 驱动器。其中 CD-ROM 驱动器为 MPC 带来了价格便宜的 650 MB 存储设备,存有图形、动画、图像、声音、文本、数字音频、程序等资源的 CD-ROM 早已广泛使用,因此现在光驱对广大用户来说已经是必须配置的了。而可重写光盘、WORM 光盘价格较贵,目前还不是非常普及。另外,DVD 的存储量更大,双面可达 17 GB,是升级换代的理想产品。

②音频卡。在音频卡上连接的音频输入输出设备包括话筒、音频播放设备、MIDI 合成器、耳机、扬声器等。支持数字音频处理是多媒体计算机的重要方面,音频卡具有 A/D 和 D/A 音频信号的转换功能,可以合成音乐、混合多种声源,还可以外接 MIDI 电子音乐设备。

③图形加速卡。图文并茂的多媒体需要有分辨率高,而且同屏显示色彩丰富的显示卡的支持,同时还要求具有 Windows 的显示驱动程序,并在 Windows 操作系统下的像素

运算速度要快。所以现在带有图形用户接口 GUI 加速器的局部总线显示适配器使得 Windows 操作系统的显示速度大大加快。

④视频卡。视频卡可细分为视频捕捉卡、视频处理卡、视频播放卡及 TV 编码器等专用卡。其功能是连接摄像机、VCR 影碟机、TV 等设备,以便获取、处理和表现各种动画与数字化视频媒体。

⑤扫描卡。它是用来连接各种图形扫描仪的,是常用的静态照片、文字、工程图输入设备。

⑥打印机接口。打印机接口用来连接各种打印机,包括普通打印机、激光打印机、彩色打印机等,打印机现在是最常用的多媒体输出设备之一。

⑦交互控制接口。它是用来连接触摸屏、鼠标、光笔等人机交互设备的,这些设备将大大方便用户对 MPC 的使用。

⑧网络接口。网络接口是实现多媒体通信的重要 MPC 扩充部件。计算机和通信技术相结合的时代已经来临,这就需要专门的多媒体外部设备将数据量庞大的多媒体信息传送出去或接收进来,通过网络接口相接的设备包括视频电话机、传真机、LAN 和 ISDN 等。

3. 媒体播放器在 Web 中的应用

由于声音点播和影视点播应用还没有完全直接集成到现在的 Web 浏览器中,这就需要一个单独的应用程序来帮助,通常我们使用媒体播放器(Media Player)来播放声音和影视。典型的媒体播放器要执行的功能包括解压缩、消除抖动、错误纠正和用户播放等。现在可以使用像插件这种技术把媒体播放器的用户接口放在 Web 客户机的用户界面上,浏览器在当前 Web 页面上保留屏幕空间,并且由媒体播放器来管理。目前,大多数客户机使用如下几种方法来读取声音和影视文件:

①通过 Web 浏览器把声音/影视从 Web 服务器传送给媒体播放器。

②直接把声音/影视从 Web 服务器传送给媒体播放器。

③直接把声音/影视从多媒体流放服务器传送给媒体播放器。

在这个过程中,媒体播放器的主要功能表现在如下 4 个方面:

①解压缩。几乎所有的声音和电视图像都是经过压缩之后存放在存储器中的,因此无论播放来自于存储器还是来自网络上的声音和影视,都要解压缩。

②去抖动。由于到达接收端的每个声音信息包和电视图像信息包的时延不是一个固定的数值,如果不加任何措施就原原本本地把数据送到媒体播放器播放,听起来就会有抖动的感觉,甚至对声音和电视图像所表达的信息无法理解。在媒体播放器中,限制这种抖动的方法是使用缓存技术,就是把声音或者电视图像数据先存放在缓冲存储器中,经过一段延时之后再播放。

③错误处理。由于在因特网上往往会出现让人不能接受的交通拥挤,信息包中的部分信息在传输过程中就可能会丢失。如果连续丢失的信息包太多,用户接收的声音和图像质量就不能容忍。其解决办法往往是重传。

④用户可控制的接口。这是用户直接控制媒体播放器播放媒体的实际接口。媒体播放器为用户提供的控制功能通常包括声音的音量大小、暂停/重新开始和跳转等。

多媒体计算机系统是一套复杂的硬件、软件有机结合的综合系统。它把音频、视频等媒体与计算机系统融合起来,并由计算机系统对各种媒体进行数字化处理。与计算机系统类似,多媒体计算机系统由多媒体硬件和多媒体软件构成。

4. 多媒体硬件系统

多媒体硬件系统由主机、多媒体外部设备接口卡和多媒体外部设备构成。

① 多媒体计算机的主机可以是大/中型计算机,也可以是工作站,使用最多的还是计算机。

② 多媒体外部设备接口卡根据获取、编辑音频、视频的需要插接在计算机上。常用的有声卡、视频压缩卡、VGA/TV 转换卡、视频捕捉卡、视频播放卡和光盘接口卡等。

③ 多媒体外部设备十分丰富,按功能分为视频/音频输入设备、视频/音频输出设备、人机交互设备、数据存储设备 4 类。视频/音频输入设备包括摄像机、录像机、影碟机、扫描仪、话筒、录音机、激光唱盘和 MIDI 合成器等;视频/音频输出设备包括显示器、电视机、投影电视、扬声器、立体声耳机等;人机交互设备包括键盘、鼠标、触摸屏和光笔等;数据存储设备包括 CD – ROM、磁盘、打印机、可擦写光盘等。

5. 多媒体软件系统

多媒体软件系统按功能可分为系统软件和应用软件。

系统软件是多媒体系统的核心,它不仅具有综合使用各种媒体、灵活调度多媒体数据进行媒体的传输和处理的能力,而且要控制各种媒体硬件设备协调地工作。多媒体系统软件主要包括多媒体操作系统、媒体素材制作软件及多媒体函数库、多媒体创作工具与开发环境、多媒体外部设备驱动软件和驱动器接口程序等。

应用软件是在多媒体创作平台上设计开发的面向应用领域的软件系统,通常由应用领域的专家和多媒体开发人员共同协作、配合完成。例如,教育软件、电子图书等。

1.5　计算机病毒

1.5.1　计算机病毒的概念

编制者在计算机程序中插入的破坏计算机功能或者数据的代码,能影响计算机使用,能自我复制的一组计算机指令或者程序代码,被称为计算机病毒(Computer Virus)。这种程序是人为制造的,不是独立存在的,它隐蔽在其他可执行的程序之中,既有破坏性,又有传染性和潜伏性。轻则影响机器运行速度,使机器不能正常运行;重则使机器处于瘫痪,会给用户带来不可估量的损失。

1.5.2　计算机病毒的特点

1. 寄生性

计算机病毒寄生在其他程序之中,当执行这个程序时,病毒就起破坏作用,而在未启动这个程序之前,它是不易被人发觉的。

2. 传染性

计算机病毒不但本身具有破坏性,更有害的是具有传染性,一旦病毒被复制或产生变种,其速度之快令人难以预防。传染性是病毒的基本特征。计算机病毒程序代码一旦进入计算机并得以执行,它就会搜寻其他符合其传染条件的程序或存储介质,确定目标后再将自身代码插入其中,达到自我繁殖的目的。

3. 潜伏性

一个编制精巧的计算机病毒程序,进入系统之后一般不会马上发作,可以在几周内或者几个月内甚至几年内隐藏在合法文件中,对其他系统进行传染,而不被人发现,潜伏性越好,其在系统中的存在时间就会越长,病毒的传染范围就会越大。

4. 隐蔽性

计算机病毒具有很强的隐蔽性,有的可以通过病毒软件检查出来,有的根本就查不出来,有的时隐时现、变化无常,这类病毒处理起来通常很困难。

5. 破坏性

计算机中毒后,可能会导致正常的程序无法运行,把计算机内的文件删除或受到不同程度的损坏。

6. 可触发性

病毒因某个事件或数值的出现,诱使病毒实施感染或进行攻击的特性称为可触发性。病毒的触发机制就是用来控制感染和破坏动作的频率的。病毒具有预定的触发条件,这些条件可能是时间、日期、文件类型或某些特定数据等。病毒运行时,触发机制检查预定条件是否满足,如果满足,启动感染或破坏动作,使病毒进行感染或攻击;如果不满足,使病毒继续潜伏。

1.5.3 计算机病毒的分类

1. 按传染方式划分

(1)引导区型病毒。

引导区型病毒主要通过软盘在操作系统中传播,感染引导区,蔓延到硬盘,并能感染到硬盘中的"主引导记录"。

(2)文件型病毒。

文件型病毒是文件感染者,也称为寄生病毒。它运行在计算机存储器中,通常感染扩展名为 COM、EXE、SYS 等类型的文件。

(3)混合型病毒。

混合型病毒具有引导区型病毒和文件型病毒两者的特点。

(4)宏病毒。

宏病毒是指用 BASIC 语言编写的病毒程序寄存在 Office 文档上的宏代码。宏病毒影响对文档的各种操作。

2. 按连接方式划分

（1）源码型病毒。

源码型病毒攻击高级语言编写的源程序，在源程序编译之前插入其中，并随源程序一起编译、连接成可执行文件。源码型病毒较为少见，也难以编写。

（2）入侵型病毒。

入侵型病毒可用自身代替正常程序中的部分模块或堆栈区。因此这类病毒只攻击某些特定程序，针对性强。一般情况下也很难被发现，也较难被清除。

（3）操作系统型病毒。

操作系统型病毒可用其自身部分加入或替代操作系统的部分功能。因其直接感染操作系统，故这类病毒的危害性也较大。

（4）外壳型病毒。

外壳型病毒通常将自身附在正常程序的开头或结尾，相当于给正常程序加了个外壳。大部分的文件型病毒都属于这一类。

1.5.4　计算机病毒的预防

计算机感染病毒后，用反病毒软件检测和消除病毒是被迫的处理措施，而且现在很多的计算机在感染病毒后会永久性地破坏被感染的程序，造成不可小视的后果。所以，预防计算机病毒十分重要。

计算机病毒主要通过移动存储介质和计算机网络两大途径进行传播。在日常工作中，应养成良好的使用计算机的习惯。具体做法如下：

（1）准备一份具有杀毒及保护功能的软件，将有助于隔绝和查杀病毒。

（2）重要资料，必须备份。资料是最重要的，程序损坏了可重新拷贝或再买一份，但是自己键入的资料，可能是 3 年的会计资料或画了 3 个月的图纸，结果某一天，硬盘坏了或者因为病毒而损坏了资料，会让人欲哭无泪，所以对于重要资料经常备份是绝对必要的。

（3）尽量避免在无防毒软件的机器上使用可移动储存介质。很多人都以为不使用别人的磁盘即可防毒，但是不要随便用别人的计算机也是非常重要的。

（4）不要在互联网上随意下载软件。病毒的一大传播途径，就是 Internet。潜伏在网络上的各种可下载程序中，如果实在需要，需在下载后用杀毒软件彻底检查。

（5）不要轻易打开电子邮件的附件。近年来造成大规模破坏的许多病毒，都是通过电子邮件传播的。不要以为只打开熟人发送的附件就一定保险，有的病毒会自动检查受害人计算机上的通讯录并向其中的所有地址自动发送带毒文件。最妥当的做法，是先将附件保存下来，不要打开，先用杀毒软件彻底检查。

（6）重建硬盘是有可能的，救回的概率相当高。若硬盘资料已遭破坏，不必急着格式化，因为病毒不可能在短时间内将全部硬盘资料破坏，所以可利用杀毒软件加以分析，恢复至受损前状态。

1.6 计算机网络基础

1.6.1 计算机网络概述

1. 计算机网络的定义

计算机网络是计算机技术和通信技术发展的产物,是随着社会对信息共享、信息传递的要求而发展起来的。所谓计算机网络就是利用通信设备和线路将地理位置不同的、功能独立的多个计算机系统互相连接起来,以功能完善的网络软件(即网络通信协议、信息交换方式和网络操作系统等)实现网络中的资源共享和信息传递的系统。

2. 计算机网络的组成

总体来说,计算机网络的主要组成包括计算机、网络操作系统、传输介质(可以是有形的,也可以是无形的,如无线网络的传输介质就是空气)及相应的应用软件4部分。

3. 计算机网络的分类

学习网络,首先要了解目前的主要网络类型,分清哪些是初级学者必须掌握的,哪些是目前的主流网络类型。

虽然网络类型的划分标准各种各样,但是从地理范围划分是一种人们都认可的通用网络划分标准。按这种标准可以把各种网络类型划分为局域网、城域网、广域网和互联网4种。局域网一般来说只能是一个较小区域内;城域网是不同地区的网络互联。不过在此要说明的一点是,这里的网络划分并没有严格意义上地理范围的区分,只能是一个定性的概念。下面简要介绍这几种计算机网络。

(1)局域网(Local Area Network,LAN)。

通常我们常见的"LAN"就是指局域网,这是人们最常见、应用最广的一种网络。现在局域网随着整个计算机网络技术的发展和提高得到充分的应用和普及,几乎每个单位都有自己的局域网,有的甚至家庭中都有自己的小型局域网。很明显,所谓局域网,就是在局部地区范围内的网络,它所覆盖的地区范围较小。局域网在计算机数量配置上没有太多的限制,少的可以只有两台,多的可达几百台。一般来说,在企业局域网中,工作站的数量在几十到200台次。在网络所涉及的地理距离上,一般来说,可以是几米至10千米以内。局域网一般位于一个建筑物或一个单位内,不存在寻径问题,不包括网络层的应用。

这种网络的特点就是:连接范围窄,用户数少,配置容易,连接速率高。目前,局域网最快的速率要算现今的10 Gbps以太网了。IEEE的802标准委员会定义了多种主要的LAN网,包括以太网(Ethernet)、令牌环网(Token Ring)、光纤分布式接口网络(FDDI)、异步传输模式网(ATM)及最新的无线局域网(WLAN)。这些都将在后面进行详细介绍。

(2)城域网(Metropolitan Area Network,MAN)。

城域网一般来说是在一个城市,但不在同一地理小区范围内的计算机互联。这种网络的连接距离可以在 10～100 km,它采用的是 IEEE802.6 标准。MAN 与 LAN 相比,扩展的距离更长,连接的计算机数量更多,在地理范围上可以说是 LAN 网络的延伸。在一个大型城市或都市地区,一个 MAN 网络通常连接着多个 LAN 网。如连接政府机构的 LAN、医院的 LAN、电信的 LAN、公司企业的 LAN 等。由于光纤连接的引入,使 MAN 中高速的 LAN 互联成为可能。

城域网多采用 ATM 技术作为骨干网。ATM 是一个用于数据、语音、视频及多媒体应用程序的高速网络传输方法。ATM 包括一个接口和一个协议,该协议能够在一个常规的传输信道上,在比特率不变及变化的通信量之间进行切换。ATM 也包括硬件、软件以及与 ATM 协议标准一致的介质。ATM 提供一个可伸缩的主干基础设施,以便能够适应不同规模、速度及寻址技术的网络。ATM 的最大缺点就是成本太高,所以一般应用于在政府城域网中,如邮政、银行、医院等。

(3)广域网(Wide Area Network,WAN)。

这种网络也称为远程网,所覆盖的范围比城域网(MAN)更广,它一般是在不同城市之间的 LAN 或者 MAN 网络互联,地理范围可从几百千米到几千千米。因为距离较远,信息衰减比较严重,所以这种网络一般是要租用专线,通过 IMP(接口信息处理)协议和线路连接起来,构成网状结构,解决循径问题。广域网因为所连接的用户多,总出口带宽有限,所以用户的终端连接速率一般较低,通常为 9.6 kbps～45 Mbps,如邮电部的 CHINANET 网、CHINAPAC 网和 CHINADDN 网。

(4)互联网(Internet)。

互联网因其英文单词"Internet"的谐音,又称为英特网。在互联网应用如此发展的今天,它已是我们每天都要打交道的一种网络,无论从地理范围,还是从网络规模来讲,它都是最大的一种网络,就是我们常说的"Web""WWW"和"万维网"等。从地理范围来说,它可以是全球计算机的互联,这种网络的最大的特点就是不定性,整个网络的计算机每时每刻随着人们网络的接入在不变地发生变化。当用户连在互联网上时,计算机可以算是互联网的一部分,一旦断开互联网的连接时,计算机就不属于互联网了。但它的优点也是非常明显的,就是信息量大、传播广,无论你身处何地,只要连上互联网就可以对任何可以联网用户发出信函和广告。因为这种网络的复杂性,所以这种网络实现的技术也是非常复杂的。

此外,随着笔记本电脑(Cnotebook Compnter)和个人数字助理(Personal Digital Assistant,PDA)等便携式计算机的日益普及和发展,人们经常要在路途中接听电话、发送传真和电子邮件、阅读网上信息及登录到远程机器等。然而在汽车或飞机上是不可能通过有线介质与单位的网络相连接的,这时可能会对无线网感兴趣了。无线网的特点是使用户可以在任何时间、任何地点接入计算机网络,而这一特性使其具有强大的应用前景。当前已经出现了许多基于无线网络的产品,如个人通信系统(Personal Communication System,PCS)、电话、无线数据终端、便携式可视电话、个人数字助理等。无线网络的发展依赖于无线通信技术的支持。目前,无线通信系统主要有低功率的无绳电话系统、模拟蜂窝系统、数字蜂窝系统、移动卫星系统、无线 LAN 和无线 WAN 等。

4. 计算机网络的功能

计算机网络的功能主要表现在硬件资源共享、软件资源共享和用户间信息交换 3 个方面。

(1)硬件资源共享。可以在全网范围内提供对处理资源、存储资源、输入输出资源等昂贵设备的共享,使用户节省投资,也便于集中管理和均衡分担负荷。

(2)软件资源共享。允许互联网上的用户远程访问各类大弄数据库,可以得到网络文件传送服务、远地进程管理服务和远程文件访问服务,从而避免软件研制上的重复劳动以及数据资源的重复存储,也便于集中管理。

(3)用户间信息交换。计算机网络为分布在各地的用户提供了强有力的通信手段。用户可以通过计算机网络传送电子邮件、发布新闻消息和进行电子商务活动。

1.6.2 网络信息安全与防控

1. 计算机网络安全的定义

网络技术的普及,使人们对网络的依赖程度加大,对网络的破坏所造成的损失和混乱会比以往任何时候都严重。这也就使得需要对网络安全做更高的要求,也使得网络安全的地位将越来越重要,网络安全必然会随着网络应用的发展而不断发展。

关于"计算机安全",国际标准化组织给出的定义为:"计算机安全为数据处理系统建立和采取的技术和治理的安全保护,保护计算机硬件、软件数据不因偶然和恶意的原因而遭到破坏、更改和泄漏。"

计算机安全包含物理安全和逻辑安全两方面的内容。其中,逻辑安全可理解为我们常说的信息安全,指对信息的保密性、完整性和可用性的保护,而网络安全性的含义是信息安全的引申,即网络安全是对网络信息保密性、完整性和可用性的保护。计算机网络安全的具体含义会随着使用者的变化而变化,使用者不同,对网络安全的熟悉和要求也就不同。从普通使用者的角度来说,可能仅仅希望个人隐私或机密信息在网络上传输时受到保护,避免被窃听、篡改和伪造;而网络提供商除了关心这些网络信息安全外,还要考虑如何应付突发的自然灾难、军事打击等对网络硬件的破坏,以及在网络出现异常时如何恢复网络通信,保持网络通信的连续性。

从本质上来讲,网络安全包括组成网络系统的硬件、软件及其在网络上传输信息的安全性,使其不致因偶然的或者恶意的攻击遭到破坏,网络安全既有技术方面的问题,也有治理方面的问题,两方面相互补充,缺一不可。人为的网络入侵和攻击行为使得网络安全面临新的挑战。

2. 计算机网络安全现状

网络系统中的硬、软件及系统中的数据得以保护,不因偶然或恶意原因受到破坏、更改、泄露,系统连续、可靠、正常地运行,网络服务不中断,这是计算机网络安全最基本的要求。

计算机和网络技术具有的复杂性和多样性,使得计算机和网络安全成为一个需要持续更新和提高的领域。目前,黑客的攻击方法已超过了计算机病毒的种类,而且许多攻击都是致命的。

在 Internet 上,因为互联网本身没有时空和地域的限制,每当有一种新的攻击手段产生时,就能在很短时间内传遍全世界,这些攻击手段利用网络和系统漏洞进行攻击,从而造成计算机系统及网络瘫痪。蠕虫、后门、Rootkits、DOS 和 Sniffer 是人们熟悉的几种黑客攻击手段。时至今日,借助网络途径进行攻击的势头愈演愈烈。攻击的手段也不断产生新的变种,更加智能化,攻击目标直指互联网基础协议和操作系统层次、从 Web 程序的控制程序到内核级 Rootlets。黑客的攻击手法不断升级翻新,向用户的信息安全防范能力不断发起挑战。

3. 计算机网络安全的防范措施

(1)加强内部网络治理人员以及使用人员的安全意识。很多计算机系统常用口令来控制对系统资源的访问,这是防病毒进程中最轻易和最经济的方法之一。网络治理员和终端操作员根据自己的职责权限,选择不同的口令,对应用程序数据进行合法操作,防止用户越权访问数据和使用网络资源。

在网络上,软件的安装和治理方式十分关键,它不仅关系到网络维护治理的效率和质量,而且涉及网络的安全性。好的杀毒软件能在几分钟内轻松地安装到组织里的每个NT 服务器上,并可下载和散布到所有的目的机器上,由网络治理员集中设置和治理,它会与操作系统及其他安全措施紧密地结合在一起,成为网络安全治理的一部分,并且自动提供最佳的网络病毒防御措施。当计算机病毒对网上资源的应用程序进行攻击时,这样的病毒存在于信息共享的网络介质上,因此就要在网关上设防,在网络前端进行杀毒。

(2)网络防火墙技术。

网络防火墙技术是一种用来加强网络之间访问控制,防止外部网络用户以非法手段通过外部网络进入内部网络,访问内部网络资源,保护内部网络操作环境的非凡网络互联设备。它对两个或多个网络之间传输的数据包,如链接方式按照一定的安全策略来实施检查,以决定网络之间的通信是否被答应,并监视网络运行状态。虽然防火墙是目前保护网络免遭黑客袭击的有效手段,但也有明显不足:无法防范通过防火墙以外的其他途径的攻击,不能防止来自内部变节者和不经心的用户带来的威胁,也不能完全防止传送已感染病毒的软件或文件,以及无法防范数据驱动型的攻击。

(3)安全加密技术。

加密技术的出现为全球电子商务提供了保证,从而使基于 Internet 上的电子交易系统成为可能,因此完善的对称加密和非对称加密技术仍是 21 世纪的主流。对称加密是常规的以口令为基础的技术,加密运算与解密运算使用同样的密钥。不对称加密,即加密密钥不同于解密密钥,加密密钥公之于众,谁都可以用,解密密钥只有解密人自己知道。

(4)网络主机的操作系统安全和物理安全措施。

防火墙作为网络的第一道防线并不能完全保护内部网络,必须结合其他措施才能提高系统的安全水平。在防火墙之后是基于网络主机的操作系统安全和物理安全措施。按照级别从低到高,分别是主机系统的物理安全、操作系统的内核安全、系统服务安全、应用服务安全和文件系统安全;同时,主机安全检查和漏洞修补及系统备份安全作为辅助安全措施。这些构成整个网络系统的第二道安全防线,主要防范部分突破防火墙以及从内部发起的攻击。系统备份是网络系统的最后防线,用来遭受攻击之后进行系统恢复。在防火墙和主机安全措施之后,是全局性的由系统安全审计、入侵检测和应急处理机构成的整体安全检查和反应措施。它从网络系统中的防火墙、网络主机甚至直接从网络链路层上提取网络状态信息,作为输入提供给入侵检测子系统。入侵检测子系统根据一定的规则判定是否有入侵事件发生,若有入侵发生,则启动应急处理措施,并产生警告信息。而且,系统的安全审计还可以作为以后对攻击行为和后果进行处理、对系统安全策略进行改进的信息来源。

总之,网络安全是一个综合性的课题,涉及技术、治理、使用等许多方面,既包括信息系统本身的安全问题,也有物理的和逻辑的技术措施,一种技术只能解决一方面的问题,而不是万能的。为此建立有中国特色的网络安全体系,需要国家政策和法规的支持及集团联合研究开发。安全与反安全就像矛盾的两个方面,总是不断地向上攀升,所以安全产业将来也是一个随着新技术发展而不断发展的产业。

1.7 因特网基础知识

1.7.1 因特网概述

Internet 是人类历史发展中的一个伟大的里程碑,它是未来信息高速公路的雏形,人类正由此进入一个前所未有的信息化社会。人们用各种名称来称呼 Internet,如国际互联网络、因特网、交互网络、国际网等,它正在向全世界各大洲延伸和扩散,不断增添吸收新的网络成员,已经成为世界上覆盖面最广、规模最大、信息资源最丰富的计算机信息网络。

1. 因特网的起源与发展

(1)因特网的起源。

从某种意义上,因特网可以说是美苏冷战的产物。这样一个庞大的网络,它的由来可以追溯到 1962 年。当时,美国国防部为了保证美国本土防卫力量和海外防御武装在受到苏联第一次核打击以后仍然具有一定的生存和反击能力,认为有必要设计出一种分散的指挥系统:它由一个个分散的指挥点组成,当部分指挥点被摧毁后,其他点仍能正常工作,并且这些点之间,能够绕过那些已被摧毁的指挥点而继续保持联系。为了对这一构思进行验证,1969 年,美国国防部国防高级研究计划署(DoD/DARPA)资助建立了一个名为 ARPANET(即"阿帕网")的网络,这个网络把位于洛杉矶的加利福尼亚大学、位于圣芭芭拉的加利福尼亚大学、斯坦福大学,以及位于盐湖城的犹它州州立大学的计算机主机连接起来,位于各个结点的大型计算机采用分组交换技术,通过专门的通信交换机(IMP)和专门的通信线路相互连接。这个阿帕网就是因特网最早的雏形。

到了 1972 年,阿帕网上的网点数已经达到 40 个,这 40 个网点彼此之间可以发送小文本文件(当时称这种文件为电子邮件,也就是现在的 E-mail)和利用文件传输协议发送大文本文件,包括数据文件(即现在 Internet 中的 FTP),同时也发现将一台计算机模拟成另一台远程计算机的一个终端而使用远程计算机上的资源的方法,这种方法被称为 Telnet。由此可以看到,E – mail,FTP 和 Telnet 是因特网上较早出现的重要工具,特别是 E – mail 仍然是目前因特网上最主要的应用。

(2)TCP/IP 协议。

1972 年,全世界计算机业和通信业的专家学者在美国华盛顿举行了第一届国际计算机通信会议,就在不同的计算机网络之间进行通信达成协议,会议决定成立 Internet 工作组,负责建立一种能保证计算机之间进行通信的标准规范(即"通信协议")。1973 年,美国国防部也开始研究如何实现各种不同网络之间的互联问题。

至 1974 年,IP(Internet 协议)和 TCP(传输控制协议)问世,合称 TCP/IP 协议。这两个协议定义了一种在计算机网络间传送报文(文件或命令)的方法。随后,美国国防部决定向全世界无条件地免费提供 TCP/IP,即向全世界公布解决计算机网络之间通信的核心技术,TCP/IP 协议核心技术的公开最终促进了因特网的大发展。

到 1980 年,世界上既有使用 TCP/IP 协议的美国军方的 ARPA 网,也有很多使用其他通信协议的各种网络。为了将这些网络连接起来,美国人温顿·瑟夫提出一个想法:在每个网络内部各自使用自己的通信协议,在和其他网络通信时使用 TCP/IP 协议。这个设想最终促使了因特网的诞生,并确立了 TCP/IP 协议在网络互联方面不可动摇的地位。

(3)网络的"春秋战国"时代。

20 世纪 70 年代末到 80 年代初,可以说是网络的春秋战国时代,各种各样的网络应运而生。

20 世纪 80 年代初,DARPANet 取得了巨大成功,但没有获得美国联邦机构合同的学校仍不能使用。为了解决这一问题,美国国家科学基金会(NSF)开始着手建立提供给各大学计算机系使用的计算机科学网(CSNet)。CSNet 是在其他基础网络之上加统一的协议层,形成逻辑上的网络,它使用其他网络提供的通信能力,在用户观点下也是一个独立的网络。CSNet 采用集中控制方式,所有信息交换都经过 CSNet – Relay(一台中继计算机)进行。

1982 年,美国北卡罗莱纳州立大学的斯蒂文·贝拉文创立了著名的集电极通信网络——网络新闻组(Usenet),它允许该网络中任何用户把信息(消息或文章)发送给网上的其他用户,人们可以在网络上就自己所关心的问题和其他人进行讨论。1983 年在纽约城市大学也出现了一个以讨论问题为目的的网络——BITNet,在这个网络中,不同的话题被分为不同的组,用户可以根据自己的需求,通过计算机订阅,这个网络后来被称之为 Mailing List(电子邮件群)。1983 年,在美国的旧金山还诞生了另一个网络 FidoNet(费多网或 Fido BBS),即公告牌系统。它的优点在于用户只要有一部计算机、一个调制解调器和一根电话线就可以互相发送电子邮件并讨论问题,这就是后来的 Internet BBS。

以上这些网络都相继并入因特网而成为它的一个组成部分,因而因特网成为全世界各种网络的大集合。

2. 因特网在中国

因特网在中国的发展可以追溯到 1986 年。当时,中国科学院等一些科研单位通过国际长途电话拨号到欧洲一些国家,进行国际联机数据库检索。虽然国际长途电话的费用是极其昂贵的,但是能够以最快的速度查到所需的资料还是值得的。这可以说是我国使用因特网的开始。

由于核物理研究的需要,中国科学院高能物理研究所(IHEP)与美国斯坦福大学的线性加速器中心一直有着广泛的合作关系。随着合作的不断深入,双方意识到了加强数据交流的迫切性。在 1993 年 3 月,高能所通过卫星通信站租用了一条 64 kbps 的卫星线路与斯坦福大学联网。

1994 年 4 月,中科院计算机网络信息中心通过 64 kbps 的国际线路连到美国,开通路由器(一种连接到 Internet 必不可少的网络设备),我国开始正式接入 Internet 网。

目前,我国已初步建成国内互联网,其中 4 个主干网络,是中国公用计算机互联网(ChinaNet)、中国教育与科研计算机网(CERNet)、中国科学技术计算机网(CSTNet)和中国金桥互联网(ChinaGBN)。

3. 因特网提供的主要服务

因特网是当今世界上最大的信息网络。是在计算机网络的基础上建立和发展起来的,可以说是一个用相同语言传播信息的全球性计算机网络。因特网提供如下主要服务:

(1)万维网(World Wide Web,WWW)。

万维网是瑞士日内瓦欧洲粒子实验室最先开发的一个分布式超媒体信息查询系统,目前它是因特网上最为先进、交互性能最好、应用最为广泛的信息检索工具,万维网包括各种各样的信息,如文本、声音、图像、视频等。万维网采用"超文本"技术,使得用户以通用而简单的办法就可获得因特网上的各种信息。

(2)电子邮件(Electronic Mail,E - mail)。

电子邮件是因特网上使用最广泛的一种服务。用户只要能与因特网连接,具有能收发电子邮件程序及个人的电子邮件地址,就可以与因特网上具有电子邮件地址的所有用户方便、快捷、经济地交换电子邮件。电子邮件可以在两个用户间交换,也可以向多个用户发送同一封邮件,或将收到的邮件转发给其他用户。电子邮件中除文本外,还包含声音、图像、应用程序等各类计算机文件。此外,用户还可以以邮件的方式在网上订阅电子杂志、获取所需文件、参与有关的公告和讨论组等。

(3)文本传输协议(File Transfer Protocol,FTP)。

文本传输协议是因特网上文件传输的基础,通常所说的 FTP 是基于该协议的一种服务。FTP 文本传输服务允许因特网上的用户将一台计算机上的文件传输到另一台计算机上,几乎所有类型的文件,包括文本文件、二进制可执行文件、声音文件、图像文件、数据压缩文件等,都可以用 FTP 传送。

FTP 实际上是一套文件服务软件,它以文件传输为界面,使用简单的 get 和 put 命令就可以进行文件的下载和上传,如同在因特网上执行文件复制命令一样。大多数 FTP 服务器主机都采用 UNIX 操作系统,但普通用户通过 Windows 98 和 Windows XP 也能方便地使用 FTP 和 UNIX 主机进行文件的传输。

FTP 最大的特点是用户可以使用因特网上众多的匿名 FTP 服务器。所谓匿名服务器,指的是不需要专门的用户名和口令就可以进入的系统。用户连接匿名服务器时,都可以用"Anonymous"(匿名)作为用户名,以自己的电子邮件地址作为口令登录。登录成功后,用户便可从匿名服务器上下载文件。匿名服务器的标准目录为 pub,用户通常可以访问该目录下所有子目录中的文件。考虑到安全问题,大多数匿名服务器不允许用户上传文件。

(4)远程登录(Telnet)。

Telnet 是远程登录服务的一个协议,该协议定义了远程登录用户与服务器交互的方式。允许用户在一台联网的计算机登录到一个远程分时系统时,然后像使用自己的计算机一样使用该远程系统。

要使用远程登录服务,必须在本地计算机上启动一个客户应用程序,指定远程计算机的名字,并通过因特网与之建立连接。一旦连接成功,本地计算机就像通常的终端一样,直接访问远程计算机系统的资源。远程登软件允许用户直接与远程计算机交互,通过键盘或鼠标操作,客户应用程序将有关的信息发送给远程计算机,再由远程计算机将输出结果返回给用户。用户退出远程登录后,用户的键盘、显示控制权又回到本地计算机。一般用户可通过 Windows XP 的 Telnet 客户程序进行远程登录。

(5)专题讨论(Usenet)。

Usenet 是一个有众多趣味相投的用户共同组织起来的各种专题讨论组的集合。通常也将之称为全球性的电子公告板系统(BBS)。Usenet 用于发布公告、新闻、评论及各种文章供网上用户使用和讨论。讨论内容按不同的专题分类组织,每一类为一个专题组,称为新闻组,其内部还可以分出更多的子专题。

Usenet 的每个新闻组都由一个区分类型的标记引导,每个新闻组围绕一个主题,如 comp.(计算机方面的内容)、news.(Usenet 本身的新闻与消息)、rec.(体育、艺术及娱乐活动)、sci.(科学技术)、soc.(社会问题)、talk.(讨论交流)、misc.(其他杂项话题)、biz.(商业方面的问题)等。

用户除了可以选择参加感兴趣的专题小组外,也可以自己开设新的专题组。只要有人参加该专题组就可以一直存在下去;若一段时间无人参加,则这个专题组会被自动删除。

(6)因特网闲谈。

因特网闲谈就是我们熟悉的 IRC(Internet Relay Chat)。如果说电子邮件、网络新闻是因特网上的存储转发的通信业务,即可以使接收者在适当的时候看到的话,那么,IRC 就是因特网上的一个实时通信业务,它可以使接收者和发送者都处于联机状态,使他们直接在因特网上进行交谈。可以利用这种方式召开网上会议,使网络上的相关用户可以直接实时地就某些问题进行讨论,并提出解决方案。

1.7.2　因特网的通信协议

要实现网络间的正常通信就必须选择合适的通信协议,否则轻则造成网络的接入速度太慢,工作不稳定,重则根本无法接通。

目前,因特网常见的通信协议主要有 NetBEUI、IPX/SPX、NWLink 及 TCP/IP,在这几种协议中用得最多、最为复杂的当然还是 TCP/IP 协议,最为简单的是 NetBEUI 协议,它简单得不需要任何设置即可成功配置。

1. NetBEUI 协议

NetBEUI 协议的全称是 NetBIOS Extend User Interface,即用户扩展接口,它是由 IBM 于 1985 年公司开发的,它是一种体积小、效率高、速度快的通信协议,同时也是微软最为喜爱的一种协议。它主要适用于早期的微软操作系统,如 DOS、LAN Manager、Windows 3.×和 Windows for Workgroup,但微软在当今流行的 WIN 9X 和 WIN NT 中仍把它视为固有缺省协议,由此可见,它并不是我们所认为是"多余"的,而且在有的操作系统中连网还是必不可少的,如在用 WIN 9X 和 WIN ME 组网进入 NT 网络时一定不能仅用 TCP/IP 协议,还必须加上"NetBEUI"协议,否则就无法实现网络连通。因为它出现得比较早,也就有它的局限性,NetBEUI 是专门为几台到百多机所组成的单段网络而设计的,它不具有跨网段工作的能力,也就是说,它不具有"路由"功能,如果用户在一服务器或工作站上安装多个网卡作网桥时,将不能使用 NetBEUI 作为通信协议。

NetBEUI 通信协议的特点:①体积小,其原因是 DOS、LAN Manger 等较低版本的操作系统,故它对系统的要求不高,运行后占用系统资源最少;②主要服务于较低版本的操作系统,它不具有路由功能,不能实现跨网络通信;③网络设计简单,对系统要求低,也就适合初学组网人员学习使用。

2. IPX/SPX 协议

IPX/SPX 协议的全称为 Internetwork Packet Exchange/Sequences Packet Exchange,即网际包交换/顺序包交换。它是 NOVELL 公司为了适应网络的发展而开发的通信协议,它的体积比较大,但它在复杂环境下有很强的适应性,同时它也具有"路由"功能,能实现多网段间的跨段通信。当用户接入的是 NetWare 服务器时,IPX/SPX 及其兼容协议应是最好的选择。但如在 Windows 环境中一般不用它,特别要强调的是,在 NT 网络和 WIN 9X 对等网中无法直接用 IPX/SPX 进行通信。IPX/SPX 的工作方式较简单,不需要任何配置,它可通过"网络地址"来识别自己的身份。在整个协议中,IPX 是 NetWare 最底层的协议,它只负责数据在网络中的移动,并不保证数据传输是否成功,而 SPX 在协议中负责对整个传输的数据进行无差错处理。在 NT 中提供了两个 IPX/SPX 的兼容协议和 NWLink IPX/SPX 兼容协议和 NWLink NetBIOS,两者统称为 NWLink 通信协议。它继承了 IPX/SPX 协议的优点,更适应了微软的操作系统和网络环境,当需要利用 Windows 系统进入 NetWare 服务器时,NWLink 通信协议是最好的选择。

3. TCP/IP 协议

TCP/IP 协议的全称是 Transmission Control Protocol /Internet Protocol,即传输控制协议/网际协议。它是微软公司为了适应不断发展的网络,实现自己主流操作系统与其他系统间不同网络的互联而收购开发的,它是目前最常用的一种协议(包括 Internet),也算是网络通信协议的一种通信标准协议,同时也是最复杂、最为庞大的一种协议。TCP/IP

协议最早用于 UNIX 系统中,现在是 Internet 的基础协议。TCP/IP 通信协议具有很灵活性,支持任意规模的网络,几乎可连接所有的服务器和工作站,正因为的灵活性也带来了它的复杂性,它需要针对不同的网络进行不同的设置,且每个节点至少需要一个"IP 地址"、一个"子网掩码"、一个"默认网关"和一个"主机名"。但是在局域网中微软为了简化 TCP/IP 协议的设置,在 NT 中配置了一个动态主机配置协议(DHCP),为客户端自动分配一个 IP 地址,避免出错。TCP/IP 通信协议当然也有"路由"功能,它的地址是分级的,不同于 IPX/SPX 协议,这样系统就很容易找到网上的用户,IPX/SPX 协议用的是一种广播协议,它经常会出现广播包堵塞,无法获得最佳网络带宽。但特别要注意的是,在用 WIN 9 × 和 WIN ME 组网进入 NT 网络时一定不能仅用 TCP/IP 协议,还必须加上"Net-BEUI"协议,否则就无法实现网络连通。

通过上述不同协议的比较,我们可以很清晰地看到,当今我们使用最多、最普遍的协议就是 TCP/IP 协议。

在这个全球网络的海洋中,如何才能准确并快速地找到与之通信的远程计算机呢?这就是下面要学习的计算机网络的 IP 地址和域名问题。

1.7.3　IP 地址和域名

IP 地址如"202.101.139.188"的形式。它是为每个连接在 Internet 上的主机分配的一个在全世界范围内唯一的 32 位地址。IP 地址通常以圆点(半角句号)分隔的 4 个十进制数字表示。因特网是全世界范围内的计算机联为一体而构成的通信网络的总称,联在某个网络上的两台计算机之间在相互通信时,它们所传送的数据包里都会包含某些附加信息,这些附加信息就是发送数据的计算机的地址和接收数据的计算机地址。为了方便通信,必须给每台计算机都分配一个 IP 地址作为网络标识。

域名如"www.zol.com.cn"的形式。它同 IP 地址一样,都是用来表示一个单位、机构或个人在网上的一个确定的名称或位置。所不同的是,它比 IP 地址较有亲和力,容易被人们记记和乐于使用。由于国际域名资源有限,各个国家、地区在域名的最后都加上了国家的标识段,由此形成了各个国家,地区自己的国内域名。国别的最高层域名:.cn 为中国;.au 为澳大利亚;.jp 为日本等。另外,不同的组织、机构,都有不同的域名标识,如:.com 为商业公司;.org 为组织、协会等;.net 为网络服务;.edu 为教育机构;.gov 为政府部门;.mil 为军事领域;.arts 为艺术机构;.firm 为商业公司;.info 为提供信息的机构等。

1.7.4　因特网的接入方式

提到接入网,首先要涉及一个带宽问题,随着互联网技术的不断发展和完善,接入网的带宽被人们分为窄带和宽带,业内专家普遍认为宽带接入是未来发展的方向。

宽带运营商网络结构如图 1.7 所示。整个城市网络由核心层、汇聚层、边缘汇聚层及接入层组成,社区端到末端用户接入部分就是通常所说的"最后一公里"。

在接入网中,目前可供选择的接入方式主要有 PSTN、ISDN、DDN、LAN、ADSL、VDSL、Cable - Modem、PON 和 LMDS,共 9 种,它们各有各的优缺点,我们可以根据实际需要来选择使用。

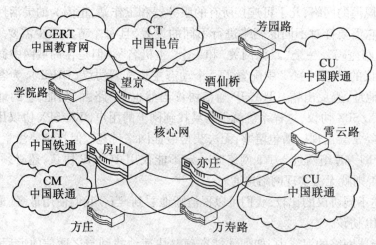

图 1.7　宽带运营商网络结构

1. PSTN 拨号

PSTN(Published Switched Telephone Network,公用电话交换网)技术是利用 PSTN 通过调制解调器拨号实现用户接入的方式。这种接入方式是大家非常熟悉的一种接入方式,目前最高的速率为56 kbps,已经达到申农定理确定的信道容量极限,这种速率远远不能满足宽带多媒体信息的传输需求;但由于电话网非常普及,用户终端设备 Modem 很便宜,为100~500元,而且不用申请就可开户,只要家里有计算机,把电话线接入 Modem 就可以直接上网。因此,PSTN 拨号接入方式比较经济,至今仍是网络接入的主要手段。

2. ISDN 拨号

ISDN(Integrated Service Digital Network,综合业务数字网)接入技术,俗称"一线通",它采用数字传输和数字交换技术,将电话、传真、数据、图像等多种业务综合在一个统一的数字网络中进行传输和处理。用户利用一条 ISDN 用户线路,可以在上网的同时拨打电话、收发传真,就像两条电话线一样。ISDN 基本速率接口有两条 64 kbps 的信息通路和一条 16 kbps 的信令通路,简称2B + D。当有电话拨入时,它会自动释放一个 B 信道来进行电话接听。

3. DDN 专线

DDN(Digital Data Network),这是随着数据通信业务发展而迅速发展起来的一种新型网络。DDN 的主干网传输媒介有光纤、数字微波、卫星信道等,用户端多使用普通电缆和双绞线。DDN 将数字通信技术、计算机技术、光纤通信技术及数字交叉连接技术有机地结合在一起,提供了高速度、高质量的通信环境,可以向用户提供点对点、点对多点透明传输的数据专线出租电路,为用户传输数据、图像、声音等信息。DDN 的通信速率可根据用户需要在 $N \times 64$ kbps($N = 1 \sim 32$)之间进行选择,当然,速度越快,租用费用也越高。

4. ADSL 接入

ADSL(Asymmetrical Digital Subscriber Line,非对称数字用户环路)是一种能够通过普

通电话线提供宽带数据业务的技术,也是目前极具发展前景的一种接入技术。ADSL 素有"网络快车"之美誉,因其下行速率高、频带宽、性能优、安装方便、不需交纳电话费等特点而深受广大用户的喜爱,成为继 Modem、ISDN 之后的又一种全新的高效接入方式。

ADSL 方案的最大特点是不需要改造信号传输线路,完全可以利用普通铜质电话线作为传输介质,配上专用的 Modem 即可实现数据高速传输。ADSL 支持上行速率640 kbps ~ 1 Mbps,下行速率 1 Mbps ~ 8 Mbps,其有效的传输距离在 3 ~ 5 km 范围以内。在 ADSL 接入方案中,每个用户都有单独的一条线路与 ADSL 局端相连,它的结构可以看作是星形结构,数据传输带宽是由每个用户独享的。

5. VDSL 接入

VDSL 比 ADSL 还要快。使用 VDSL,短距离内的最大下传速率可达 55 Mbps,上传速率可达 2.3 Mbps(将来可达 19.2 Mbps,甚至更高)。VDSL 使用的介质是一对铜线,有效传输距离可超过 1 000 m。但 VDSL 技术仍处于发展初期,长距离应用仍需要测试,端点设备的普及也需要时间。

6. Cable – Modem 接入

Cable – Modem(线缆调制解调器)是近两年开始试用的一种超高速 Modem,它利用现成的有线电视(CATV)网进行数据传输,已是比较成熟的一种技术。随着有线电视网的发展壮大和人们生活质量的不断提高,通过 Cable Modem 利用有线电视网访问 Internet 已成为越来越受业界关注的一种高速接入方式。

由于有线电视网采用的是模拟传输协议,因此网络需要用一个 Modem 来协助完成数字数据的转化。Cable – Modem 与以往的 Modem 在原理上都是将数据进行调制后在Cable(电缆)的一个频率范围内传输,接收时进行解调,传输机理与普通 Modem 相同,不同之处在于它是通过有线电视 CATV 的某个传输频带进行调制解调的。

7. 无源光网络接入

PON(无源光网络)技术是一种点对多点的光纤传输和接入技术,下行采用广播方式,上行采用时分多址方式,可以灵活地组成树形、星形、总线形等拓扑结构,在光分支点不需要节点设备,只需要安装一个简单的光分支器即可,具有节省光缆资源、带宽资源共享、节省机房投资、设备安全性高、建网速度快、综合建网成本低等优点。

8. LMDS 接入

LMDS 接入是目前可用于社区宽带接入的一种无线接入技术,在该接入方式中,一个基站可以覆盖直径达 20 km 的区域,每个基站可以负载 2.4 万个用户,每个终端用户的带宽可达到 25 Mbps。但是,它的带宽总容量为 600 Mbps,每个基站下的用户共享带宽,因此一个基站如果负载用户较多,那么每个用户所分到带宽就很小了。故这种技术对于社区用户的接入是不合适的,但它的用户端设备可以捆绑在一起,可用于宽带运营商的城域网互联。

9. LAN 接入

LAN 接入是利用以太网技术,采用光缆 + 双绞线的方式对社区进行综合布线。采用

LAN 接入可以充分利用小区局域网的资源优势,为居民提供 10 Mbps 以上的共享带宽,这比拨号上网的速度快 180 多倍,并可根据用户的需求升级到 100 Mbps 以上。

以太网技术成熟、成本低、结构简单、稳定性、可扩充性好;便于网络升级,同时可实现实时监控、智能化物业管理、小区/大楼/家庭保安、家庭自动化(如远程遥控家电、可视门铃等)、远程抄表等,可提供智能化、信息化的办公与家居环境,满足不同层次的人们对信息化的需求。

练习题

一、选择题

1. 计算机硬件的 5 大基本构件包括运算器、存储器、输入设备、输出设备和( )。

A. 译码器 　　　　 B. 处理器 　　　　 C. 控制器 　　　　 D. 寄存器

2. 计算机存储容量的基本单位是( )。

A. 字 　　　　 B. 页 　　　　 C. 字节 　　　　 D. 位

3. 计算机当前的应用领域无所不在,但其应用最早的领域却是( )。

A. 数据处理 　　 B. 科学计算 　　 C. 人工智能 　　 D. 过程控制

4. 一个完备的计算机系统应该包含计算机的( )。

A. 主机与外设 　　　　　　　　 B. 硬件和软件

C. CPU 与存储器 　　　　　　　 D. 控制器和运算器

5. 下列关于计算机病毒的说法,错误的是( )。

A. 有些病毒仅能攻击某一操作系统,如 Windows 操作系统

B. 病毒一般附着在其他应用程序之后

C. 并不是每种病毒都会给用户造成严重后果

D. 所有病毒都破坏操作系统

6. 计算机安全包括( )。

A. 操作安全 　　 B. 物理安全 　　 C. 病毒防护 　　 D. 以上皆是

7. 以下关于多媒体技术的描述中,错误的是( )。

A. 多媒体技术是将各种媒体以数字化的方式集中在一起

B. 多媒体技术是指将多媒体进行有机组合而成的一种新的媒体应用系统

C. 多媒体技术就是能用来观看数字电影的技术

D. 多媒体技术与计算机技术的融合开辟出一个多学科的崭新领域

8. 关于网络协议,下列选项中正确的是( )。

A. 网络协议是网民签订的合同

B. 协议,简单地说就是为了网络信息传递而共同遵守的约定

C. TCP\IP 协议只能用于 Internet,不能用于局域网

D. 拨号网络对应的协议是 IPX \SPX

9. 计算机中运算器的主要功能是完成( )。

A. 代数和逻辑运算 　　　　　　 B. 代数和四则运算

C. 算术和逻辑运算   D. 算术和代数运算

10. 下列选项中属于输出设备的是(　　)。

A. 键盘   B. 鼠标   C. 显示器   D. 摄像头

11. 在计算机领域中,通常用英文单词"byte"来表示(　　)。

A. 字   B. 字长   C. 字节   D. 二进制位

12. Internet 主要由 4 部分组成,包括路由器、主机、信息资源与(　　)。

A. 数据库   B. 管理员   C. 销售商   D. 通信线路

13. 与二进制 11111110 等值的十进制数是(　　)。

A. 251   B. 252   C. 253   D. 254

14. 计算机的应用范围很广,下列说法中正确的是(　　)。

A. 数据处理主要应用于数值计算

B. 辅助设计是用计算机进行产品设计和绘图

C. 过程控制只能应用于生产管理

D. 计算机主要用于科学计算

15. 在计算机内部,数据加工、处理和传送的形式是(　　)。

A. 二进制码   B. 八进制码   C. 十进制码   D. 十六进制码

16. 下列对 Internet 叙述正确的是(　　)。

A. Internet 就是 WWW

B. Internet 就是信息高速公路

C. Internet 是众多自治子网和终端用户机的互联

D. Internet 就是局域网互联

17. 计算机网络按使用范围划分为(　　)。

A. 广域网和局域网   B. 专用网和公用网

C. 低速网和高速网   D. 部门网和公用网

18. 计算机的工作原理是(　　)。

A. 机电原理   B. 程序存储

C. 程序控制   D. 存储程序与程序控制

19. 在操作系统中,文件管理的主要功能是(　　)。

A. 实现文件的虚拟存取   B. 实现文件的高速存取

C. 实现文件的按内容存取   D. 实现文件的按名存取

20. 下列说法中错误的是(　　)。

A. 电子邮件是 Internet 提供的一项最基本的服务

B. 电子邮件具有快捷、高效、方便、价廉等特点

C. 通过电子邮件,可向世界上任何一个角落的网上用户发送信息

D. 通过电子邮件可发送的多媒体只有文字和图像

二、填空题

1. 世界上第一台电子计算机诞生于＿＿＿＿年。

2. 计算机软件通常分为＿＿＿＿和应用软件两大类。

3. CPU 是计算机的核心部件,该部件主要由控制器和_____组成。

4. 计算机是由运算器、存储器、_____、输入设备和输出设备 5 个基本部分组成的。

5. 完整的计算机系统由_____和_____两部分组成。

6. 无论是西文字符还是中文字符,计算机一律用_____编码来表示。

7. 因特网(Internet)上最基本的通信协议是_____。

8. _____和_____集成在一块芯片上,称为微处理器(CPU)。

9. 程序工作原理是美籍匈牙利数学家_____提出的。

10. 首先提出在电子计算机中使用存储程序的概念的人是_____。

11. 在计算机网络中,通信双方必须共同遵守的规则或约定,称为_____。

12. 计算机网络按照使用范围划分为_____和_____。

13. 与八进制数 177 等值的十六进制数是_____。

14. 内存储器可大致分为_____和_____两类。

15. 按照打印机打印的原理可分为_____打印机、_____打印机和_____打印机 3 大类。

三、问答题

1. 计算机硬件由哪些组成?

2. 计算机的特点包括哪些?

3. 简述计算机的设计原理。

4. 用户计算机接入 Internet 一般有几种方式?

5. 什么叫作计算机网络? 计算机网络的功能主要有哪些?

第2章

操作系统

2.1 操作系统概述

操作系统是所有从事计算机应用、开发和研究的人经常使用的系统软件。它是对计算机硬件系统的第一次扩充,是人与机器之间通信的桥梁。

2.1.1 操作系统的定义、特征和功能

1.定义

操作系统是管理硬件资源、控制程序运行、改善人机界面、为应用软件提供支持的系统软件。

2.特征

(1)并发性:同时执行多个程序。

(2)共享性:多个并发程序共同使用系统资源。

(3)随机性:程序运行顺序、完成时间以及运行结果都是不确定的。

3.功能

操作系统用来控制计算机上所有的运行程序并管理全部资源,是最底层的软件。

(1)主要作用。

①管理各种软硬件资源。

②提供良好的用户界面。

(2)基本功能。

进程管理:对处理机进行管理。通过进程管理协调多道程序间的关系,解决对处理机实施分配调度策略、进行分配和回收等。其进程的基本状态有就绪、运行、挂起/等待3种。

存储管理:管理内存资源。主要包括内存分配、地址映射、内存保护和内存扩充。

设备管理:对硬件设备进行管理。主要包括缓冲区管理、设备分配、设备驱动和设备

无关性管理。

用户接口:用户操作计算机的界面。

文件管理:对信息资源的管理,操作系统将这些资源以文件的形式存储在外存上。

2.1.2　操作系统的发展阶段

1.人工操作阶段

第一台电子计算机只是由控制台控制的一个庞大物理机器,并没有操作系统的概念。使用者采用手工方式直接控制和使用计算机。其具体操作是:将事先准备好的程序和数据穿孔在卡片或纸带上,并通过卡片或纸带输入机将程序和数据输入计算机,然后启动程序,使用者通过控制台上的按钮、开关和氖灯等来操纵和控制程序,程序运行完毕时取走计算结果。

2.单道批处理阶段

(1)联机批处理。

早期的批处理操作把若干个作业组织成一批作业输入到磁带上,然后在监控程序的作用下,先把磁带上的第一个作业调入内存,并把控制权交给该作业,当该作业处理完后,再由监督程序把第二个作业输入内存,按这种方式对磁带上的作业自动地、一个接一个地处理,直到把磁带上的所有作业全部处理完毕。由于系统对作业的处理是成批地进行,且在内存中始终只保持一道作业,故称为单道批处理系统。

(2)脱机批处理。

脱机批处理就是通过卫星机将用户的程序和数据输入到磁带上,当主机需要时,再将这些程序和数据送入主机进行处理;同样,对于处理完毕的数据也是先存入卫星机中,再输出给用户。主机与卫星机可并行工作。

(3)执行系统。

在20世纪60年代初期,随着通道和中断技术的出现,操作系统进入了执行系统阶段。通道主要用于控制I/O设备与内存间的数据传输,它独立于CPU运行,实现了CPU与输入/输出的并行处理。而中断是指CPU在收到外部中断信号后,停止原来所执行的操作,转去处理中断时间,处理完毕后回到断点继续执行被中断的操作。通道技术和中断技术的出现使监督程序在负责作业运行的同时,提供了I/O控制功能。

3.多道批处理系统阶段

多道程序设计技术是指在计算机内存中同时存放几道相互独立的程序,它们在管理程序的控制下相互穿插地运行。这种技术在内存中存放了多个作业,从宏观上看,这些作业是并行的,它们都处于运行中,并且都没有运行结束;从微观上看是串行的,各道作业轮流使用CPU,交替执行。多道程序设计技术不仅使CPU得到充分利用,同时改善I/O设备和内存的利用率,从而提高整个系统的资源利用率和系统吞吐量(单位时间内处理作业(程序)的个数),最终提高整个系统的效率。

4.分时操作系统阶段

分时技术是把处理机的运行时间分成很短的时间片,按时间片轮流把处理机分配给各联机作业使用。分时操作系统就是利用分时技术,在一台主机上同时连多个用户终端,同时允许多个用户共享主机资源,每个用户都可以通过自己的终端以交互的方式使用计算机。

分时操作系统就有以下特点:①多路性;②交互性;③独立性;④及时性。

5. 实时操作系统阶段

虽然多道批处理系统和分时系统能获得较令人满意的资源利用率与系统响应时间,但却不能满足实时控与实时信息处理两个应用领域的需求。于是就产生了实时系统,即系统能够及时响应随机发生的外部事件,并在严格的时间范围内完成对该事件的处理。

典型的实时操作系统有过程控制系统、信息查询系统、事务处理系统等。实时操作系统具有及时性、高可靠性等特点。

2.1.3 操作系统的组成

1. 管理模块

管理模块主要体现操作系统的管理功能。操作系统对计算机的管理包括两个方面:硬件资源的管理和软件资源的管理。硬件资源包括 CPU、存储器和设备等;软件资源包括系统程序、库函数、系统应用程序和用户应用程序等。

2. 用户接口

操作系统为用户提供两个接口界面。一个是作业一级接口,即各种命令接口界面。用户利用这些操作命令来组织和控制作业或管理计算机系统。作业控制方式典型地分两大类:脱机控制和联机控制。另一个接口是程序一级接口,即系统调用。系统调用是操作系统提供给编程人员的唯一接口。编程人员可以通过系统调用,在源程序一级动态请求和释放系统资源,调用系统中已有的功能来完成与计算机部分相关的工作,以及控制程序的执行速度等。

2.1.4 操作系统的分类

1. 批处理操作系统

批处理操作系统是以作业为处理对象。处理过程是:用户将作业交给系统操作员,由系统操作员将各用户的作业组成一批,并提交给计算机,然后由计算机自动处理。这类操作系统的特点是:作业的运行完全由系统自动控制,系统的吞吐量大,资源的利用率高。

2. 分时操作系统

分时操作系统是多个用户在各自的终端上联机使用同一台主机。当用户交互式地向系统提出命令请求时,操作系统以时间片为单位,轮流处理服务请求。从宏观上来看,多个用户同时使用 CPU,而就用户而言,却有独占该计算机的感觉。因此,分时操作系统具有多路性、交互性、独占性和及时性的特点。

3. 实时操作系统

实时操作系统是指计算机能及时响应外部事件的请求,并在规定的时间内完成对该事件处理的系统。实时操作系统要追求的目标是:对外部请求在严格时间范围内做出反应。其主要特点是资源的分配和调度首先要考虑实时性,然后才是效率。实时操作系统广泛用于工业生产过程的控制和事务数据处理中,具有高可靠性和完整性。

4.网络操作系统

为计算机网络配置的操作系统称为网络操作系统,通常运行在服务器上。网络操作系统是基于计算机网络的,是在各种计算机操作系统上按网络体系结构协议标准开发的软件,包括网络管理、通信、安全、资源共享和各种网络应用。其目标是相互通信及资源共享。

5.分布式操作系统

分布式操作系统是分布计算系统配置的操作系统。分布式计算机系统由多个并行工作的处理器组成,系统中的计算机无主次之分,资源提供给所有用户共享,一个程序可分布在几台计算机上并行运行,互相协调完成一个共同的任务,有较强的纠错能力。分布式操作系统是网络操作系统的更高形式,它保持了网络操作系统的全部功能,而且还具有透明性、可靠性和高性能等特点。

6.微型计算机操作系统

微型计算机操作系统是指配置在微型计算机上的操作系统。应用较广的微型计算机操作系统有单用户多任务和多用户多任务两种类型。

单用户多任务微型计算机操作系统,是指只允许一个用户使用但允许把程序分为若干个任务并发执行的操作系统,例如 Microsoft 的 Windows 个人用户版操作系统。

多用户多任务微型计算机操作系统,是指允许多个用户通过各自的终端使用同一台计算机,共享系统中的各种资源,而每个用户程序又可进一步分为多个任务并发执行的操作系统,如源代码公开的 Linux 操作系统等。

微型计算机具有交互性好、功能强、操作简单、价格便宜等优点。

7.嵌入式操作系统

嵌入式操作系统是一种支持嵌入式应用的操作系统。它是一种用途广泛的系统软件,通常包括与硬件相关的底层驱动软件、系统内核、设备驱动接口、通信协议、图形界面、标准化浏览器等。嵌入式操作系统负责嵌入式系统的全部软硬件资源的分配、任务调度,控制、协调并发活动。嵌入式操作系统大多用于机电设备、仪器等专用控制方面,并具有十分广泛的应用和发展前景。

2.1.5 常见的操作系统

1.常见计算机操作系统

(1)DOS 操作系统。

DOS(Disk Operating System)的意思是磁盘操作系统,是一种单用户、单任务的计算机操作系统。从 1981 年到 1995 年的 15 年间,DOS 在 IBM PC 兼容机市场中占有举足轻重的地位。DOS 采用字符界面,以命令的形式来操作计算机,这些命令都是英文单词或缩写,难以记忆,因此无法推广使用。进入 20 世纪 90 年代后,DOS 逐渐被 Windows 之类的图形界面操作系统所取代。

(2)Windows 操作系统。

Windows 操作系统是一款由美国微软公司开发的窗口化操作系统,采用了 GUI 图形化操作模式。(下面使用项目符号)

Microsoft 公司从 1983 年开始研制 Windows 操作系统第一个版本的 Windows 1.0 于 1985 年问世。1987 年推出了 Windows 2.0 版。1990 年推出 Windows 3.0 版,这是一个重要的里程碑。1995 年 8 月微软公司发布了 Windows 95,其版本号为 4.0。Windows 98 是一个发行于 1998 年 6 月 25 日的混合 16/32 位的系统。Windows ME(Windows Millennium Edition)是一个 16/32 位混合的系统。Windows NT 是纯 32 位操作系统,使用先进的 NT 核心技术。Windows 2000 是发行于 1999 年 12 月 19 日的 32 位图形商业性质的操作系统。Windows XP 是微软公司发布的一款视窗操作系统。Windows Server 2003 是目前微软推出的使用最广泛的服务器操作系统。2006 年 11 月发布 Windows Vista 操作系统,其内核版本号为 Windows NT 6.0。2009 年 10 月 22 日微软于美国正式发布 Windows 7。微软于 2012 年 10 月 25 日推出了最新 Windows 8 系统。2015 年 7 月 29 日起,微软向所有的 Windows 7、Windows 8.1 用户通过 Windows Update 免费推送 Windows 10。

(3)UNIX 操作系统。

UNIX 操作系统是美国 AT&T 公司 1971 年在 PDP-11 上运行的多用户多任务的操作系统,支持多种处理器架构,最早由肯·汤普逊、丹尼斯·里奇于 1969 年在 AT&T 的贝尔实验室开发。

UNIX 操作系统大部分是由 C 语言编写的,这使得系统易读、易修改、易移植。其系统结构可分为两部分:操作系统内核(由文件子系统和进程控制子系统构成,最贴近硬件)和系统的外壳(贴近用户)。UNIX 取得成功的最重要原因是系统的开放性和公开源代码。用户可以方便地向 UNIX 操作系统中逐步添加新功能和工具,这样可使 UNIX 越来越完善,成为有效的程序开发的支撑平台。

UNIX 操作系统可以运行在微型机、工作站、大型机和巨型机上,因其稳定可靠的特点,故在金融、保险等行业得到了广泛的应用。

(4)Linux 操作系统。

Linux 内核最初是由芬兰人林纳斯·托瓦兹在赫尔辛基大学上学时出于个人爱好而编写的,该内核于 1991 年 10 月 5 日首次发布。严格来说,术语 Linux 只表示操作系统内核本身,但通常都用 Linux 来表示基于 Linux 内核的操作系统。

Linux 是一套免费使用和自由传播的类 Unix 操作系统,是一个基于 POSIX 和 UNIX 的多用户、多任务、支持多线程和多 CPU 的操作系统。它能运行主要的 UNIX 工具软件、应用程序和网络协议,并支持 32 位和 64 位硬件。Linux 继承了 UNIX 以网络为核心的设计思想,是一个性能稳定的多用户网络操作系统。现在 Linux 内核支持从个人计算机到大型主机甚至包括嵌入式系统在内的各种硬件设备。

(5)Mac OS 操作系统。

Mac OS 是一套运行于苹果 Macintosh 系列计算机上的操作系统,是全球第一个使用

"面向对象操作系统"的全操作系统,也是首个在商用领域成功应用的图形用户界面的操作系统。Mac OS 基于 UNIX 内核的图形化操作系统,它把 UNIX 的强大稳定的功能和 Macintosh 的简洁优雅的风格完美地结合起来。最新的系统版本是 Mac OS X10.8.3 版。

2. 常见手机操作系统

(1) iOS。

iOS 是由苹果公司为 iPhone 开发的操作系统。它主要是给 iPhone、iPodtouch 及 iPad 使用。就像其基于 Mac OS X 的操作系统一样,它也是以 Darwin 为基础的。原本这个系统名为 iPhone OS,在 2010 年 6 月 7 日的 WWDC 大会上改名为 iOS。iOS 的系统架构分为 4 个层次:核心操作系统层(the Core OS Layer)、核心服务层(the Core Services Layer)、媒体层(the Media Layer)及可轻触层(the Cocoa Touch Laycr)。

(2) Android。

Android(安卓)是一种以 Linux 为基础的开放源代码操作系统,主要使用于便携设备,最初由 Andy Rubin 开发。由于 Android 操作系统的开放性,使得消费者可以享受丰富的应用软件资源。Google 的地图、邮件、探索等可以在手机的 Android 平台上无缝结合。

2.2 Windows 7 操作系统

Windows 操作系统因其界面友好、操作简单、功能强大/易学易用、安全性强而受到广大用户的青睐。本节将详细介绍有关 Windows 7 操作系统的基础知识。

2.2.1 Windows 7 操作系统的基本操作

要利用计算机完成各种各样的任务就必须借助相应的软件,而大部分软件都需要一个运行程序的平台,其中应用较为广泛的便是 Windows 操作系统。因此,计算机的学习也大多是从学习 Windows 的操作方法起步。

1. Windows 7 的启动、退出和注销

Windows 7 硬件性能要求、系统性能、可靠性等方面,都颠覆了以往 Windows 操作系统,是继 Windows 95 以来微软公司的又一成功产品。

Windows 操作系统的启动和退出不同于 DOS 操作系统。启动或退出 DOS 操作系统时,只需按下计算机上的电源开关即可。而 Windows 则有一套完整的启动和退出程序,只有按此程序进行,才能正确地启动和退出 Windows。

(1)启动 Windows 7。

正确安装 Windows 7 后,打开计算机电源,计算机会自动引导 Windows 7 操作系统。正常启动后,会显示出登录界面,如图 2.1 所示。

登录界面中列出了已经建立的所有用户账户,并且每个用户名前都配有一个图标。对于没有设置密码的账户,单击相应的图标即可登录。登录后,系统先显示一个欢迎画

面,片刻后进入 Windows 7 的桌面,如图2.2 所示。

图2.1　Windows 7 登录界面

图2.2　Windows 7 桌面

(2)退出 Windows 7。

当完成工作不再使用计算机时,应退出 Windows 7 并关机。退出 Windows 7 系统不能直接关闭计算机电源,因为 Windows 7 是一个多任务、多线程的操作系统,在前台运行某个程序的同时,后台可能也在运行着几个程序。这时,如果在前台程序运行完后直接关闭电源,后台程序的数据和结果就会丢失。为此,Windows 7 专门在“开始”菜单中安排了“关闭计算机”按钮,以实现系统的正常退出。

(3)注销 Windows 7。

Windows 7 是一个支持多用户的操作系统,它允许多个用户登录到计算机系统中,而且各个用户除了拥有公共系统资源外,还可拥有个性化的桌面、菜单、我的文档和应用程序等。

为了使用户快速方便地重新登录系统或切换用户账户,Windows 7 提供了注销和切换用户功能,通过这两种功能用户可以在不必重新启动系统的情况下登录系统,系统只恢复用户的一些个人环境设置。

要注销 Windows 7,只需在“开始”菜单中选择“注销”命令,在打开的“注销 Windows”

对话框中单击"注销"按钮,并重新选择登录用户即可。

2.2.2　Windows 7 的桌面

桌面是 Windows 操作系统的工作平台。用户可以将常用的一些程序或工具放到桌面上,这样在使用这些工具时,就不用通过资源管理器去查找了,十分直观、明了。

1.桌面

Windows 7 是一个充满个性的操作系统,不仅提供各种精美的桌面壁纸,还提供更多的外观选择、不同的背景主题,使用户可以根据自己的喜好设置桌面。此外,Windows 7 桌面还能实现半透明的 3D 效果。

(1)桌面外观设置。

右击桌面空白处,在弹出的快捷菜单中选择"个性化",打开"个性化"面板中,如图 2.3 所示。

可以在"Aero"主题下设置多个主题,直接单击所需主题即可改变当前桌面的外观。

(2)桌面背景设置。

如果需要自定义个性化背景桌面,可在"个性化"设置面板的下方单击"桌面背景"的图标,打开其设置面板,如图 2.4 所示,可选择多张系统内置图片。

当选择多张图片作为桌面背景时,图片会自动切换。而且可以在"更改图片时间间隔"下拉菜单中设置图片切换的时间间隔,还可以选择"无序播放"以便实现图片的随机播放。

此外,还能对图片的显示效果进行设置。单击"图片位置"选项右侧的黑色箭头,在下拉列表中可根据需要,选择"填充""适应""拉伸"等。

最后,单击"保存修改"按钮完成操作。

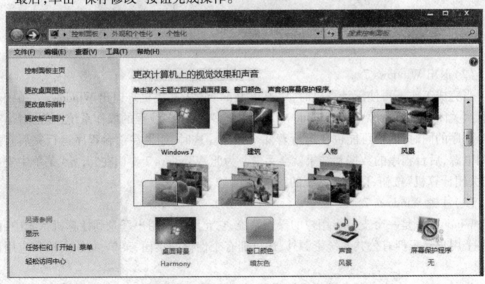

图 2.3　Windows 7"个性化"面板

(3)桌面小工具的使用。

Windows 7 还提供了时钟、天气等实用的小工具。右击桌面空白处,在弹出的快捷菜单中选择"小工具",即可打开"小工具"的管理面板,如图2.5所示。

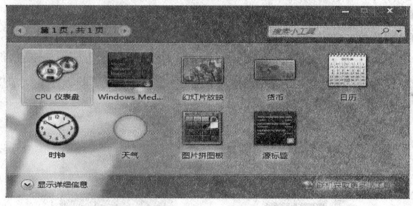

图2.4 自定义桌面背景

用户可以利用鼠标将"小工具"管理面板中的图标拖动到桌面上。例如,时钟工具拖放,如图2.6所示。当用户用鼠标将时钟图标拖放到桌面以后,鼠标放到该图标上就会在其右侧呈现几个小按钮(如关闭、选项、拖动小工具等)。用户可以利用"选项"对时钟的外观进行选择和设置,还可以显示不同国家的时间,如图2.7所示。

图2.5 "小工具"的管理面板

图2.6 时钟工具拖放

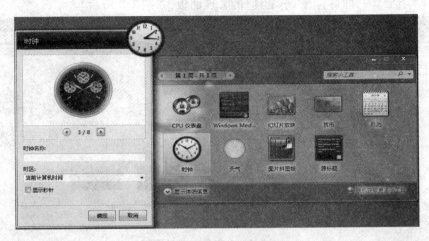

图 2.7 时钟外观的设置

此外,Windows 7 内置了 10 个小工具,用户还可以从微软官方网站上联机下载更多的小工具。点击"小工具"设置面板右下角的"联机获取更多小工具",即可在小工具分类页面中获取更多的小工具。

如果要将其中的某个小工具删除,需要在"小工具"管理面板中右击需要删除的小工具,在弹出的菜单中选择"卸载"即可。

2."开始"菜单

一般情况下,如果要运行某个应用程序,除了双击桌面上的应用程序图标外,还可以单击"开始"按钮,指向"开始"菜单中的"所有程序"命令,在弹出的程序子菜单中单击需要打开的应用程序,如图 2.8 所示。

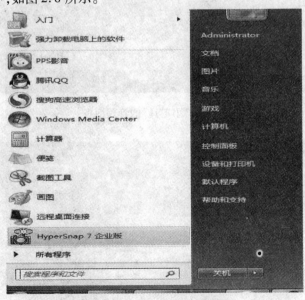

图 2.8 Windows 7 "开始"菜单

3. 任务栏

任务栏位于桌面的最下方,通过任务栏可以快速启动应用程序、文档及激活其他已打开的窗口。

右击任务栏中的空白区域,可打开任务栏的快捷菜单,用户可以通过选择"工具栏"命令中的子命令,在任务栏中显示对应的工具栏,如"地址""链接""语言栏"等。

在任务栏的快捷菜单中选择"属性"命令,将打开任务栏和"开始"菜单属性对话框的任务栏选项卡。用户可以通过该选项卡设置任务栏外观和通知区域。

4. 窗口

在 Windows 7 操作系统中,无论用户打开磁盘驱动器、文件夹还是运行程序,系统都会打开一个窗口,用于管理和使用相应的内容。例如,双击桌面上"计算机"图标,即可打开"计算机"窗口,如图 2.9 所示,在该窗口中可以对计算机中的文件和文件夹进行管理。

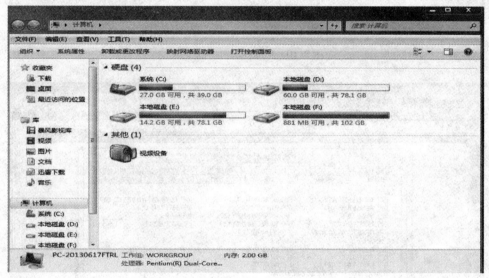

图 2.9　Windows 7"计算机"窗口

5. 菜单

菜单位于 Windows 窗口的菜单栏中,是应用程序的命令集合。Windows 窗口的菜单栏通常由多层菜单组成,每个菜单又包含若干个命令,如图 2.10 所示。

6. 对话框

对话框是一种特殊的窗口,与窗口不同的是,对话框一般不可以调整大小。对话框的种类繁多,可以对其中的选项进行设置,使程序达到预期的效果。图 2.11 显示了 Microsoft Word 中"工具"菜单下的"选项"对话框。

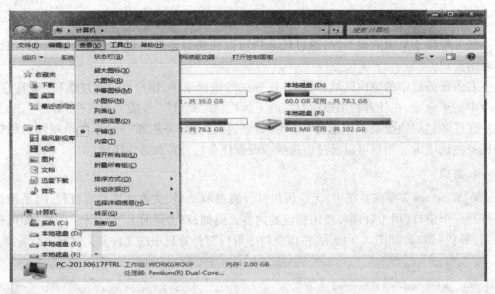

图 2.10　Windows 窗口的菜单

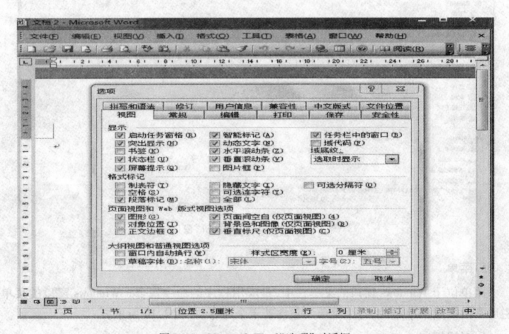

图 2.11　Microsoft Word"选项"对话框

2.2.3　Windows 7 窗口基本操作

1.调整窗口大小

①使用控制按钮调整窗口大小。单击"最大化"按钮,可将窗口调到最大;单击"最小化"按钮,可将窗口最小化到任务栏上;将窗口调到最大化后,"最大化"按钮会变成"还原"按钮,单击此按钮可将窗口恢复到原来的大小。

②自由调整窗口的大小。将指针指向窗口的边框或者顶角,当指针变成一个双向箭头时,按住鼠标左键拖动鼠标,当窗口大小合适后,松开鼠标即可。

2. 移动窗口

窗口处于还原状态时,将鼠标指针移到窗口的标题栏上,按住鼠标左键并拖动,到合适的位置之后再松开鼠标左键。

3. 排列窗口

右击任务栏的空白处,从弹出的快捷菜单中选择相应的命令。

4. 关闭窗口

正常关闭:单击窗口右上角的"关闭"按钮,或者选择"文件"→"退出"菜单命令,或按 Alt + F4 组合键。

2.2.4　桌面保护程序

屏幕保护程序可以在用户暂时不工作时对计算机屏幕起到保护作用。当用户需要使用计算机时,移动鼠标或者操作键盘即可恢复以前的桌面。

右击桌面,在弹出的快捷菜单中选择"个性化",在"个性化"管理面板的右下方点击"屏幕保护程序"选项卡做相应的设置,如图 2.12 所示。

图 2.12　设置"屏幕保护程序"对话框

2.2.5　屏幕颜色、分辨率及刷新频率

在 Windows 7 操作系统中,用户可以选择系统和屏幕同时能够支持的颜色数目。较多的颜色数目意味着在屏幕上显示的对象颜色更逼真。而屏幕分辨率是指屏幕所支持

的像素的多少,例如1 024×768 像素。在屏幕大小不变的情况下,分辨率的大小将决定屏幕显示内容的多少。刷新频率是指显示器的刷新速度,较低的刷新频率会使屏幕闪烁,容易使人的眼睛疲劳。因此,用户应尽量将显示器的刷新频率调得高一些(应不小于75 Hz),以有利于保护眼睛。

右击桌面空白处,在弹出的快捷菜单中选择"屏幕分辨率",如图2.13 所示,即可对其进行相关设置。

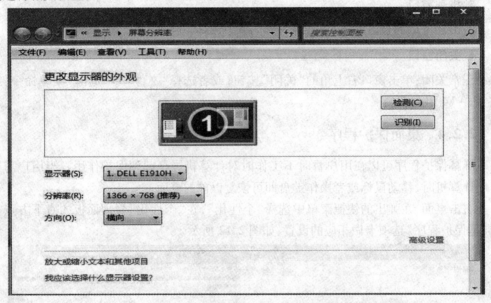

图2.13　Windows 7"屏幕分辨率"设置

2.3　文件管理

文件管理包括新建、查看、删除及重命名文件和文件夹等。像传统的 Windows 版本一样,Windows 7 为文件的各种操作提供了两种视图方式,一是普通窗口界面,二是 Windows 资源管理器界面。在这两种界面之间可以方便地切换。

2.3.1　文件和文件夹的定义

1.文件的概念

文件是指计算机存取的特定数据和信息的集合。

文件是操作系统中最基本的存储单位,它包含文本、图像及数值数据等信息。通常是在计算机内存中先创建文件,然后把它存储到磁盘设备中 。

2.文件夹的概念

文件夹是存放文件的场所,用于存储具有相同特征或低一层文件夹,它可以用来存放文件、应用程序或者其他文件夹。

文件夹用来存放各种文件,就像人们使用的公文夹一样。使用文件夹可以方便地对文件进行管理,比如将相同类型的文件存放到同一个文件夹中,可以方便文件的查找。

在 Windows 操作系统中,一个文件夹还可以包含多个子文件夹。双击文件夹,即可将其打开,查看其中的内容。

3. 文件和文件夹的命名

文件和文件夹的命名应遵循如下约定:

文件名或文件夹名最多可以有 256 个字符(包括空格),其中包含驱动器和路径信息,因此实际使用的文件名的字符数应小于 256。

每个文件都有 3 个字符的文件扩展名,用以标识文件类型和创建此文件的程序。

文件名或文件夹名中不能使用的英文字符有 \、/、:、*、?、"、<、>、→。

系统保留用户命名文件时的大小写格式,但不区分其大小写。

搜索和排列文件时,可以使用通配符"*"和"?"。其中,"?"代表文件中的一个任意字符,而"*"代表文件名中的 0 个或多个任意字符。

可以使用多分隔符的名字。例如,Work.Plan.2005.DOC。

同一个文件夹中的文件不能同名。

注意:文件夹的命名规则与文件一样,文件夹一般没有扩展名。

2.3.2 文件和文件夹浏览

"计算机"窗口可管理硬盘、映射网络驱动器、文件夹与文件。"计算机"窗口如图2.9所示。用户可以通过"计算机"窗口来查看和管理几乎所有的计算机资源。

在"计算机"窗口中,用户可以看到计算机中所有的磁盘列表。在菜单栏的下方还可以进行系统属性的设置、添加/删除程序及打开控制面板等操作;窗口左侧还可以看到常见的盘符和图标。当用户用鼠标单击其中的任意一个图标时,对应地,会在窗口右侧呈现出相应包含的内容。

2.3.3 文件和文件夹操作

在 Windows 操作系统中,用户可以根据需要对文件和文件夹进行各种操作。例如,查看文件和文件夹,创建文件和文件夹,重命名文件和文件夹,对文件和文件夹进行移动、复制及删除等。

1. 文件和文件夹的显示方式

打开"计算机"窗口,单击菜单栏中的"查看",在下拉列表中可以根据需要选择"平铺""列表"或"详细信息"等,改变文件和文件夹的显示方式。

2. 文件和文件夹的排列方式

在"计算机"中,单击"查看"菜单→"排序方式",可以根据需要选择不同的排序方式,如按文件和文件夹的名称、大小及类型排序。

3. 创建新文件夹

方法 1：单击"文件"→"新建"→"文件夹"。

方法 2：在工作区的空白处单击右键，选择"新建"→"文件夹"。

4. 选定文件或文件夹

方法 1：选定一个，单击即可。

方法 2：选定多个连续的对象，先单击第一个对象，然后按住 Shift 键单击最后一个对象。

方法 3：选定多个不连续的对象，Ctrl + 单击。

方法 4：选定全部对象，"编辑"→"全选"或使用组合键 Ctrl + A。

方法 5：取消选定，在工作区空白处单击即可。

方法 6：反向选定，"编辑"→"反向选择"。

5. 文件或文件夹的复制

方法 1：不同盘之间，拖动即可，鼠标有" + "。

方法 2：同盘之间，Ctrl + 拖动。

方法 3：选定→"编辑"→"复制"→目的窗口→"编辑"→"粘贴"。

方法 4：选定→右击→"复制"→目的窗口→在工作区空白处右击→"粘贴"。

方法 5：选定→Ctrl + C→目的窗口→Ctrl + V。

6. 文件和文件夹的移动

方法 1：不同盘之间，Shift + 拖动。

方法 2：同盘之间，拖动即可。

方法 3：选定→"编辑"→"剪切"→目的窗口→"编辑"→"粘贴"。

方法 4：选定→右击→"剪切"→目的窗口→在工作区空白处右击→"粘贴"。

方法 5：选定→Ctrl + X→目的窗口→Ctrl + V。

7. 文件或文件夹的删除

(1) 逻辑删除。

方法 1：选定→Del→"您确实要把此文件或文件夹放入回收站？"→"是"。

方法 2：选定→"文件"→"删除"→"您确实要把此文件或文件夹放入回收站？"→"是"。

方法 3：选定→右击→"删除"→"您确实要把此文件或文件夹放入回收站？"→"是"。

方法 4：选定→拖到回收站。

(2) 物理删除。

方法 1：进入回收站→选定→"文件"→"删除"。

方法 2：进入回收站→选定→右击→"删除"。

方法 3：进入回收站→选定"清空回收站"→"确实在永久删除这几项吗？"→"是"。

8. 更名文件或文件夹

方法 1：单击"文件"→"重命名"，键入新的名称后，按 Enter 键。

方法 2：单击鼠标右键,在弹出的快捷菜单中选择"重命名"。

方法 3：按 F2 键,对其名称进行编辑。

方法 4：在文件或文件夹名称处直接单击两次(两次单击间隔时间应稍长一些,以免使其变为双击),使其处于编辑状态,再键入新的名称。

9. 查看并设置文件和文件夹的属性

右键单击文件或文件夹,在弹出的菜单中选择"属性",如图 2.14 所示。

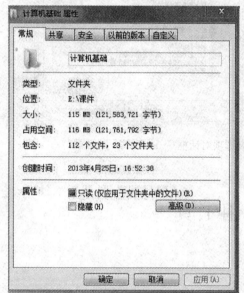

图 2.14　右击文件或文件夹属性后弹出对话框

10. 创建文件和文件夹的快捷方式

方法 1：选定→"文件"→"创建快捷方式"→拖到桌面。

方法 2：选定→右击→"创建快捷方式"→拖到桌面。

方法 3：右击桌面空白处→"新建"→"快捷方式"→单击"浏览"按钮→找对象→"打开"→"下一步"→输入名称→"完成"。

11. 文件夹选项及其使用

使用"文件夹选项",可以指定文件夹的工作方式及内容的显示方式,如图 2.15 所示。

2.3.4　库

"库"就 Windows 7 操作系统最大的亮点之一,它从根本上改变了文件管理的方式。

"库"和文件夹有很多相似之处,如在库中可以包含各种子库和文件。但是,库和文件夹有本质上的区别,在文件夹中保存的文件或文件夹都存储在该文件夹内,而库中存储的文件来自不同场所。"库"不是存储文件本身,而是保存文件快照。

此外,"库"提供了一种方便快捷的管理方式。

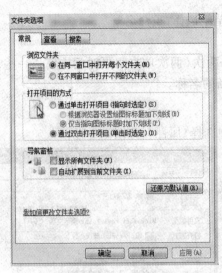

图 2.15　文件夹选项对话框

2.4　常用工具

2.4.1　控制面板

1.启动控制面板

(1)打开"计算机"窗口,单击任务窗格中的"打开控制面板"选项。

(2)单击"开始"按钮,在弹出的菜单中选择"控制面板"。

2.鼠标器的设置

"控制面板"→"硬件和声音"图标→"鼠标",即可进行鼠标的设置,如图 2.16、2.17所示。

图 2.16　鼠标设置面板

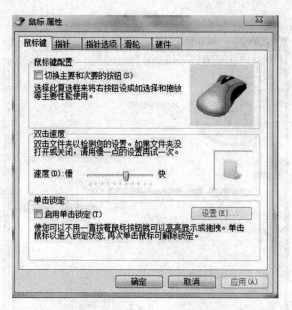

图 2.17 "鼠标属性"对话框

3. 日期、时间、区域和语言设置

(1) 区域和语言选项。

在控制面板中的单击"时钟、语言和区域设置"→"区域和语言"选项卡 →"格式", 根据需要添加或删除某种输入法, 如图 2.18 所示。

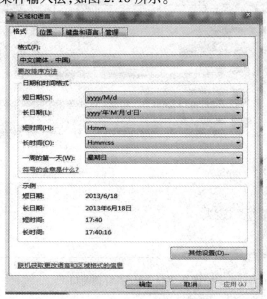

图 2.18 "区域和语言"设置

(2) 日期和时间。

在控制面板中单击"时钟、语言和区域设置"→"日期和时间", 可以更改日期和时

间,如图 2.19 所示。

图 2.19 "日期和时间"对话框

4. 添加或删除程序

在控制面板中单击"程序"图标,打开"程序"的管理窗口,如图 2.20 所示。

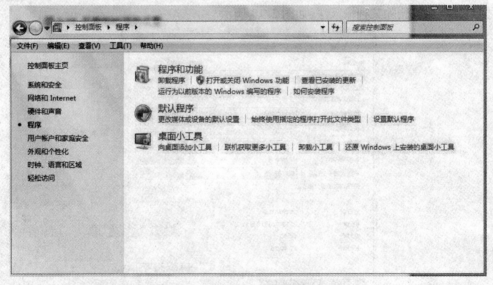

图 2.20 "程序"管理窗口

(1)更改或删除程序。

对于不再使用的应用程序,单击"卸载程序",打开"卸载"或更改程序"面板",右键单击要卸载的程序,选择"卸载"命令,即可实现程序的卸载,如图 2.21 所示。

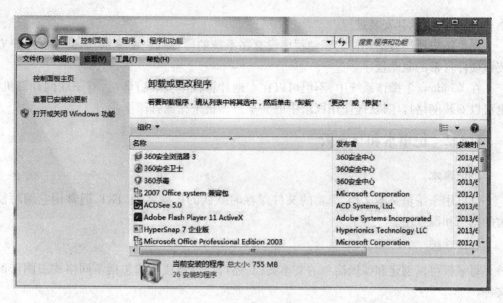

图 2.21 删除程序

(2)安装新程序。

单击"如何安装程序",根据需要选择"从 CD 或 DVD 安装程序"或通过"从 Internet 安装程序",进行程序的安装操作,如图 2.22 所示。

图 2.22 程序安装

5. 打印机和其他硬件

对于"即插即用"的硬件,在启动计算机的过程中,系统会自动搜索新硬件并加载其

驱动程序,并提示其安装过程。

如果用户所连接的硬件的驱动程序没有在系统的硬件列表中显示,则会提醒用户安装该硬件自带的驱动程序。

在 Windows 7 操作系统中,不但可以在本地计算机上安装打印机,对于联网计算机,也可以安装网络打印机,即使用网络中的共享打印机来完成打印作业。

2.4.2　记事本和写字板

1.记事本

可以用来编辑文本文档,编辑的文件保存时默认的扩展名为. TXT,通常用它编写简单的文档和源程序。

2.写字板

写字板可以创建和编辑简单的文本文档,还可以创建或编辑包括不同格式或图形的文件。

2.4.3　画图

画图程序可以创建简单或精美的图画,并将图形存为位图文件,也可以对各种位图格式的图片进行编辑修改。

单击"开始",找到"画图",即可打开"画图"应用程序。

2.4.4　娱乐

1.录音机

使用"录音机"可以录制、混合、播放和编辑声音,也可以将声音链接或插入另一个文档中。

单击"开始"→"所有程序"→"附件"→"录音机",将出现录音机窗口。

2.音量控制

单击"开始"→"控制面板"→"硬件和声音"→"调节系统音量"的步骤来进行音量设置。

2.4.5　命令提示符

1."命令提示符"窗口的操作

打开"命令提示符"窗口:单击"开始"→"所有程序"→"附件"→"命令提示符"。

"命令提示符"窗口有"全屏幕运行模式"和"窗口运行模式"两种方式,按 Alt + Enter 组合键可进行全屏幕和窗口间的切换。

2.复制"命令提示符"窗口数据

切换到"窗口"模式,用鼠标右键单击标题栏,在快捷菜单中指向"编辑",选择"复制""粘贴"等命令。

2.4.6 系统工具

1.磁盘扫描程序

"磁盘扫描程序"可以检查磁盘,发现和分析错误,并修复错误。其步骤如下:打开"计算机",右键单击需要扫描的驱动器图标,单击"属性"→"工具"→"开始检查"→"自动修复文件系统错误"和"扫描并尝试恢复坏扇区"→"开始"→"确定"。

2.磁盘碎片整理程序

"磁盘碎片整理程序"的作用是:重新安排磁盘中的文件和磁盘自由空间,使文件尽可能存储在连续的单元中,使磁盘空闲的自由空间形成连续的块。

单击"开始"→"所有程序"→"附件"→"系统工具"→"磁盘碎片整理程序"。

2.5 Windows 7 网络配置与应用

2.5.1 连接到宽带网络

(1)单击"开始"→"控制面板"→"查看网络状态和任务"→打开"网络和共享中心"面板,如图2.23所示。

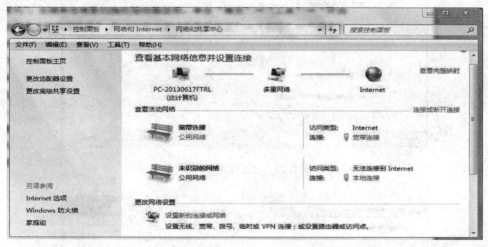

图2.23 网络和共享中心

(2)在"更改网络设置"选项下单击"设置新的链接或网络"命令,在打开的对话框中选择"连接到Internet"命令,如图2.24所示。

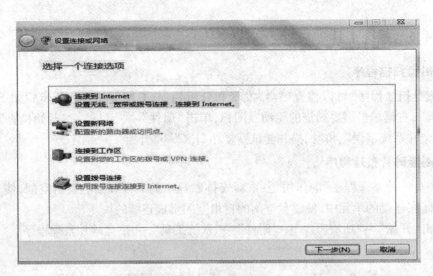

图 2.24　连接到 Internet

（3）选中"连接到 Internet"，点击"下一步"，出现如图 2.25 所示的界面，选择"仍要设置新连接"，出现如图 2.26 所示的界面，再点击"下一步"，出现如图 2.27 所示界面，点击后进入"用户名"和"密码"的相关设置，如图 2.28 所示。

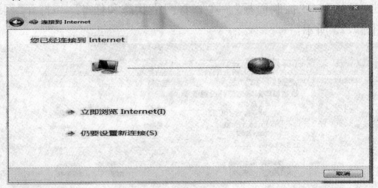

图 2.25　已连接到 Internet

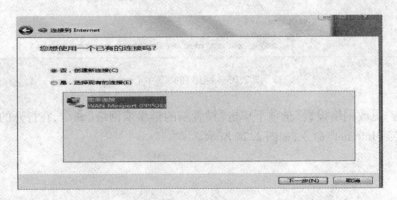

图 2.26　宽带连接

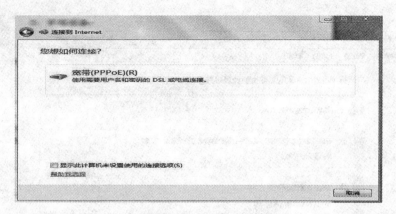

图 2.27 宽带(PPPoE)(R)

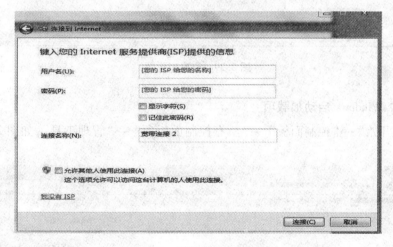

图 2.28 用户名和密码设置

2.5.2 连接到无线网络

单击任务栏通知区域的网络图标,在弹出的"无线网络连接"面板中双击需要连接的网络。如果此网络设有安全密码,则须键入密码才能使用。

2.5.3 通过家庭组实现计算机资源共享

单击"开始"→"控制面板"→"网络和 Internet"→"家庭组",即可对其进行相关设置,如图 2.29 所示。

2.5.4 系统维护与优化

Windows 7 操作系统通过改进内存管理、智能划分 I/O 优先级以及优化固态硬盘等手段,在一定程度上提高了系统的性能。

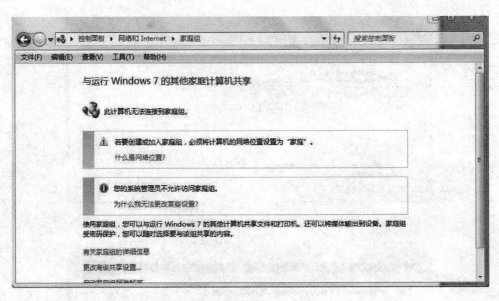

图 2.29　家庭组设置

1. 减少 Windows 启动加载项

单击"开始"→"控制面板"→"所有控制面板项"→"管理工具",如图 2.30、2.31 所示。

图 2.30　管理工具选项

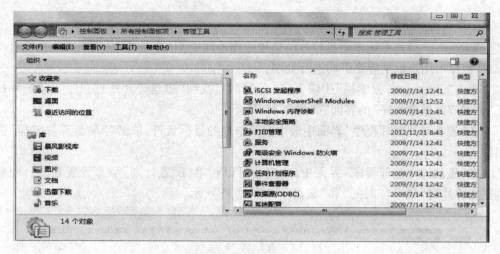

图 2.31　管理工具

在图 2.31 中选择"系统配置"选项，双击打开"系统配置"对话框，如图 2.32 所示。

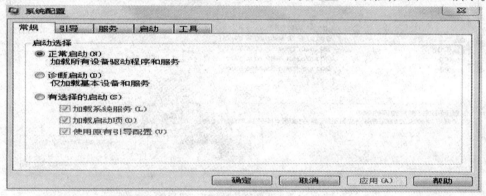

图 2.32　系统配置

用户用鼠标切换到"启动"选项卡，如图 2.33 所示。用户可以根据需要进行相关项目的勾选。

图 2.33　"启动"选项卡

2. 提高磁盘性能

Windows 7 操作系统中磁盘碎片的整理工作不同于 Windows XP。它既可由系统自动完成，也可由用户根据需要手动进行处理。

单击"开始"，在"搜索栏"中输入"磁盘"，即可找到"磁盘碎片整理程序"，单击并打开"磁盘碎片整理程序"的界面，如图 2.34 所示。

在"磁盘碎片整理程序"界面中选中需要整理的目标盘符，单击""磁盘碎片整理"按钮即可。

在"磁盘碎片整理程序"界面中，用户还可以利用"配置计划"项来设置系统自动整理磁盘碎片的"频率""时间"和"磁盘"，如图 2.35 所示。

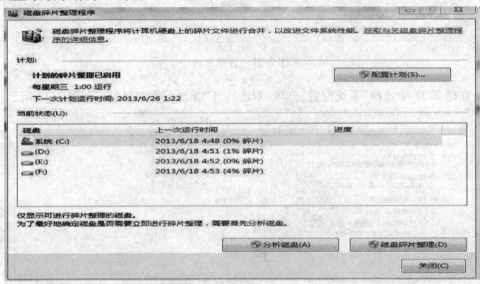

图 2.34 "磁盘碎片整理程序"界面

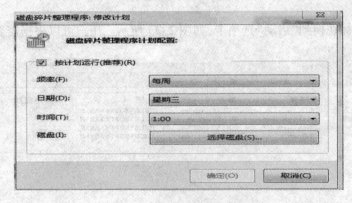

图 2.35 "修改计划"对话框

练习题

一、选择题

1. 计算机系统中必不可少的软件是(　　)。

A. 操作系统

B. 语言处理程序

C. 工具软件

D. 数据库管理系统

2. 下列说法中正确的是(　　)。

A. 操作系统是用户和控制对象的接口

B. 操作系统是用户和计算机的接口

C. 操作系统是计算机和控制对象的接口

D. 操作系统是控制对象、计算机和用户的接口

3. 操作系统管理的计算机系统资源包括(　　)。

A. 中央处理器、主存储器、输入/输出设备

B. CPU、输入/输出

C. 主机、数据、程序

D. 中央处理器、主存储器、外部设备、程序、数据

4. 操作系统的主要功能包括(　　)。

A. 运算器管理、存储管理、设备管理、处理器管理

B. 文件管理、处理器管理、设备管理、存储管理

C. 文件管理、设备管理、系统管理、存储管理

D. 处理管理、设备管理、程序管理、存储管理

5. 在计算机中,文件是存储在(　　)。

A. 磁盘上的一组相关信息的集合　　　　B. 内存中的信息集合

C. 存储介质上一组相关信息的集合　　　D. 打印纸上的一组相关数据

6. Windows 7 操作系统目前有(　　)个版本。

A. 3　　　　　　　　B. 4　　　　　　　　C. 5　　　　　　　　D. 6

7. 在 Windows 7 操作系统的各个版本中,支持的功能最少的是(　　)。

A. 家庭普通版

B. 家庭高级版

C. 专业版

D. 旗舰版

8. Windows 7 操作系统是一种(　　)。

A. 数据库软件

B. 应用软件

C. 系统软件

D. 中文字处理软件

9 在 Windows 7 操作系统中,将打开窗口拖动到屏幕顶端,窗口会(　　)。

A. 关闭　　　　　　B. 消失　　　　　　C. 最大化　　　　　　D. 最小化

10. 在 Windows 7 操作系统中,显示桌面的快捷键是(　　)。

A. Win + D

B. Win + P

C. Win + Tab

D. Alt + Tab

11. 在 Windows 7 操作系统中,显示 3D 桌面效果的快捷键是(   )。

A. Win + D   B. Win + P

C. Win + Tab   D. Alt + Tab

12. 安装 Windows 7 操作系统时,系统磁盘分区必须为(   )格式才能安装。

A. FAT   B. FAT16   C. FAT32   D. NTFS

13. 在 Windows 7 操作系统中,文件的类型可以根据(   )来识别。

A. 文件的大小   B. 文件的用途

C. 文件的扩展名   D. 文件的存放位置

14. 要选定多个不连续的文件(文件夹),要先按住(   ),再选定文件。

A. Alt 键   B. Ctrl 键   C. Shift 键   D. Tab 键

15. 在 Windows 7 操作系统中,使用删除命令删除硬盘中的文件后,(   )。

A. 文件确实被删除,无法恢复

B. 在没有存盘操作的情况下,还可恢复,否则不可以恢复

C. 文件被放入回收站,可以通过"查看"菜单的"刷新"命令恢复

D. 文件被放入回收站,可以通过回收站操作恢复

16. 在 Windows 7 操作系统中,要把选定的文件剪切到剪贴板中,可以按(   )组合键。

A. Ctrl + X   B. Ctrl + Z   C. Ctrl + V   D. Ctrl + C

17. 在 Windows 7 操作系统中,个性化设置包括(   )。

A. 主题   B. 桌面背景   C. 窗口颜色   D. 声音

18. 在 Windows 7 操作系统中可以完成窗口切换的方法是(   )。

A. Alt + Tab   B. Win + Tab

C. Win + P   D. Win + D

19. 在 Windows 7 操作系统中,关于防火墙的叙述不正确的是(   )。

A. Windows 7 操作系统自带的防火墙具有双向管理功能

B. 在默认情况下允许所有入站连接

C. 不可以与第三方防火墙软件同时运行

D. Windows 7 操作系统通过高级防火墙管理界面管理出站规则

20. 在 Windows 7 操作系统中,Ctrl + C 是(   )命令的快捷键。

A. 复制   B. 粘贴   C. 剪切   D. 打印

21. 在安装 Windows 7 操作系统的最低配置中,硬盘的基本要求是(   )可用空间。

A. 8 GB 以上   B. 16 GB 以上   C. 30 GB 以上   D. 60 GB 以上

22. Windows 7 操作系统有 4 个默认库,分别是视频、图片、(   )和音乐。

A. 文档   B. 汉字   C. 属性   D. 图标

23. 在 Windows 7 操作系统中,有两个对系统资源进行管理的程序组,它们是资源管理器和(   )。

A. 回收站   B. 剪贴板   C. 我的电脑   D. 我的文档

24. 在 Windows 7 操作系统中,鼠标是重要的输入工具,而键盘(   )。

A. 无法起作用

B. 仅能配合鼠标,在输入中起辅助作用(如输入字符)

C. 仅能在菜单操作中运用,不能在窗口的其他地方操作

D. 能完成几乎所有操作

25. 在 Windows 7 操作系统中,单击是指(　　)。

A. 快速按下并释放鼠标左键

B. 快速按下并释放鼠标右键

C. 快速按下并释放鼠标中间键

D. 按住鼠标器左键并移动鼠标

26. 在 Windows 7 操作系统的桌面上单击鼠标右键,将弹出一个(　　)。

A. 窗口 　　　　　　B. 对话框 　　　　　　C. 快捷菜单 　　　　　　D. 工具栏

27. 被物理删除的文件或文件夹(　　)。

A. 可以恢复 　　　　　　　　　　　　B. 可以部分恢复

C. 不可恢复 　　　　　　　　　　　　D. 可以恢复到回收站

28. 记事本的默认扩展名为(　　)。

A. DOC 　　　　　　B. COM 　　　　　　C. TXT 　　　　　　D. XLS

29. 关闭对话框的正确方法是(　　)。

A. 按最小化按钮 　　　　　　　　　　B. 单击鼠标右键

C. 单击关闭按钮 　　　　　　　　　　D. 以击鼠标左键

30. 在 Windows 7 操作系统桌面上,若任务栏上的按钮呈凸起形状,表示相应的应用程序处在(　　)。

A. 后台 　　　　　　B. 前台 　　　　　　C. 非运行状态 　　　　　　D. 空闲

31. Windows 7 操作系统中的菜单有窗口菜单和(　　)菜单两种。

A. 对话 　　　　　　B. 查询 　　　　　　C. 检查 　　　　　　D. 快捷

32. 当一个应用程序窗口被最小化后,该应用程序将(　　)。

A. 被终止执行 　　　　　　　　　　　B. 继续在前台执行

C. 被暂停执行 　　　　　　　　　　　D. 转入后台执行

33. 下列关于 Windows 7 操作系统文件名的叙述,错误的是(　　)。

A. 文件名中允许使用汉字

B. 文件名中允许使用多个圆点分隔符

C. 文件名中允许使用空格

D. 文件名中允许使用西文字符"|"

34. (　　)操作系统不是微软公司开发的操作系统。

A. Windows Server 7　　B. Windows 7　　C. Linux　　　　　　D. Vista

35. 正常退出 Windows 7 操作系统,正确的操作是(　　)。

A. 在任何时刻关掉计算机的电源

B. 选择"开始"菜单中"关闭计算机"并进行人机对话

C. 在计算机没有任何操作的状态下关掉计算机的电源

D. 在任何时刻按 Ctrl + Alt + Del 键

36. 为了保证 Windows 7 操作系统安装后能正常使用,采用的安装方法是(　　)。

A. 升级安装　　　　B. 卸载安装　　　　C. 覆盖安装　　　　D. 全新安装

37. 大多数操作系统,如 DOS、Windows、UNIX 等,都采用(　　)的文件夹结构。

A. 网状结构　　　　B. 树状结构　　　　C. 环状结构　　　　D. 星状结构

38. 在 Windows 7 操作系统中,按(　　)键可在各中文输入法和英文间切换。

A. Ctrl + Shift　　　　　　　　　　　B. Ctrl + Alt

C. Ctrl + 空格　　　　　　　　　　　D. Ctrl + Tab

39. 操作系统具有的基本管理功能是(　　)。

A. 网络管理、处理器管理、存储管理、设备管理和文件管理

B. 处理器管理、存储管理、设备管理、文件管理和作业管理

C. 处理器管理、硬盘管理、设备管理、文件管理和打印机管理

D. 处理器管理、存储管理、设备管理、文件管理和程序管理

40. Windows 7 操作系统操作系统是微软公司推出的一种(　　)。

A. 网络系统　　　　B. 操作系统　　　　C. 管理系统　　　　D. 应用程序

41. 在 Windows 7 操作系统中,(　　)桌面上的程序图标即可启动一个程序。

A. 选定　　　　B. 右击　　　　C. 双击　　　　D. 拖动

42. 在 Windows 7 操作系统中任务栏上显示(　　)

A. 系统中保存的所有程序　　　　　　B. 系统正在运行的所有程序

C. 系统前台运行的程序　　　　　　　D. 系统后台运行的程序

44. 在 Windows 7 操作系统中,活动窗口表示为(　　)。

A. 最小化窗口

B. 最大化窗口

C. 对应任务按钮在任务栏上往外凸

D. 对应任务按钮在任务栏上往里凹

45. 使用鼠标右键单击任何对象将弹出(　　),可用于该对象的常规操作。

A. 图标　　　　B. 快捷菜单　　　　C. 按钮　　　　D. 菜单

二、填空题

1. Windows 7 操作系统有 4 个默认库,分别是视频、图片、_____和音乐。

2. Windows 7 操作系统是由_____公司开发,具有革命性变化的操作系统。

3. 要安装 Windows 7 操作系统,系统磁盘分区必须为_____格式。

4. 在 Windows 7 操作系统中,Ctrl + C 是_____命令的快捷键。

5. 在 Windows 7 操作系统中,Ctrl + X 是_____命令的快捷键。

6. 在 Windows 7 操作系统中,Ctrl + V 是_____命令的快捷键。

7. 记事本是 Windows 7 操作系统内带的专门用于_____应用程序。

8. Windows 7 操作系统中,"剪贴板"是一个可以临时存放_____、_____等信息的区域,专门用于在_____之间或_____之间传递信息。

9. 在计算机中,"＊"和"?"被称为_____。

10. _____是一个小型的文字处理软件,能够对文章进行一般的编辑和排版处理,还可以进行简单的图文混排。

三、操作题

在 D 盘根目录上建立一个文件夹,文件夹的名字为"win7_ + 自己的名字",完成后文件夹名如"win7_wanghong"。完成作业后将所有结果放在文件夹下。

1. 改变屏幕保护为"彩带",等待时间为 5 min,在恢复时显示登录界面,并将窗口画面保存为"屏幕保护设置. jpg"。

2. 设置桌面背景为"风景"系列 6 张图片,图片位置为"填充",更改图片时间间隔为"30 分钟""无序播放",并将窗口画面保存为"桌面背景设置. jpg"。

3. 设置窗口颜色(窗口边框、开始菜单和任务栏的颜色)为"巧克力色",启用半透明效果,并将窗口画面保存为"窗口颜色设置. jpg"。

4. 设置 Windows 声音方案为"古怪"Windows 区域,并将窗口画面保存为"声音方案设置. jpg"。

5. 设定 Windows 系统的数字格式为:小数点为". ",小数位数为"2",数字分组符为";",数字分组为"12,34,56,789",列表项分隔符为";",负号为" − ",负数格式为"(1.1)",度量单位用"公制",显示起始的零为".7",并将窗口画面保存为"数字格式设置. jpg"。

6. 设定 Windows 系统的长时间样式为"HH:mm:ss",上午符号为"上午",下午符号为"下午",并将窗口画面保存为"时间格式设置. jpg"。

7. 将 Windows 系统日期格式设为:短日期为"yy/MM/dd";长日期样式为"dd MMMM yyyy",并将窗口画面保存为"日期格式设置. jpg"。

8. 设置 Windows 货币符号为"MYM",货币正数格式为"R 1.1",货币负数格式为"R − 1.1",小数位数为 2 位,数字分组符号为",",数字分组为每组 3 个数字,并将窗口画面保存为"货币格式设置. jpg"。

9. 设置语言栏"悬浮于桌面上""在非活动时,以透明状态显示语言栏"。设置切换到"微软拼音输入法"的快捷键为 Alt(左) + Shift + 0,并将窗口画面保存为"输入法设置. jpg"。

第*3*章

Word 2010 文字处理软件

Word 2010 是 Microsoft 公司推出的 Office 的一个重要组件,是 Windows 平台上最受欢迎的强大的文字处理软件之一。它适于制作各种文档,如书籍、信函、传真、公文、报刊、表格、图表、图形和简历等材料。Word 2010 具有许多方便、优越的性能,可以让用户在极短的时间内高效地得到极佳的结果。

3.1   Word 2010 基础知识

3.1.1   Word 2010 的基本功能和运行环境

中文版 Word 2010 是包含在中文 Microsoft Office 2010 套装软件中的一个字处理软件。它的功能齐全,从文字、表格、插图、格式、排版到打印,是一个全能的桌上排版系统。同前期版本的 Word 相比,Word 2010 增加了许多新功能,特别是与 Internet 和 WWW 相关联的功能,顺应了网络时代的需求。因此它已成为当今世界上应用最为广泛的文字处理软件。

Word 2010 的功能更加强大,主要体现在以下几个方面:

(1)使用个性化菜单和工具栏。用户可以按照自己的意愿和使用习惯来定制菜单和工具栏。

(2)更容易使用的自动完成任务功能。具备更强的检测键入、拼写和语法错误的能力。

(3)增强的剪贴板的功能可使用户对 Word 文档更容易进行编辑。

(4)表格的嵌套和移动性使用户对表格的操作更加灵活方便。

(5)提供一种全新的 Web 工作方式,使用户可以通过 Web 服务器与他人进行协作,达到资源共享。

(6)多语言支持。使用户可以更加容易地改变其所使用的语言,令用户的操作具有更大的灵活性。

3.1.2 Word 2010 的启动与退出

1. 启动 Word 2010

Word 2010 的启动方式主要有以下几种：

（1）双击已建立的 Word 2010 的快捷方式。

（2）从"开始"→"程序"→"Microsoft Office"→"Microsoft Office Word 2010"。

（3）从"我的电脑"中启动 Word 2010。

（4）从 Windows 资源管理器中启动 Word 2010。

2. 退出 Word 2010

Word 2010 的退出主要有以下几种方法：

（1）直接单击 Word 2010 程序标题栏右侧的  控制按钮。

（2）选择"文件"→"退出"命令。

（3）单击 Word 程序标题栏左侧的 Word 图标，在下拉菜单中单击"关闭"命令。

（4）双击 Word 程序标题栏左侧的 Word 图标。

（5）按 Alt + F4 组合键。

（6）右击在任务栏上要关闭的 Word 文档图标，在出现的快捷菜单中选择"关闭"命令。

退出 Word 2010 时，文件未保存过或在原来保存的基础上做了修改，Word 2010 将提示用户是否保存编辑或修改的内容，用户可以根据需要单击"保存""不保存"或"取消"按钮。

3.1.3 窗口组成

1. 窗口的组成

当用户成功地启动了之后，将打开 Word 2010 的用户界面，如图 3.1 所示。

Word 2010 窗口主要由标题栏、文件按钮、快速访问工具栏、标尺、窗口控制按钮、功能区、文档编辑区、滚动条及状态栏等组成，并可以由用户根据自己的需要自行修改和设定。

（1）标题栏。标题栏位于屏幕最上方，颜色呈浅灰色。显示出当前正在编辑的文档的名称。

（2）文件按钮。文件按钮位于标题栏的左下侧。相当于早期版本的"文件"菜单，执行与文档有关的基本操作，如打开、保存、关闭等，打印任务也被整合到其中。用户可以很方便地展开菜单以显示更多的 Word 2010 命令。

（3）快速访问工具栏。快速访问工具栏位于标题栏的左侧。提供默认的按钮或用户自定义添加的按钮，可以提高命令的执行速度。它相当于早期版本中的工具栏，用户可以自定义快速访问工具栏。几种常用的按钮有"撤销""恢复""保存""新建""打开"等。

（4）标尺。标尺包括水平标尺和垂直标尺。主要用来显示页面的大小，即窗口中字符的位置，同时进行段落缩进和边界调整。标尺具有可选性，用户可以根据自己的需要显示或隐藏标尺。

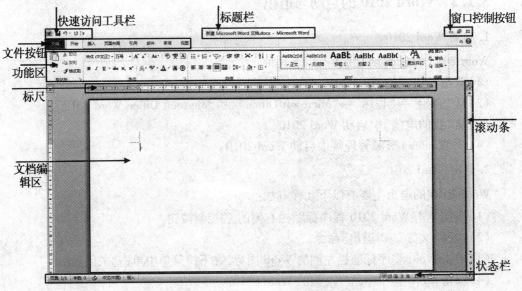

图 3.1   Word 2010 的窗口组成

（5）窗口控制按钮。由"最小化""最大化"和"关闭"按钮组成，用于控制调整窗口的不同状态。

（6）功能区。提供常用命令的直观访问方式，相当于早期版本中的菜单栏和命令。功能区由选项卡、组和命令 3 部分组成。组的右下角的小方框是对话框启动器，单击即弹出相应组的对话框。

（7）文档编辑区。文档编辑区是编辑数据的主要区域，它位于窗口中央，占据窗口的大部分区域，处理文档时，就在工作中进行编辑或其他操作。在文档编辑区会看到一个闪烁的光标，指示文档中当前字符的插入位置。

（8）滚动条。包括垂直动条和水平滚动条，是用来上、下和左、右移动文档内容的工具。

（9）状态栏。位于窗口的底部的左侧，显示当前编辑对象的有关信息，如总页数、当前页数、字数、显示比例等。

2. 常见的视图形式

Word 2010 提供了显示方式不同的编辑模式（即"视图"），包括"页面"视图、"阅读版式"视图、"Web 版式"视图、"大纲"视图和"草稿"视图 5 种。在编辑文档时，还可以按照设置显示比例编辑文档。

（1）"页面"视图。

"页面"视图是以页的方式出现的文档显示模式，是一种"所见即所得"的显示方式。在"页面"视图中，可以查看与实际打印效果一致的文档，以便进一步美化文字和格式。它是 Word 2010 的默认视图。

建立文档的许多工作需要在"页面"视图中进行，例如，在文档中插入页眉和页脚，插入图文框,利用绘图工具绘图等。用户可以用鼠标滚动到文档的正文之外,以便查看诸如页眉、页脚、脚注、页号等项目。

切换到页面视图的方法为:选择"视图"选项卡→在"文档视图"组中选择"页面视图"命令,或单击屏幕右下角的"页面视图"按钮即可。

(2)"阅读版式"视图。

"阅读版式"视图适用于阅读长篇文章。在字数多的情况下,它会自动分成多屏。在"视图选项"中选择"允许键入"即可在该视图下进行文字的编辑工作,而且视觉效果好,眼睛不会感到疲劳。想要停止阅读文档,单击"阅读版式"右侧"关闭"按钮或按 Esc 键即可切换回"页面"视图。

(3)"Web 版式"视图。

在 Web 版式视图中,Microsoft Word 能优化 Web 页面,使其外观与在 Web 或 Internet 上发布时的外观一致,即显示文档在浏览器中的外观。例如,文档将以一个不带分页符的长页显示,文字和表格将自动换行以适应窗口。在"Web 版式"视图中,还可以看到背景、自选图形和其他在 Web 文档及屏幕上查看文档时常用的效果。切换到 Web 版式视图的方法为:选择"视图"选项卡→在"文档视图"组中→选择"Web 视图"命令,或单击屏幕右下角的"Web 视图"按钮即可。

(4)"大纲"视图。

"大纲"视图能够显示文档的结构。"大纲"视图中的缩进和符号并不影响文档在普通视图中的外观,而且也不会打印出来。

使用"大纲"视图,可以方便地查看和调整文档的结构,多用于处理长文档。用户可以在"大纲"视图中上下移动标题和文本,从而调整它们的顺序。或者将正文或标题"提升"到更高的级别或"降低"到更低的级别,改变原来的层次关系。

在"大纲"视图中,可以折叠文档,即只显示文档的各个标题,或展开文档,以便查看整个文档。这样,移动和复制文字、重组长文档都变得非常容易。

切换到大纲视图的方法为:选择"视图"选项卡→在"文档视图"组中→选择"大纲视图"命令,或单击屏幕右下角的"大纲视图"按钮即可。

(5)"草稿"视图。

"草稿"视图取消了页面边距、页眉页脚等元素,只显示标题和正文,可以在该视图下直接修改文本。

3.2　文档的基本操作

在一般情况下,利用 Word 2010 处理文档的一般过程为创建新文档或打开已有文档;文档输入(如文字、数字、表格、图形对象等);文档存盘(保存、另存为)。

3.2.1　创建新文档

每次启动 Word 2010 时,Word 2010 应用程序已经为用户创建了一个基于默认模板的名为"文档1"的新文档。用户也可以用其他的方法创建新文档。

1. 在"文件"菜单中使用"新建"命令

(1)选择"文件"→"新建"命令。

(2)单击"可用模板"中的"空白文档",然后点击"创建"或双击"空白文档"即可。

另外,如果要创建基于某种模板的文档,需要单击创建文档的类型的模板名,然后点击"创建"或双击模板名即可。

2. 利用自定义快速访问工具栏中的"新建"工具按钮

单击自定义快速访问工具栏,选择 按钮,用于创建基于 Word 2010 默认模板的新文档。

3. 按快捷键 Ctrl + N

Word 2010 对新创建的文档按照"文档1""文档2"……顺序依次命名。每个新建文档对应一个独立的文档窗口,任务栏上也有一个相应的文档按钮与之对应。单击各个文档按钮即可完成各窗口之间的切换。

3.2.2 打开和关闭文档

对于已经存过盘的文档,如果用户要再次打开进行修改或查看,这就需要将其调入内存并在 Word 2010 窗口中显示出来。

1. 打开 Word 2010 文档的基本方法

(1)单击"文件"→"打开"命令,或单击快速启动栏中的"打开" 按钮,则会弹出"打开文件"对话框。

(2)在左侧的选项中,选择用户要找的 Word 2010 文件的驱动器、文件夹,同时在对话框下面的"文件类型"下拉列表框中选择文件的类型,则在窗口区域中显示该驱动器和文件夹中所包含的所有文件夹和文件。

(3)单击要打开的文件名或在"文件名"文本框中输入文件名。

(4)单击"打开"按钮即可。

2. 利用其他方法打开 Word 文档

(1)单击 Windows 桌面上的"开始"按钮,选择"文档",从中打开用户最近使用过的文档。

(2)在 Word 2010 环境下,单击"文件"按钮,选择"最近所用文件"。

(3)在"我的电脑"或"资源管理器"中,找到要打开的 Word 文件,双击该文件即可。

另外,如果想同时打开多个 Word 文档,可以在打开文件的对话框中选中用户想打开的多个文件名(方法是:按住 Ctrl 键或 Shift 键,再单击用户要打开的文件名),然后单击"打开"按钮即可。

单击"打开"按钮中的下三角按钮,在弹出的菜单中可以选择"以副本方式打开"选项,这样可以再创建另外一个副本。也可以选择"打开并修复"选项,当文件出现问题不能正常被打开时,常用到此功能。

如果在文件和文件夹窗口中没有显示所需文件,则可在"文件类型"下拉列表中选择相应的显示文件类型。

(4)单击"打开"对话框中的"我最近的文档",也可以查看最近打开过的文档。

3. 关闭文档

要关闭当前正编辑的某一个文档,可选择"文件"→"关闭"命令;也可以通过右击任务栏上的该文档按钮,在出现的快捷菜单中选择"关闭"命令。

3.2.3　输入文档内容

文本包括数字、字母和汉字的组合。在文档窗口中有一个闪烁的插入点,在文档中输入的内容总是出现在插入点处的。

1. 移动插入点

文本输入时,应先移动插入点的位置,再在该处输入文本。Word 2010 提供了多种移动插入点的方法。

(1)使用鼠标。

①将鼠标指向指定位置,然后单击。

②单击滚动条内的上、下箭头,或拖动滚动条,可以将显示位置迅速移动到文档的任何地方。

③上下滚动鼠标的滚轮,然后选择位置。

要回到上次编辑的位置,按 Shift + F5 即可实现。它可以使光标在最后编辑过的 3 个位置间循环切换。此功能也可以在不同的两个文档间实现。关闭 Word 2010 文档时,它也会记下此时的编辑位置,再次打开时,按下 Shift + F5 组合键就回到了关闭文档时的编辑位置,非常方便。

(2)使用键盘。

使用键盘的快捷键,也可以移动插入点,常见的快捷键及其功能见表 3.1。

表 3.1　鼠标选中文本的常用操作方法

快捷键	功能	快捷键	功能
←	左移一个字符	Ctrl + ←	左移一个词
→	右移一个字符	Ctrl + →	右移一个词
↑	上移一行	Ctrl + ↑	移至当前段首
↓	下移一行	Ctrl + ↓	移至下段段首
Home	移至插入点所在行的行首	Ctrl + Home	移至文档首
End	移至插入点所在行的行尾	Ctrl + End	移至文档尾
PgUp	翻到上一页	Ctrl + PgUp	移至窗口顶部
PgOn	翻到下一页	Ctrl + PgOn	移到窗口底部

2.输入文本

在文档中输入内容有多种方法,如键盘输入、自动图文集、插入其他文件中的内容、输入时的自动校正及命令的撤销与重复等。当然,Word 2010 在输入文本到一行的最右边时,不需要按回车键转行,Word 2010 会根据页面的大小自动换行。在用户输入下一个字符时将自动转到下一行的开头。

要生成一个段落,可以按 Enter 键,系统会在行尾插入一个"↵",称为"段落标记"或"硬回车"符,并将插入点移到新段落的首行处。

如果需要在同一段落内换行,可以按住 Shift + Enter 组合键,系统会在行尾插入一个"↓"符号,称为"软回车"符。在"开始"选项卡上的"段落"组中,单击"显示/隐藏编辑标记"按钮 ✦ ,即以控制段落标记是否显示。

当需要将两个段落合并成一个段落,可以采取删除分段处的段落标记,即把插入点移到分段处的段落标记前,然后按 Delete 键或将即把插入点移到分段处的段落标记后,然后按 Back Space 键,删除该段落标记,即完成段落的合并。

3.输入符号

输入文本时,经常会遇到一些需要插入的特殊符号,如数学运算符($\in$、$\oint$、$\cong$)或拉丁字母等。Word 2010 提供了完善的特殊符号列表,通过简单的菜单操作即可轻松完成输入。选择"插入"→"符号",在下拉菜单中选择"其他符号",在弹出的如图 3.2 所示的"符号"对话框中选择"符号"选项卡,再单击子集的下三角按钮,在下拉列表中选择数学运算符,即可输入相应的数学运算符号。

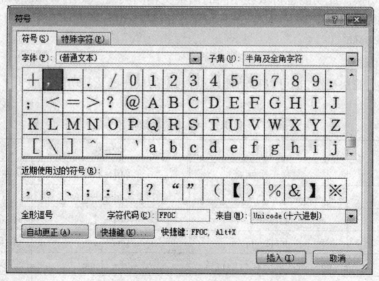

图 3.2 "符号"对话框

4.使用动态键盘

动态键盘又称软键盘,Windows 7 提供了 13 种动态键盘,动态键盘为用户输入一些特殊符号,如数字序号、数学符号和希腊字母提供了方便。

　　使用软键盘的方法是:打开任意输入法,然后在输入法状态条上右击"软键盘"图标,再从弹出的子菜单中选择一种软键盘的名称(即在对应的软键盘名称前打上一个" ● "),如图 3.3 所示。例如要输入"℃"符号,可单击软键盘上对应的数字"9"键或直接按下键盘上的"9"键即可。

　　再次单击"软键盘",软键盘消失,如图 3.3 所示。

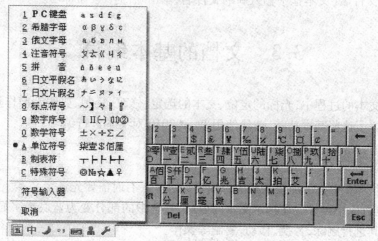

图 3.3　"单位符号"软键盘

3.2.4　保存文档

　　对于用户在文档窗口中输入的文档内容,仅仅是保存在计算机内存中并显示在显示器上,如果希望将该文档保存下来备用,就要对它进行命名并保存到磁盘上。在文档的编辑过程中,经常保存文档是一个好习惯。Word 2010 默认的文档保存位置是:C:\My Documents。当然也可以根据用户自己的需要进行更改。

　　1. 保存新文档

　　(1)单击"文件"按钮,选择"🖫"按钮或按 F12 键,出现"另存为"对话框。

　　(2)单击左侧选项列中,在显示区域中选择保存文件的驱动器和文件夹。

　　(3)在"文件名"文本框中,输入保存文档的名称。通常 Word 2010 会建议一个文件名,用户可以使用这个文件名,也可以为文件另起一个新名。

　　(4)在"保存类型"框中,选择所需的文件类型。Word 2010 默认类型为.docx。

　　(5)单击"保存"按钮即可。

　　另外,首次保存新文档,也可以通过快速启动栏中的"保存"按钮来操作,屏幕上也会弹出一个"另存为"对话框。另外,利用"另存为"对话框,用户还可以创建新的文件夹。

　　2. 保存已命名的文档

　　对于已经命名并保存过的文档,进行编辑修改后可进行再次保存。这时可通过单击"🖫"按钮或单击"文件按钮"→"保存"命令来实现。

3. 换名保存文档

如果用户打开旧文档,对其进行了编辑、修改,但又希望留下修改之前的原始资料,这时用户就可以将正在编辑的文档进行换名保存。其方法如下:

(1)单击"文件"→"另存为"命令,弹出"另存为"对话框。

(2)选择希望的保存位置。

(3)在"文件名"文本框中输入新的文件名,单击"保存"按钮即可。

3.3 文档的基本编辑

在输入文本的过程中,光标的定位、文本的选定、修改、复制、剪切等操作是必不可少的。只有掌握了这些基本功能,才能使用 Word 2010 对文本进行编辑。

3.3.1 编辑文档内容

在 Word 2010 中为了加快文档的编辑、修改速度,有时需要先选定文本。选定文本可以用键盘,也可以用鼠标。在选定文本内容后,被选中的部分变为蓝底黑字显示,此时便可方便地对其进行删除、替换、移动、复制等操作。

1. 选定文本

(1)使用鼠标选定文本。

选定文本的常用方法是使用鼠标选定文本。使用鼠标选定文本的操作方法见表3.2。

表3.2 鼠标选定文本常用操作方法

选定内容	操作方法
文本	拖过这些文本
一个单词	双击该单词
一行文本	将鼠标指针移动到该行的左侧,直到指针变为指向右边的箭头,然后单击
多行文本	将鼠标指针移动到该行的左侧,直到指针变为指向右边的箭头,然后向上或向下拖动鼠标
一个句子	按住 Ctrl 键,然后单击该句中的任何位置
一个段落	将鼠标指针移动到该段落的左侧,直到指针变为指向右边的箭头,然后双击。或者在该段落中的任意位置三击
多个段落	将鼠标指针移动到该段落的左侧,直到指针变为指向右边的箭头,然后双击,并向上或向下拖动鼠标
一大块文本	单击要选定内容的起始处,然后滚动到要选定内容的结尾处,在按住 Shift 键的同时单击

续表 3.2

选定内容	操作方法
整篇文档	将鼠标指针移动到文档中任意正文的左侧,直到指针变为指向右边的箭头,然后点击三次
一块矩形文本	按住 Alt 键,然后将鼠标拖过要选定的文本

(2)使用键盘选定文本。

使用键盘选定文本时,离不开 Shift 键。选定文本的方法是:按住 Shift 键并按能够移动插入点的键。使用键盘选定文本的常用操作方法见表 3.3。

表 3.3 常用键盘选定文本的组合键功能说明

组合键	功能说明
Shift + ↑	上移一行
Shift + ↓	下移一行
Shift + ←	左移一个字符
Shift + →	右移一个字符
Shift + PageUp	上移一屏
Shift + PageDown	下移一屏
Ctrl + A	整个文档

2. 插入与改写方式

在空白文档的任意位置双击鼠标左键,鼠标光标点即在该位置上闪烁,就能在此位置插入内容;在已有文档中插入,用鼠标左键在文档的任意位置处单击便可在该位置上插入内容。

Word 2010 的编辑方式有两种,即插入方式和改写方式。在插入方式下编辑文本时,由键盘输入的字符在光标处插入;在改写编辑方式下,将把插入点后的字符改写成键盘输入的字符。

用户可按 Ins 键在插入和改写两种方式之间切换。或单击状态栏上的 插入 按钮,也可在"插入"和"改写"之间切换。

3. 删除文本

当需要删除一两个字符时,可以直接用 Delete 键或退格键。当删除的文字很多时,先选定要删除的文本,然后进行以下操作:

(1)按 Delete 键删除或者退格键。

(2)用鼠标单击"开始"选项卡中"剪贴板"组的 ✂ 按钮,或者在"自定义快速访问栏"中选择"剪切"命令,或使用 Ctrl + X 快捷键。

使用第一种方法,选定的内容被删除并且不放入剪贴板中,而使用第二种方法时,选定内容被删除,但同时将内容放入剪贴板中。Word 2010 中的剪贴板最多可存放 24 次被剪切或复制的内容。

4. 复制文本

复制文本与移动文本操作相类似,只需将"剪切"变为"复制" 即可。

使用拖曳特性进行复制操作时,先选定要复制的文本,按住 Ctrl 键不放,然后按下鼠标左键进行拖动,鼠标箭头处会出现一个小虚框和一个"＋"符号,将选定的文本拖动到目标处,释放鼠标左键。

5. 移动文本

移动文本是将选定的文本移动到另一位置。它分为远距离移动和近距离移动两种。

远距离移动文本的操作步骤如下:

(1)选定要移动的文本。

(2)用鼠标单击"开始"选项卡中的"剪贴板"组中的"剪切"按钮,或者选择"自定义快速启动栏"→"剪切"按钮。

(3)将插入点定位到欲插入的目标处。

(4)单击"粘贴"按钮或选择"自定义快速启动栏"→"粘贴"按钮即可。

近距离移动文本的操作步骤如下(主要利用鼠标拖曳文本):

(1)选定要移动的文本。

(2)将鼠标指针移动到已选定的文本,这时指针转变为指向左上角的箭头。

(3)按住鼠标左键,拖动鼠标指针,到达待插入的目标处后释放鼠标左键即可。

另外,近距离移动文本也可以采用远距离移动文本的操作方法来进行。

3.3.2 文档内容的查找与替换

Word 2010 允许对字符文本甚至文本中的格式进行查找、修改。可以单击位于垂直滚动条下端的"选择浏览对象"按钮 （位于窗口右下角)浏览所选对象。

1. 定位

定位是根据选定的定位操作将插入光标移动到指定的位置。操作步骤如下:

(1)选择"视图"→"显示"→"导航窗格",在导航搜索窗格的搜索文档栏右侧单击"查找选项和其他搜索命令",然后选择"转到",则出现"查找和替换"对话框的"定位"选项卡。

(2)在"定位目标"框中,单击所需的项目类型,如"页"。

(3)执行下列操作之一:

要定位到特定项目,在"(请)输入……"文本框中键入该项目的名称或编号,然后单击"定位"按钮。

要定位到下一个或前一个同类项目,请不要在"请输入……"文本框中键入内容,而应直接单击"下一处"或"前一处"按钮,如图 3.4 所示。

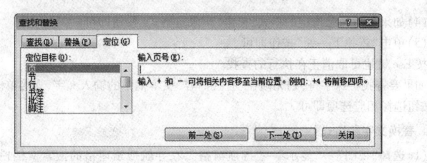

图 3.4　"定位"选项卡

2. 查找无格式文字

(1)选择"视图"→"显示"→"导航窗格",在导航搜索窗格的搜索文档栏右侧单击"查找选项和其他搜索命令",然后选择"高级查找",出现"查找和替换"对话框的"查找"选项卡。

(2)在"查找内容"文本框内输入要查找的文字,再单击"查找下一处"按钮即可。

如需取消正在进行的查找,按 Esc 键。

3. 查找具有特定格式的文字

(1)选择"视图"→"显示"→"导航窗格",在导航搜索窗格的搜索文档栏右侧单击"查找选项和其他搜索命令",然后选择"高级查找",出现"查找和替换"对话框的"查找"选项卡。

(2)要搜索具有特定格式的文字,在"查找内容"文本框内输入要查找的文字。如果只需搜索特定的格式,则删除"查找内容"文本框中的文字。

(3)单击"格式"按钮,然后选择所需格式。如果看不到"格式"按钮,单击"更多"按钮即可出现,如图 3.5 所示。

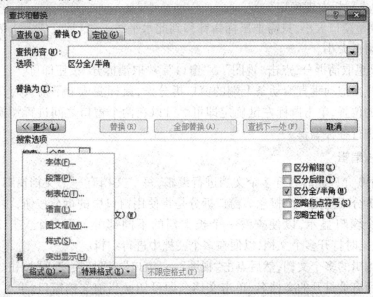

图 3.5　"格式"按钮

（4）如果要清除已指定的格式，单击"不限定格式"按钮即可。

（5）单击"查找下一处"按钮即可。

按 Esc 键也可取消正在执行的查找。

如果要查找特殊字符，则无须在"查找内容"文本框中的输入文字，直接单击"特殊字符"按钮选择相应选项即可。

4. 替换文字和格式

（1）选择"视图"→"显示"→"导航窗格"，在导航搜索窗格的搜索文档栏右侧单击"查找选项和其他搜索命令"，然后选择"高级查找"，出现"查找和替换"对话框的"替换"选项卡。

（2）在"查找内容"文本框内输入要查找的文字。在"替换为"文本框内输入替换文字。

（3）根据用户的需要，单击"查找下一处""替换"或"全部替换"按钮。

如果要替换指定的格式，则对"查找内容"和"替换为"的格式进行选择，其余步骤一致。

3.3.3 多窗口和多文档操作

1. 窗口的拆分

Word 2010 的文档窗口可以进行拆分，方便编辑文档，窗口拆分是指使用窗口中的拆分按钮，将同一个文档分成上下两个窗口显示，以便查看一个长文档的不同部分。拆分窗口的方法：

（1）点击"视图"→"窗口"→"拆分"按钮。

（2）鼠标变成上下箭头形状，且与屏幕上同时出现一条灰色水平线相连，找到需要拆分的位置，单击鼠标左键确定。

（3）若调整窗口大小，只需把鼠标指针移到此水平线上，鼠标变成上下箭头时，拖动鼠标可调整窗口大小。

（4）如果想取消拆分，点击"视图"→"窗口"→"取消拆分"按钮即可。

还可以直接拖动垂直滚动条上端的窗口拆分条，鼠标变成上下箭头时，向下拖动找到需要拆分的位置，单击鼠标左键确定即可。可以在两个窗口之间进行切换，在这两个窗口间可以进行各种编辑。

2. 多文档编辑

Word 2010 允许同时打开多个文档进行编辑，每个文档有一个文档窗口。多文档窗口与窗口的拆分不是同一个概念。窗口拆分是指使用窗口中的拆分按钮，将同一个文档分成上下两个窗口显示，以便查看一个长文档的不同部分。而多个文档窗口是指在 Word 2010 中同时打开多个文档，以便在多个文档中进行编辑。

打开要编辑的多个文档，然后点击"视图"→"窗口"→"切换窗口"按钮，在下拉菜单列表中显示所有被打开的文档名，单击文档名即可切换当前文档窗口，也可以在任务栏中切换。选择"窗口"→"全部重排"按钮，可将打开的文档的窗口都同时显示在屏幕上，用户就可以方便地在不同的文档间进行编辑了。

3.3.4　自动更新与拼写检查

在默认情况下,Word 2010 对键入字符自动进行拼写检查。用红色波形下划线表示可能的拼写问题、输入错误的或不可识别的单词;用绿色波形下划线表示可能的语法问题。编辑文档时,如果想对键入的英文单词的拼写错误及句子的语法错误进行检查,则可使用 Word 2010 提供的拼写与语法检查功能。

1. 键入时自动检查拼写和语法错误

(1)选择"文件"→"选项"命令,打开"校对"选项卡,选中"键入时检查拼写"和"随拼写检查语法"复选框。

(2)在文档中键入字符。

(3)右击有红色或绿色波形下划线的字,然后选择所需的命令或可选的拼写。

2. 集中检查拼写和语法错误

完成整篇文档的编辑后,也可以选择"审阅"→"校对"→"拼音与语法"按钮来检查可能的拼写和语法问题,然后逐条确认更正。

在默认情况下,Word 2010 同时检查拼写和语法错误。如果只想检查拼写错误,请选择"文件"→"选项"命令,打开"校对"选项卡,清除"随拼写检查语法"复选框,再单击"确定"按钮。

Word 2010 在进行拼写和语法错误检查时,只对错误列表中已标记的错误进行检查,而不会对拼写检查做出标记。

3. 自动更正

若要自动检测和更正键入错误、错误拼写的单词和成语及不正确的大写等,可以使用 Word 2010 提供的"自动更正"功能。

(1)使用自动更正。

①选择"文件"→"选项"命令,打开"校对"选项卡,点击"自动更正选项",弹出"自动更正"对话框。

②打开"自动更正"选项卡,然后对"自动更正"的各项功能进行设置。

(2)创建自动更正词条。

在输入字符时,会经常输入一些又长又容易出错的单词或者词组,如果将这些词条定义为自动更正词条,在输入时就会省时、省力。

①选择"文件"→"选项"命令,打开"校对"选项卡,点击"自动更正选项",弹出"自动更正"对话框。。

② 在"替换"文本框中,输入经常错误键入或拼写错误的单词或短语,如"M"。

③ 在"替换为"文本框中,输入正确拼写的单词或希望自动更正的词条,如"Microsoft Word"。

④ 单击"添加"按钮,将此词条添加到列表中。以后输入字符"M"时,Word 2010 会将其更正为"Microsoft Word"。

（3）删除词条。

用户在"自动更正"对话框中,选中要删除的词条,然后单击"删除"按钮,再单击"确定"按钮即可删除已设置的某一词条。

3.4　格式化文档

3.4.1　字符格式的设置

在默认情况下,Word 2010 所有的输入文字要求如下。中文:宋体、五号字;英文:Times New Roman 体、五号字。通常情况下,用户会改变文档内容的字体、字形、字号等设置。这时便可以通过菜单和工具栏中相应的命令对文字进行修饰,以获得更好的效果。要为某一部分文本设置字符格式,则必须先选中这部分文本。如果没有选定文本,而进行字符格式的设置,那么,从当前位置开始,输入的字符都沿用已经设置好了的字符格式。

1. 利用"字体"组设置字符的字体、字形和字号

（1）将需要进行字符格式设置的文本选定。

（2）单击"开始"→"字体"组中的"字体"框右边的下拉按钮,出现下拉列表。单击需要的字体名。

（3）单击"开始"→"字体"组中的"字号"框右边的下拉按钮,出现下拉列表。单击需要的字号。

（4）如果还需要设置字形,则单击"字体"组中的"加粗"或"倾斜"快捷按钮。注意:"加粗"或"倾斜"按钮属于开关按钮。选中时呈"凹下",未选中时呈"凸起"。

（5）当选中文字时,也可以利用自动生成的字体编辑快捷栏进行操作。

2. 利用"字体"对话框设置字符的字体、字形和字号

（1）选定需要进行字符格式设置的文本。

（2）选择"开始"→"字体"组右下角的展开键,出现"字体"对话框,如图 3.6 所示。

（3）单击"中文字体"列表框,打开字体下拉列表。选择想要的字体,该字体名显示到列表框内。若对英文进行设置,则选择英文字体下拉列表中的字体名。

（4）单击"字形"列表中的字形名,设置所需字形。

（5）单击"字号"列表中的字号,选择所需字号。

（6）选择完毕后,单击"确定"按钮,返回编辑屏幕。

另外,需要注意的是,单击"设为默认值"按钮,并回答屏幕提问,可将所选择的字体、字形、字号等参数修改为系统的默认值。其他默认值的修改类似。

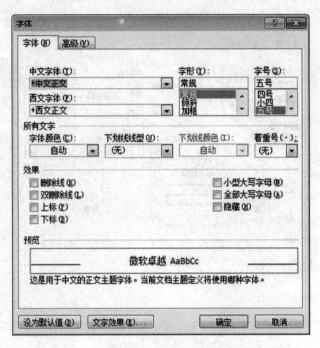

图 3.6　"字体"对话框

3. 下划线的设置

下划线的设置可分为两种情况:添加普通下划线和添加装饰性下划线。添加普通下划线的操作步骤如下:

(1)选中需要添加下划线的文字。

(2)选择"开始"→"字体"组右下角的展开键,出现"字体"对话框。

(3)在该对话框中单击打开"下划线线型"列表框选择相应的线型即可。

(4)也可以在"字体"组中单击"下划线"右侧的下拉箭头,选择所需的线形。如果只添加单下划线,可直接单击"下划线"按钮。

添加装饰性下划线的操作步骤如下:

(1)选中需要添加下划线的文字。

(2)选择"开始"→"字体"组右下角的展开键,出现"字体"对话框。

(3)在"下划线线型"列表中选择所需线型。

(4)在"下划线颜色"列表中选择所需颜色,然后单击"确定"即可。

(5)也可以在"字体"组中单击"下划线"右侧的下拉箭头,选择所需的线型及下划线的颜色,如图 3.7 所示。

(6)当选中文字时,也可以利用自动生成的字体编辑快捷栏进行操作。

图 3.7　下划线线型选项

4. 字体的颜色与着重号

（1）选中需要修改格式的文字。

（2）选择"开始"→"字体"组右下角的展开键,打开"字体"对话框的"字体"选项卡。单击打开"字体颜色"下拉列表框,选择所需的颜色。

（3）如果要添加"着重号",则单击打开"着重号"下拉列表框选择着重号。

也可以在"字体"组上单击"字体颜色"按钮右侧的下拉箭头,选择所需颜色。若直接单击"字体颜色"按钮,可将最近使用过的颜色应用于所选文字。

（6）当选中文字时,也可以利用自动生成的字体编辑快捷栏进行操作。

5. 设置字体效果

在某些情况下,用户需要对部分文字进行效果处理。如设置阳文、阴文、空心或阴影格式等。

（1）选中需要修改格式的文字。

（2）选择"开始"→"字体"组右下角的展开键,打开"字体"对话框的"字体"选项卡。

（3）在如图 3.8 示的"效果"选项组中,选择所需选项,单击"确定"即可。

如果使用了"隐藏"选项,而又要在屏幕上显示被隐藏的文字,则单击"开始"→"段落"组中的"显示/隐藏编辑标记"按钮。

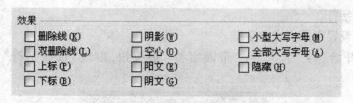

图 3.8　设置字体效果

6. 字符间距的设置

（1）选定要更改的文字。

（2）选择"开始"→"字体"组右下角的展开键，打开"字体"对话框的"高级"选项卡，如图 3.9 所示。

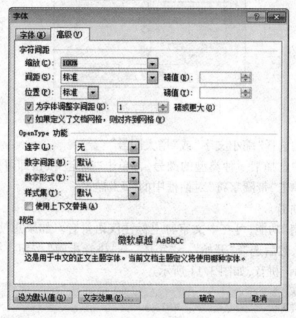

图 3.9　"高级"选项卡

（3）在"缩放"文本框中输入所需的百分比。

（4）如果要均匀加宽或紧缩所有选定字符的间距，可在"间距"列表框中选择"加宽"或"紧缩"选项，并在"磅值"微调框中指定要调整的间距的大小。

（5）在"位置"列表框中选择"提升"或"降低"选项，并设置其磅值。再单击"确定"按钮即可。

也可以单击"开始"→"段落"组中的"中文版式"按钮右侧的下拉箭头，出现下拉列表。点击"字符缩放"，选择需要的字符缩放比例。

7. 中文版式

中文 Word 2010 中提供了一些符合中文排版习惯的功能，这就是所谓的中文版式。

（1）带圈字符。

①选中要设置带圈格式的字符。

②选择"开始"→"字体"→"带圈字符"⊕按钮，出现"带圈字符"对话框，如图 3.10示。

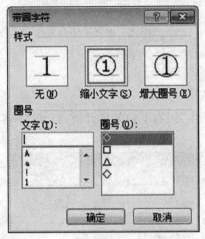

图 3.10 "带圈字符"对话框

③ 在"样式"中选择"缩小文字"或"增大圈号"。

④ 在"圈号"中选择某一种类型的圈号，再单击"确定"按钮即可。需要取消已设置的带圈格式，则可单击"带圈字符"对话框中的"无"样式。

（2）标注汉语拼音。

利用"拼音指南"功能，可在中文字符上标注汉语拼音。如果想使用这项功能，首先需要选定一段文字，然后选择"开始"→"字体"→"拼音指南"按钮。一次最多只能选定30 个字符并自动标记拼音，如图 3.11 所示。

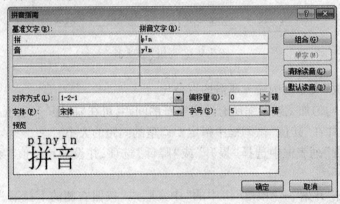

图 3.11 "拼音指南"选项卡

另外，用户还可利用"纵横混排"功能产生纵横混排的中文排版效果。

3.4.2　段落格式的设置

在 Word 2010 中,段落是独立的信息单位,具有自身的格式特征。对段落的格式化是指在一个段落的范围内对内容进行排版,使得整个段落显得更美观大方、更符合规范。每个段落的结尾处都有段落标记。文档中段落格式的设置取决于文档的用途以及用户所希望的外观。通常,会在同一篇文档中设置不同的段落格式。当按 Enter 键结束一段开始另一段时,生成的新段落会具有与前一段相同的段落格式。

用户可以对段落进行缩进、文本对齐方式、行距和间距等格式设置。

1. 用功能区中的按钮对文字进行缩进

缩进是指将要缩进段落的左右边界或段落的起始位置向右或向左移动。移动后,要缩进段落的文字将按缩进后的宽度重新排版。

(1)选定要缩进的段落。

(2)单击"开始"→"段落"→"增加缩进量" ▤ 按钮。单击一次该按钮,选定的段落或当前段落左边起始位置向右缩进一个字符。

(3)如果向左缩进,则单击"开始"→"段落"→"减少缩进量" ▤ 按钮。单击一次该按钮,选定的段落或当前段落左边起始位置向左缩进一个字符。

使用该方法缩进的尺寸是固定的,如果不想采用固定方式,可选用其他的方法。用工具缩进时,只能改变缩进段落左边界的位置,而不能改变右边界的位置。标尺行上的缩进标尺会随之变化。

2. 利用"标尺"设置段落的缩进

(1)选定要缩进的段落。

(2)执行下列操作之一。

设置首行缩进:将水平标尺上的"首行缩进"标记拖动到希望首行文本开始的位置。

设置悬挂缩进:在水平标尺上,将"悬挂缩进"标记拖动至所需的缩进起始位置。

左缩进:可以设置文本的左边界位置。在水平标尺上,将"左缩进"标记拖动至所需的文本左边界起始位置。

右缩进:用同样的方法,可拖动"右缩进"标记,移动右边界。

上述 4 个缩进标志组合使用,可以产生不同的缩进排列效果,从而使各段落能按用户不同的需要排列段落宽度。

如果希望比较精确地进行缩进,则可以按 Alt 键,同时拖动"缩进"标记。

3. 利用"段落"命令对话框设置段落的缩进

为更精确地设置首行缩进或悬挂缩进,则可利用"段落"命令对话框来完成。

(1)选定要缩进的段落。

(2)选择"页面布局"→"段落"右下角的展开键,打开"段落"对话框的"缩进和间距"选项卡,如图 3.12 所示。

(3)在"缩进"项目下"左""右"文本框中输入要设置的左缩进值、右缩进值。

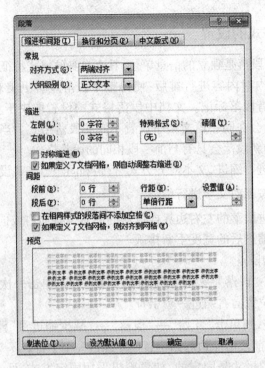

图 3.12　"段落"对话框

(4)在"缩进"下方的"特殊格式"下拉列表框中,选择"首行缩进"选项或"悬挂缩进"选项。在"度量值"文本框中,设置首行缩进或悬挂缩进量。首行缩进的单位可以是厘米或字符,用户可以自行输入"厘米"或"字符"作为缩进的单位。最后单击"确定"按钮即可。

4. 文本的对齐方式

在编辑文档时,有时为了特殊格式的需要,要设置文本的对齐方式。例如,文档的标题一般要居中、正文文字要两端对齐等。用户可以利用"开始"→"段落"组中的按钮来设置文本段落的对齐方式。首先选定要设置文本对齐方式的段落。

(1)左对齐文本。

单击"开始"→"段落"→"两端对齐"按钮 。当该按钮处于按下状态时,文字的左右两侧将分别与左右页边距对齐。当该按钮处于凸起状态时,只将文字的左侧与左页边距对齐。

(2)居中对齐文本。

单击"开始"→"段落"→"居中"按钮 即可。在使用"居中"之前,要确保左右缩进标记处于相应的页边距位置上。

(3)右对齐文本。

单击"开始"→"段落"→"右对齐"按钮 即可。

(4)分散对齐文本。

单击"开始"→"段落"→"分散对齐"按钮 即可。"分散对齐"将导致 Word 2010 在选定的段落的字符间添加空格,使文字均匀分布在该段落的页边距之间。分散对齐的文本也可以有首行缩进。

如果需要撤销段落的某种对齐方式,则再次单击该对齐按钮即可。当然,也可以在"段落"对话框中的"缩进和间距"选项卡中设置文本的对齐方式。

5. 段落的行距与间距

行距表示各行文本之间的垂直距离。段落的间距是不同段落之间的垂直距离,即指当前段或选定段与前段和后段的距离。更改行距和间距的操作步骤如下:

(1)选定要更改其行距或段落间距的段落。

(2)单击"页面布局"→"段落"右下角的展开键,打开"段落"对话框的"缩进和间距"选项卡。

(3)要改变行距,在"行距"文本框中选择所需的选项。

(4)要增加各个段落的前后间距,在"段前"或"段后"文本框中输入所需的间距。单击"确定"按钮即可。如果选定的文本包含的是多个段落,则被选定的文本包含段落之间的间距,也就是段前间距与段后间距之和。

如果选择的行距为"固定值"或"最小值",则在"设置值"文本框中输入所需的行间隔。如果选择了"多倍行距",则在"设置值"文本框中输入行数。

6. 段落中的换行和分页

Word 2010 是自动分页的。但有时为了需要,希望将新的段落安排在下一页面上,可进行如下操作:

(1)选择"开始"→"段落"右下角的展开键,打开"段落"对话框,选择"换行和分页"选项卡。

(2)选中"分页"选项组中的"段前分页"复选框,再单击"确定"按钮即可。另外,在该选项卡中各选项的功能如下:

孤行控制:防止 Word 2010 在页面顶端打印段落末行或在页面底端打印段落首行。该选项是 Word 2010 的默认选项。

段中不分页:防止在段落中出现分页符。

与下段同页:防止在所选段落与后面一段之间出现分页符。

取消行号:防止所选段落旁出现行号。此设置对未设行号的文档或节无效。

取消段字:防止段落自动段字。

7. 格式刷的使用

"格式刷"是 Word 2010 中非常有用的一个工具,其功能是将一个选定文本的格式复制到另一个文本上去,以减少手工操作的时间,并保持文字格式一致。用户根据需要可以复制字符格式和段落格式。

(1)复制字符格式。

①选定要复制的格式的文本。

②选择"开始"→"剪贴板"中的"格式刷"按钮 ,然后选定要应用此格式的文本。

（2）复制段落格式。

①选定要复制的格式的段落（包括段落标记）。

②选择"开始"→"剪贴板"中的"格式刷"按钮 ，然后选定要应用此格式的段落。

另外，如果想要将选定格式复制到多个位置，可双击"格式刷"按钮。复制完毕后再次单击该按钮或按 Esc 键即可。

8.样式

（1）样式的概念。

样式是指一组已经命名的字符和段落格式。它规定了标题、题注及正文等各个文本元素的格式。用户可以将一种样式应用于某个段落或段落中选定的字符上。这样所选定的段落或字符便具有这种样式定义的格式。利用它可以快速改变文本的外观。当应用样式时，只需执行一步操作就可应用一系列的格式。

在 Word 2010 中有很多已经设置好的样式，如标题样式、正文样式等。使用样式可以对具有相同格式的段落和标题进行统一控制，而且还可以通过修改样式对使用该样式的文本的格式进行统一修改。

样式可分为字符样式和段落样式两种。

字符样式影响段落内选定文字的外观，例如，文字的字体、字号、加粗及倾斜的格式设置等。即使某段落已整体应用了某种段落样式，该段中的字符仍可以有自己的样式。段落样式控制段落外观的所有方面，如文本对齐、制表位、行间距、边框等，也可能包括字符格式。

Word 2010 本身自带有许多样式，称为内置样式。如果 Word 2010 提供的标准样式不能满足需要，则可以自己建立样式，称为自定义样式。用户可以删除自定义样式，却不能删除内置的样式。

（2）样式的分类。

字符格式是指由样式名称来标识的字符格式的组合。它提供了字符的字体、字号、字符间距和特殊效果等。字符样式仅作用于段落中选定的字符。如果需要突出段落中的部分字符，则可以定义和使用字符样式。

段落样式是指出样式名称来标识的一套字符格式和段落格式。包括字体、制表位、边框、段落格式等。段落格式只能作用于整个段落，而不是段落中选定的字符。

创建文档时，如果没有使用指定模板，Word 2010 将使用默认的 Normal 模板。选择"开始"→"样式"右下角的展开键，就会打开样式列表显示全部样式格式。

从"样式"下拉列表框中可以明显区分出字符样式和段落样式。字符样式用一个加粗、带下划线的字母 **a** 表示，段落样式用段落标记符号 ↵ 来表示。

（3）新建字符样式。

新建字符样式的方法如下：

①选择"开始"→"样式"右下角的展开键，打开"样式"下拉菜单，如图 3.13 所示。

图 3.13　"样式"下拉菜单

②点击 按钮,出现"根据格式设置创建新样式"对话框,如图 3.14 所示。在"名称"框中键入样式的名称。

③单击"根据格式设置创建新样式"对话框中的 格式(O) 按钮右边的下三角按钮,在下拉列表框中选择"字符"和"段落",分别设置新建样式的字体为"楷体"、段落格式为"左对齐",行距为 1.5 倍。在"新建样式"对话框中,各项含义如下:

"名称"文本框:用于输入新建的样式名称。

"样式类型"下拉列表框:为新建的样式选择样式类型。如选择下拉列表框中的"段落"选项,则新建一个段落样式。

"后续段落样式"下拉列表框:指在应用本样式段落后下一段落默认使用的样式。

"添加到快速样式列表"复选框:将修改添加到创建该文档的模板中,否则,修改只对当前文档有效。

"自动更新"复选框:如果修改样式,则自动更新应用该样式的文本。

④单击"确定"按钮。

用户也可以采用另外一种更快捷的新建段落样式的方法,即选择包含所需样式的文本。选择"开始"→"样式"→"样式"任务窗格上的"其他" 按钮 →将所选内容保存为新快速样式。键入新建样式的名字。按 Enter 键即可。

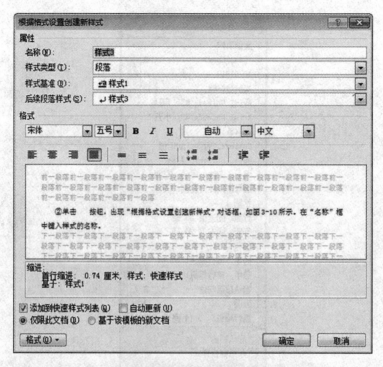

图 3.14　"根据格式设置创建新样式"对话框

（4）应用已定义的样式。

①要应用段落样式，可单击段落或者选定要修改的一组段落。

②要应用字符样式，可单击单词或选定要修改的一组单词。

③单击"开始"→"样式"→"样式"任务窗格中要应用的样式名即可。

（5）修改样式。

①选择"开始"→"样式"→右击"样式"任务窗格中要修改的样式名称，如图 3.15 所示。

②在其下拉菜单中单击"修改"命令，则会打开"修改样式"对话框，对该样式重新进行设置，如图 3.16 所示。

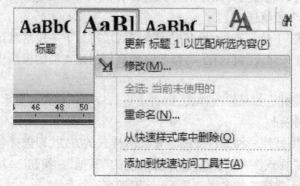

图 3.15　"样式"右键菜单

图 3.16　"修改样式"对话框

③修改完毕后,单击"确定"按钮。样式被修改后,文档中应用该样式的文本也会自动应用修改后的样式。

若要在基于此模板的新文档中使用经过修改的样式,则可选中"基于该模板的新文档"单选框。Word 2010 会将更改后的样式添加至活动文档所基于的模板。

(6)删除样式。

①选择"开始"→"样式"→右击"样式"任务窗格中要删除的样式名称。

②选择"从快速样式库中删除"即可。

如果要清除文本的格式,首先选中要清除格式的文本,选择"开始"→"样式"→"样式"任务窗格上的"其他" 按钮 →"清除格式"命令,则文本原有的格式就会被清除,代之以当前文档使用的默认格式。

9. 模板

(1)模板的概念。

模板就是某种文档的式样和模型,又称样式库,是一群样式的集合。利用模板可以生成一个具体的文档。因此,模板就是一种文档的模型。

模板是创建标准文档的工具。模板决定文档的基本结构和文档设置,如页面设置、自动图文集词条、字体、快捷键指定方案、菜单、页面布局、特殊格式和样式。任何 Word 2010 文档都是以模板为基础创建的。当用户新建一个空白文档时,实际上是打开了一个名为"Normal. dot"的文件。

模板的两种基本类型为共用模板和文档模板。共用模板包括 Normal 模板,所含设置适用于所有文档。文档模板(如"新建"对话框中的备忘录和传真模板)所含设置仅适用于以该模板为基础的文档。例如,如果用备忘录模板创建备忘录,备忘录能同时使用备

忘录模板和任何共用模板的设置。Word 2010 提供了许多文档模板,用户也可以创建自己的文档模板。

(2)模板的使用。

①选择"文件"→"新建",出现"可用模板"显示窗口,如图 3.17 所示。

图 3.17　"可用模板"窗口

②在其中选择需要的模板类型,单击"创建"按钮即可。

提示:当选中某个模板时,某些模板的样式示例会显示在"预览"框中。

(3)修改模板。

模板存放在文件夹 Templates 中。

①选择"文件"→"打开"命令,然后找到并打开要修改的模板。

②更改模板中的文本和图形、样式、格式、自动图文集词条等。单击"保存"按钮进行保存。

更改模板后,并不影响基于此模板的已有文档的内容。只有在选中"自动更新文档样式"复选框的情况下,打开已有文档时,Word 2010 才更新修改过的样式。在打开已有文档前,单击"工具"→"模板和加载项"命令,然后设置此选项才有效。

要确定模板文件的位置,可在 Word 2010 文档的窗口中,单击"文件"→"另存为"命令, 在弹出的"另存为"对话框中的"文件类型"下拉列表框中选择"文件模板(.dotx)", 这时就可以看到模板文件。单击对话框工具栏中的 按钮返回上一级,就可以看到文件夹 Templates 所在的路径了。

3.4.3　文档的页面设置

1.设置纸张大小

用户通常使用的纸张有 A3、A4、B4、B5、16 开等多种规格,Word 2010 为用户内置了多种纸张规格,可根据需要进行选择。操作步骤如下:

（1）选择“页面布局”→“页面设置”右下角的展开键，在弹出的“页面设置”对话框中选择打开“纸张”选项卡，如图 3.18 所示。

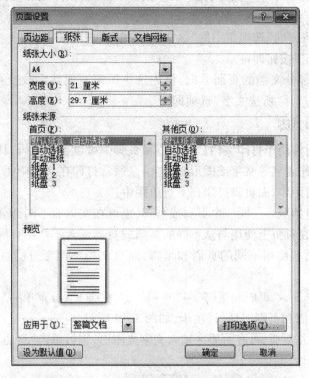

图 3.18　“页面设置”对话框中的“纸张”选项卡

（2）选择某一规格的纸张。其下方的高度和宽度框中会显示出该种纸型大小的数值，并在“预览”框中会显示出纸型的预览效果。最后单击“确定”按钮即可。

若只需要改变部分文档的纸张大小，可选定所需页面然后改变纸张大小，在“应用于”下拉列表框中选择“所选文字”选项即可。

2.设置页边距

页边距是页面四周的空白区域。通常情况下，在页边距内的可打印区域中插入文字和图形。也可以将某些项目放置在页边距区域中，如页眉、页脚和页码等。

（1）选择“页面布局”→“页面设置”右下角的展开键，在弹出的“页面设置”对话框中选择打开“页边距”选项卡。

（2）在“上”“下”“左”“右”侧的数值框中分别输入页边距的数值。

（3）单击“确定”按钮即可。

提示：使用鼠标拖动“水平标尺”和“垂直标尺”上的页边距边界，也可以更改页边距。若要指定精确的页边距值，只需在拖动边界的同时按住 Alt 键，标尺上就会显示页边距值。

3.设置打印方向

在一般情况下，打印文档都采用的是“纵向”，而当文档的宽度大于高度时，应选用

“横向”打印方向。

(1)选择“页面布局”→“页面设置”右下角的展开键,在弹出的“页面设置”对话框中选择打开“页边距”选项卡。

(2)选择“纸张方向”选项组中的“纵向”或“横向”选项按钮。

(3)单击“确定”按钮即可。

提示:要改变部分文档的页面方向,可先选中所需页面然后改变页方向。在“应用于”下拉列表框中选择“所选文字”选项即可。

4. 创建页眉和页脚

页眉和页脚通常用于打印文档。在页眉和页脚中可以包括页码、日期、公司徽标、文档标题、文件名或作者名等文字或图形,这些信息通常打印在文档中每页的顶部或底部。页眉打印在上页边距中,而页脚打印在下页边距中。

在文档中可自始至终用同一个页眉或页脚,也可在文档的不同部分用不同的页眉和页脚。例如,可以在首页上使用与众不同的页眉或页脚或者不使用页眉和页脚。还可以在奇数页和偶数页上使用不同的页眉和页脚,而且文档不同部分的页眉和页脚也可以不同。

(1)选择“插入”→“页眉和页脚”→“页眉”或“页脚”下拉菜单→“编辑页眉”或“编辑页脚”,出现“页眉和页脚工具”选项卡,如图 3.19 所示。

(2)如果要创建页眉,可在页眉区输入文字或图形,也可单击“页眉和页脚工具”选项卡上的按钮。

图 3.19 “页眉和页脚工具”选项卡

(3)如果要创建页脚,单击“转至页脚” 按钮可以移动到页脚区,输入页脚内容。

(4)创建完毕后,单击“关闭”按钮即可。

为文档的奇偶页创建不同的页眉或页脚,其快速方法如下:

选择“页眉和页脚”选项卡上的“选项”组,选中“奇偶页不同”复选框,这时单击“上一节”和“下一节”按钮就可以在“奇数页页眉(脚)”区或“偶数页页眉(脚)”区进行切换,以便对页眉或页脚进行输入或修改。

5. 删除页眉或页脚

(1)选择“插入”→“页眉和页脚”→“页眉”或“页脚”下拉菜单→“编辑页眉”或“编辑页脚”,弹出“页眉和页脚工具”选项卡。

(2)在页眉或页脚区中,选定要删除的文字或图形,然后按 Delete 键。

注意:删除一个页眉或页脚时,Word 2010 自动删除整个文档中同样的页眉或页脚。要删除文档中某个部分的页眉或页脚,可先将该文档分成节,然后断开各节间的连接。

6. 插入页码

(1)选择"插入"→"页眉和页脚"→"页码"。

(2)在下拉菜单中选择将页码打印于"页面顶端"的页眉中或是"页面底部"的页脚中。

(3)选择其他所需选项即可。

7. 删除页码

(1)选择"插入"→"页眉和页脚"→"页眉"或"页脚"下拉菜单→"编辑页眉"或"编辑页脚"。出现"页眉和页脚工具"选项卡,进入页眉页脚编辑状态。

(2)如果已将页码置于页面底部,则单击"转至页脚" 按钮,切换至页脚。

(3)选定一个页码。如果页码是使用"插入"→"页眉页脚"→"页码"命令插入的,则应同时选定页码周围的图文框。

(4)按 Delete 键删除页码。单击"页眉和页脚工具"选项卡中的"关闭"按钮。

8. 插入脚注和尾注

脚注和尾注用于在打印文档中为文档中的文本提供解释、批注以及相关的参考资料。可用脚注对文档内容进行注释说明,而用尾注说明引用的文献。具体操作如下:

(1)移动光标插入点要需要插入脚注和尾注的位置。

(2)选择"引用"→"脚注"右下角的展开键,打开"脚注和尾注"对话框,如图 3.20 所示。

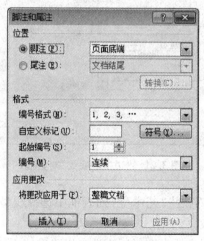

图 3.20　"脚注和尾注"对话框

(3)在"位置"处,选择"脚注"或"尾注"单选按钮,选择脚注或尾注的位置,单击"插入"按钮,即可在光标位置插入脚注和尾注的编号,同时在页面底端出现该脚注和尾注的编号,用户在此位置输入脚注和尾注的文字。

9. 修改或删除脚注或尾注

(1)在页面视图下可以直接对"脚注"或"尾注"的内容进行修改或删除。还可以双击脚注或尾注编号,转至脚注或尾注,然后修改或删除其内容即可(此时脚注或尾注的编号仍存在)。

(2)如果文档同时包含脚注和尾注,单击"引用"→"下一条脚注"或"下一条尾注"按钮 _{AB}下一条脚注▾,可以在这些脚注和尾注之间进行转换。

(3)选择脚注或尾注的编号,按 Delete 键,即可删除该脚注或尾注(包括脚注或尾注的编号)。

3.4.4 文档的背景设置

在处理 Word 2010 文档过程中,有时为了获得一些特殊效果,需要为页面、文字或段落加上背景,即边框和底纹。

1. 为文档中的页面添加边框

(1)选择"页面布局"→"页面背景"→"页面边框"按钮,弹出"边框和底纹"对话框,如图 3.21 所示。

(2)如果希望边框只出现在页面的指定边缘(例如只出现在页面的顶部边缘),选择"设置"选项组中的"自定义"选项,然后在"预览"选项组中单击要添加边框的位置。

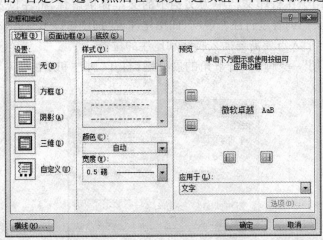

图 3.21 "边框和底纹"对话框

(3)在"样式""颜色""宽度""艺术型"列表框中选择线型、宽度、颜色以及是否指定艺术型。

(4)在"应用于"下拉列表框中选择所需选项以确定应用范围。

(5)要指定边框在页面上的精确位置,可单击"选项"按钮,在弹出的"边框和底纹选项"对话框中进行详细设置。再单击"确定"按钮即可。

2. 为文档中的文字添加边框

可以通过添加边框来将某些段落或选定文字与文档中的其他部分区分开来。

(1)选定需要添加边框的段落或文字。

(2)选择"页面布局"→"页面背景"→"页面边框"按钮,弹出"边框和底纹"对话框。然后单击"边框"选项卡。

(3)在"应用于"下拉列表框中的选项("段落"或"文字")。

(4)如果要指定边框相对于文本的精确位置,可在"应用于"下拉列表框中选择"段落"选项,然后单击"选项"按钮,在"边框和底纹选项"对话框中进行相应的设置。最后单击"确定"按钮即可。

如果为字符添加简单的边框,单击"开始"→"字体"组中的"字符边框"Ⓐ按钮即可。

3. 为文档中的文字添加底纹

可以使用底纹来突出显示文字。

(1)选定需要添加底纹的段落或文字。

(2)选择"页面布局"→"页面背景"→"页面边框"按钮,弹出"边框和底纹"对话框,然后单击"底纹"选项卡。

(3)设置底纹图案,选择填充颜色。

(4)在"应用于"下拉列表框中选择相应的选项。最后单击"确定"按钮即可。

如果为字符添加简单的底纹,单击""开始"→"字体"组中的"字符底纹"Ⓐ按钮即可。

也可以通过"字体"组中的"以不同颜色突出显示文本"━按钮来构造一个突出显示的效果。

4. "边框和底纹"对话框中"横线"按钮的使用

除了在"边框和底纹"对话框的"线型"列表中列出的线型之外,还可以在文档中插入一条漂亮的横线,以分隔段落。在此使用的横线,实际上是 Microsoft 剪辑库 5.0 中有关线段的图形。

(1)单击要插入横线的位置。

(2)选择"页面布局"→"页面背景"→"页面边框"按钮,打开"边框和底纹"对话框。

(3)单击"横线"按钮,在出现的"横线"对话框中选择需要的横线线型,如图 3.22 所示。

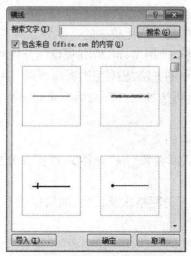

图 3.22　"横线"对话框

（4）选择所需线型，单击"确定"按钮即可。

5. 为页面添加水印效果

水印是指打印时显示在已存在的文档文字的上方或下方的任何文字或图形。用户可以插入不同颜色、样式、大小、方向和字体的水印，还可以根据需要选择或输入要作为水印的文字。

插入水印的方法是：选择"页面布局"→"页面背景"→"水印"→"自定义水印"，打开"水印"对话框，选择所需的"水印"类型后，单击"确定"按钮即可。

删除水印的方法是：选择"页面布局"→"页面背景"→"水印"→"删除水印"即可。

6. 为页面添加颜色

Word 2010 还提供了为文档添加页面颜色的功能。具体步骤如下：

（1）选择"页面布局"→"页面背景"→"页面颜色"打开下拉菜单。

（2）将鼠标放在主题颜色或标准色色版的任意颜色上，页面即可随时预览该颜色的效果，单击鼠标确定，所选择的颜色立即应用于该文档的所有页上。

（3）如果这篇文档需要应用的页面颜色与最近应用的文档相同，则可直接选择最近使用的颜色。

如果想选用的颜色在以上色版中没有，则可以选择其他颜色进行自定义。

另外，还可以为文档设置不同的填充效果。具体步骤如下：

（1）选择"页面布局"→"页面背景"→"页面颜色"打开下拉菜单。

（2）选择"填充效果"打开"填充效果"对话框，在"渐变"等选项卡中设置好"颜色""透明度""底纹样式""变形""纹理""图案"或"图片"等效果，最后点击"确定"按钮即可。

3.4.5 文档分栏等基本排版

1. 分栏

有时候用户需要将文档的某一行比较长的文字分成两栏或三栏，使页面文字便于阅读，更加美观、生动，此时就需要使用 Word 2010 提供的分栏的功能来完成。

对文档进行分栏的最简单的方法是：使用"页面布局"→"页面设置"→"分栏"按钮来完成。但在一般的情况下，可通过"分栏"对话框来处理。

（1）分栏。

①选定将要进行分栏排版的文本。

②单击"页面布局"→"页面设置"→"分栏"→"更多分栏"，出现"分栏"对话框，如图 3.23 所示。

③在"预设"选项组中选择分栏格式及栏数，如果栏数不满足要求，可在"栏数"选值框中选择。

④若希望各栏的宽度不相同，可取消"栏宽相等"复选框的选定状态，然后分别在"宽度"和"间距"选值框内进行操作。

⑤选中"分隔线"复选框，可以在各栏之间加入分隔线。

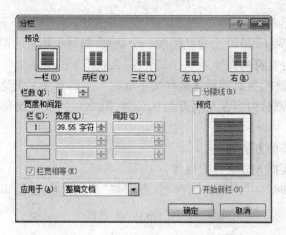

图 3.23　"分栏"对话框

⑥在"应用于"下拉列表中选择插入点之后,选中"开始新栏"复选框,则在当前光标位置插入"分栏符",并使用上述分栏格式建立新栏。

⑦单击"确定"按钮,Word 2010 会按设置进行分栏。

(2)设置等长栏。

当文档不满一页时进行分栏设置,Word 2010 会把它分为一个不等长的栏,为了使栏相等,可采用如下的方法:

②光标置于已分栏文档的结尾位置。

③选择"页面布局"→"页面设置"→"分隔符",出现"分隔符"下拉菜单。

③在"分节符"选项组中选择"连续"单选按钮。

④单击"确定"按钮,即可获得一个等长的栏。

提示:只有在"页面"视图中才能看到分栏的情形。若想快速地调整栏间距,可通过"水平标尺"来完成。

2.插入分隔符

在排版时,根据需要可以插入一些特定的分隔符。Word 2010 提供了段落分页符、自动换行符、分栏符和分节符等几种重要的分隔符,通过对这些分隔符的设置和使用可以实现不同的功能。

(1)插入段落分隔符。

在输入文字过程中,每按一次回车键,Word 2010 结束一个段落,在当前的光标位置插入一个段落标记,同时创建一个新段落。段落分隔符是区别段落的标志,通过对段落分隔符的操作,可以将一段文字分为两段或将两段文字合并为一段。

把一段内容分成两段的方法是:将光标移到要分段的断点处,按回车键。

将两段文字合并为一段文字的方法是:将光标移到段落标记前,按 Delete 键。

提示:如果段落分隔符总是显示在屏幕上,用"开始"→"段落"组中的"显示/隐藏编辑标记"按钮无法去掉时,可选择"文件"→"选项"→"显示",将"段落标记"复选框中"√"去掉,即可让"段落"组中的"显示/隐藏编辑标记"按钮起作用。

（2）插入分页符。

当输入一页时,Word 2010 会自动增加一个新页,同时在新页的前面产生一个自动分页符。如果在自动分页符前面插入一行文字,那么放不下的文字则会自动移到下一页。

在编辑文档过程中,有时需要将某些文字放在一页的开头。无论在前面插入多少行文字,都需要保证该部分内容在某页开始的位置,那么就需要在该部分文字前面插入人工分页符。

插入人工分页符的方法如下:

①插入点移到要插入分页符的位置。

④选择"页面布局"→"分隔符",弹出"分隔符"下拉菜单,如图 3.24 所示。

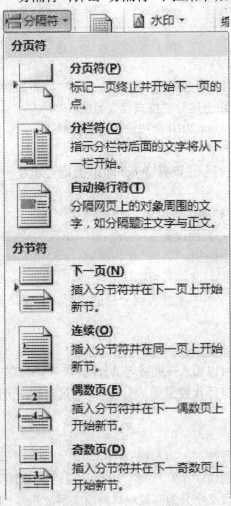

图 3.24 "分隔符"下拉菜单

③选中"分页符"单选按钮即可。

提示:人工"分页符"在普通视图下可以像删除字符一样删除。

（3）设置分节符。

为在一节中设置相对独立的格式页插入的标记,如不同的页眉页脚、不同的分栏等。

①将光标移动到需要设置分节符的开始位置。

②选择"页面布局"→"分隔符",弹出"分隔符"下拉菜单。

③在"分节符"选项组中选择需要使用的分节符即可。

对"分节符"选项组中的各选项含义如下。

下一页:光标当前位置以后的内容移到下一页上(按位 Ctrl + 回车键,也可以开始一个新页)。

连续:光标当前位置以后的内容将进行新的设置安排,但其内容不转到下一页,而是从当前空白处开始。

偶数页/奇数页:光标当前位置以后的内容将会到下一个偶数页/奇数页上,Word 2010会自动在偶数页/奇数页之间空出一页。

在普通视图下,分节符可以像文字一样被删除掉。建立新节后,对新节所做的格式操作,都将被记录在分节符中。一旦删除了分节符,那么后面的节将服从前面的节的格式设置,因此,删除分节符的操作一定要慎重。

3. 项目符号和编号

给文档添加项目符号或编号,可使文档更容易阅读和理解。在 Word 2010 中,可以在键入时自动产生带项目符号或带编号的列表,也可以在键入完文本后进行这项工作。

（1）自动创建项目符号与编号

在一般情况下,Word 2010 安装完成后,已经具有自动创建项目符号与编号的功能。如果用户的计算机上没有这项功能,则可按如下步骤进行操作:

①选择"文件"→"选项"→"校对"→"自动更正",出现"自动更正"对话框,打开"自动套用格式"选项卡,如图 3.25 所示。

②在"应用"选项组中选择"自动项目符号列表"复选框。

③单击"确定"按钮,即可在键入文本时,自动创建项目符号或编号。如果要创建项目符号或编号,可键入"1."或"＊",再按空格键或 Tab 键,然后键入所需文字。当按下 Enter 键以添加下一列表项时,Word 2010 会自动插入下一个编号或项目符号。要结束列表,可按两次 Enter 键。也可通过按 Backspace 键删除列表中的最后一个编号或项目符号来结束该列表。

如果 Word 2010 已经有自动创建项目符号和编号的功能,而用户在键入时又不希望使用该功能,则可以再打开"自动更正"对话框,在"自动套用格式"选项卡中,取消对"自动项目符号列表"复选框的选定,然后单击"确定"按钮即可。

（2）添加项目符号。

如果要将已经输入的文本转换成项目符号列表,则可按如下步骤进行操作:

①选择要添加项目符号的段落。

②选择"开始"→"段落"→"项目符号",打开"项目符号"下拉菜单,如图 3.25 所示。

③"项目符号库"提供了 8 种项目符号(其中的"无"选项,用于取消所选段落的项目符号)。如果用户想采用其他的符号作为新的项目符号,可以单击"自定义项目符号"按

钮,出现"定义新项目符号"对话框,选择所需选项。在该对话框中通过"符号"按钮还可以选择新的项目符号。

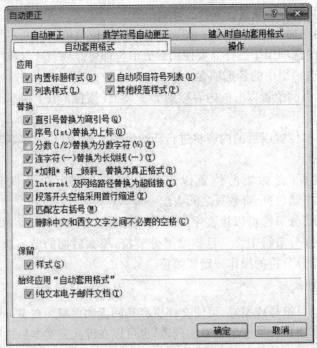

图 3.25 "自动套用格式"对话框

⑤在"定义新项目符号"对话框中,单击"图片"按钮,可以打开剪辑库中的图片符号作为用户的新的项目符号,如图 3.26 所示。

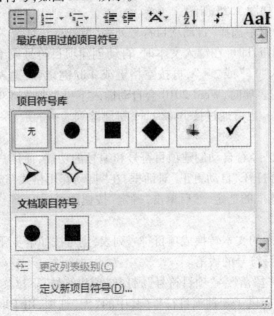

图 3.26 "项目符号"下拉菜单

⑤单击"确定"按钮,添加项目符号完成。

如要添加简单的项目符号,还可通过单击"段落"组中的"项目符号"按钮来添加。

(3)添加编号。

①选定要添加编号的段落。

②选择"开始"→"段落"→"编号",打开"编号"下拉菜单,打开"编号"下拉菜单。

③"编号库"选项卡提供了 8 种编号。如果用户想采用其他格式、样式的编号,可以单击"定义新编号格式"按钮,出现"定义新编号格式"对话框,选择所需选项。再单击"确定"按钮即可。

如要添加简单的编号,还可通过单击"段落"组中的"编号"按钮,或"插入"→"符号"→"编号"来添加。

(4)创建多级符号列表。

在段首输入数学序号,如:一、二、;(一)、(二);1、2,然后按 Enter + Tab 键,则下一个段落将使用下级编号格式。如在段首输入 1.1、1 - 1 之类的序号时,然后按住 Enter + Tab 键,则下一个段落将使用下级编号格式,如图 3.27 所示。

1.1　计算机概述
1.1.1　　计算机的产生和发展
1.1.2　　微型机的发展
1.1.3　　计算机的分类
1.2　计算机的特点及应用
1.2.1　　计算机的特点
1.2.2　　计算机的应用技术
1.3　数据在计算机中的表示

图 3.27　多级符号列表

每按一次 Enter + Tab 键(或单击"段落"组中的"增加缩进量"按钮),编号会降低一个级别。而每按一次键 Enter + Shift + Tab 键(或单击"段落"组中的"减少缩进量"按钮),编号会上升一个级别。

另外,还可以使用菜单命令来创建多级符号列表,其操作步骤如下。

①选择"开始"→"段落"→"多级列表",打开"多级列表"下拉菜单。

②"列表库"选项卡提供了 8 种编号,单击所需的列表格式。用户可以根据自己的需要,单击"定义新的多级列表"按钮,重新选择列表格式。

(3)单击"确定"按钮,返回到文档中。

(4)键入列表项,每键入一项后按回车键。

(5)要将多级符号列表项移至合适的编号级别中,可单击该项目的任意一处,再单击"段落"工具栏上的"增加缩进量"或者"减少缩进量"按钮。

4. 编辑长文档

当完成一篇文档的构思后,应先把该文档的纲目框架建立好,创建纲目时也需要应用样式,可以是内置的样式,如标题 1、标题 2(从"开始"→"样式"的下拉列表中选择），也可以自定义样式。因为当抽取文档的目录时，要求文档必须使用了这些样式。设置好纲目后，再输入正文，以后就可方便地使用大纲视图进行目录的调整。

（1）在大纲视图中建立纲目结构设置分节符。

在大纲视图中建立纲目结构的具体操作步骤如下：

①在"页面"视图中，选择"开始"→"样式"的下拉列表，选择"样式 2"，如图 3.28 所示。

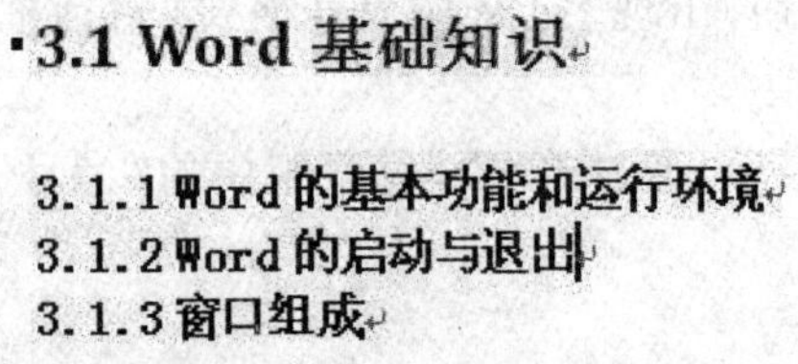

·3.1 Word 基础知识

3.1.1 Word 的基本功能和运行环境
3.1.2 Word 的启动与退出
3.1.3 窗口组成

图 3.28　创建应用标题样式的纲目

②输入正文内容，如图 3.29 所示。

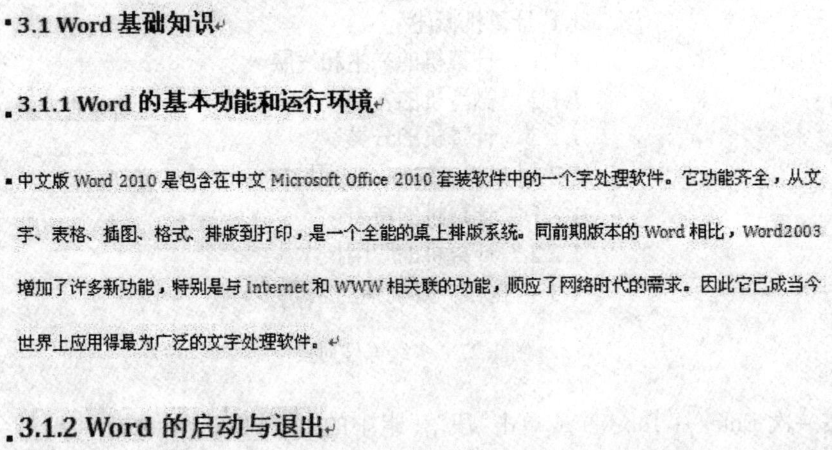

·3.1 Word 基础知识

·3.1.1 Word 的基本功能和运行环境

·中文版 Word 2010 是包含在中文 Microsoft Office 2010 套装软件中的一个字处理软件。它功能齐全，从文字、表格、插图、格式、排版到打印，是一个全能的桌上排版系统。同前期版本的 Word 相比，Word2003 增加了许多新功能，特别是与 Internet 和 WWW 相关联的功能，顺应了网络时代的需求。因此它已成当今世界上应用得最为广泛的文字处理软件。

·3.1.2 Word 的启动与退出

图 3.29　输入正文内容

③在文档录入完成后，如果需要调整目录结构或级别，单击"大纲视图" 按钮，切换到大纲视图。

④选中某个标题，在"大纲工具"组的 2级 中会显示该标题的级别，此时可单击大纲工具组上的"提升"按钮 或"降低"按钮 来调整该标题或段落的大纲级别。

⑤在"大纲工具"组上的显示级别 显示级别(S): 3级 下选择显示级别，则会设置在大纲视图中的最低级别，如图 3.30 所示。

⑥单击标题前的 ，可以选中该标题至下一同级标题间的内容。双击 可以展开该标题至下一同级标题间的内容。

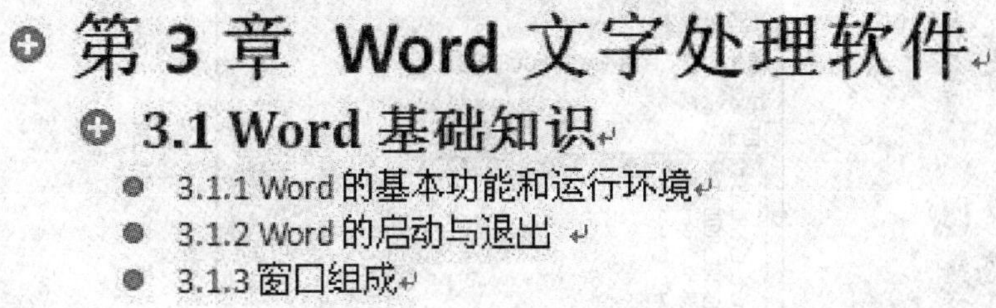

⊕ **第 3 章　Word 文字处理软件**

　⊕ **3.1 Word 基础知识**

　　● 3.1.1 Word 的基本功能和运行环境

　　● 3.1.2 Word 的启动与退出

　　● 3.1.3 窗口组成

图 3.30　显示大纲级别

（2）抽取目录。

在一篇文档中，如果各级标题都应用标题样式（可以是内置的样式或自定义样式），Word 2010 就会识别相应的标题样式，从而自动完成目录的制作。如果以后用户对标题进行调整，也可以很方便地利用目录的更新功能，快速地重新生成调整后的新目录。具体操作步骤如下：

①动光标插入点到需要生成目录的位置（一般在页首的位置）。

②选择"引用"→"目录"→"插入目录"命令，打开"目录"对话框，如图 3.31 所示。

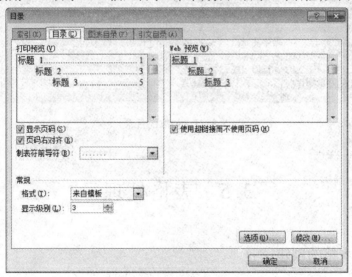

图 3.31　"目录"对话框

③选中"显示页码"复选框，以便在目录中显示页码，选中"页码右对齐"复选框，可以使页码右对齐页边距。在"显示级别"微调框中指定要显示的最低级别。

④单击"修改"按钮，打开"样式"对话框，从中设定各级目录的格式，如图 3.32 所示。

⑤单击"确定"按钮，就可以从文档中抽取目录。图 3.33 所示是抽取的目录。

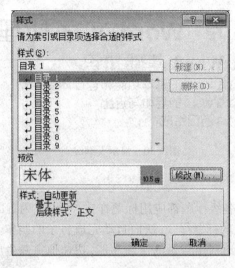

图 3.32　"样式"对话框

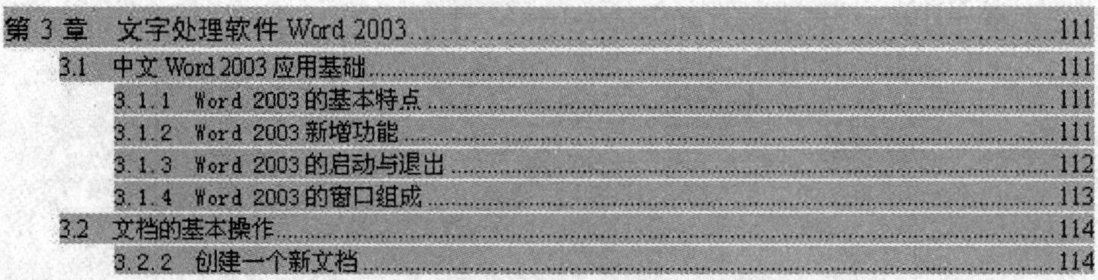

第 3 章　文字处理软件 Word 2003 111
　3.1　中文 Word 2003 应用基础 111
　　3.1.1　Word 2003 的基本特点 111
　　3.1.2　Word 2003 新增功能 111
　　3.1.3　Word 2003 的启动与退出 112
　　3.1.4　Word 2003 的窗口组成 113
　3.2　文档的基本操作 114
　　3.2.2　创建一个新文档 114

图 3.33　抽取的目录

3.5　表格处理

3.5.1　表格的创建

表格由不同行列的单元格组成,可以在单元格中填写文字和插入图片。表格经常用于组织和显示信息,但是还有其他许多用途。可以用表格按列对齐数字,然后对数字进行排序和计算;也可以用表格创建引入页面版式及排列文本和图形。

1. 创建简单表格

(1)单击要创建表格的位置。

(2)单击"插入"→"表格"按钮。

(3)拖动鼠标,在"插入表格"区域选定所需的行、列数。

另外,单击"插入"→"表格"→"插入表格"命令,打开"插入表格"对话框,也可以快速创建简单表格。

2. 创建复杂表格

（1）单击要创建表格的位置。

（2）单击"插入"→"表格"→"绘制表格"按钮 ，指针变为笔形，出现"表格工具"选项卡组。

（3）要确定表格的外围边框，可以先绘制一个矩形，然后在矩形内绘制行、列框线。

（4）如果要清除一条或一组框线，可单击"表格工具"→"设计"→"绘图边框"→"表格擦除器"按钮 ，然后拖到要擦除的线条。

（5）表格创建完毕后，单击其中的单元格，便可键入文字或插入图形。

提示：绘制表格时，按住 Ctrl 键可以自动应用文字环绕格式。

3. 在表格中创建表格

（1）单击"表格工具"→"设计"→"绘图边框"→"绘制表格"按钮 ，指针变为笔形。

（2）将笔形指针移动到要创建嵌套表格（即表格中的表格）的单元格中。

（3）绘制新表格。先绘制一个矩形以确定表格的边界，然后在矩形中绘制行、列框线。

（4）嵌套表格创建完成后，单击某个单元格，就可以开始键入文字或插入图形。

3.5.2　表格的修改

1. 调整整个表格或部分表格的尺寸

（1）调整整个表格尺寸。将指针停留在表格上，直到"表格尺寸控点" 出现在表格的右下角。将指针停留在表格尺寸控点上，直到出现一个双向箭头，然后将表格的边框拖动到所需尺寸。

（2）改变表格列宽。将指针停留在要更改其宽度的列的边框上，直到指针变为 ，然后拖动边框，直到得到所需的列宽为止。

（3）改变表格行高。将指针停留在要更改其高度的行的边框上，直到指针变为 ，然后拖动边框。

（4）平均分布各行或各列。选中要平均分布的多行或多列，单击"表格工具"→"布局"→"单元格大小"组中的"分布行"按钮 或"分布列"按钮 。

提示：可以使用 Word 2010 窗口中的"水平标尺"和"垂直标尺"来调整列宽和行高。还可以使用表格的自动调整功能来调整表格的大小。

2. 行、列或单元格的插入

（1）行的插入。

①将光标置于待插入行的上方或下方。

②选择"表格工具"→"布局"→"行和列"组，单击"在上方插入"或"在下方插入"，分别表示在所选行的上方或是在所选行的下方插入一个新行。

③要在表格末尾快速添加一行，单击最后一行的最后一个单元格，然后按 Tab 键。

提示：也可使用"绘制表格"工具在所需的位置绘制行。

（2）列的插入。

①将光标置于待插入列的左侧或右侧。

②选择"表格工具"→"布局"→"行和列"组,单击"在左侧插入"或"在右侧插入",分别表示在所选列的左侧或是在所选列的右侧插入一个新列。

③要在表格最后一列的右侧添加一列,单击最右边一列的外侧。利用右键菜单,选择"插入",然后单击"在右侧插入列"命令。

提示:也可使用"绘制表格"工具在所需的位置绘制列。

（3）单元格的插入。

①将光标置于要插入单元格的位置。

②选择"表格工具"→"布局"→"行和列"组中右下角的展开键,打开"插入单元格"对话框,选择相应的选项后,单击"确定"按钮。

③也可以在要插入单元格的位置上右击,然后选择"插入"→"插入单元格"命令,打开"插入单元格"对话框,选择相应的选项后,单击"确定"按钮。

3. 行、列或单元格的删除

（1）行、列的删除。

①将光标置于要删除的行或列。

②选择"表格工具"→"布局"→"行和列"→"删除",在级联菜单中选择相应的命令以确定删除列、行或单元格。

另外,用户也可以在选中某一行或列后,利用"剪切"命令来删除行或列。

注意:当删除行或列后,其中的内容将一起被删除。

（2）单元格的删除。

①将光标置于要删除的单元格中。

②选择"表格工具"→"布局"→"行和列"→"删除"→"删除单元格",出现"删除单元格"对话框,选择相应的选项后,单击"确定"按钮。

③也可以在单元格中直接右击,在出现的快捷菜单中选择"删除单元格"命令,弹出"删除单元格"对话框,选择相应的选项后,单击"确定"按钮。

另外,还可以通过单击"开始"选项卡上的"剪切"按钮来删除选定的单元格中的内容。

4. 合并与拆分单元格、表格

（1）合并单元格。

用户可将同一行或同一列中的两个或多个单元格合并为一个单元格。例如,可以横向合并单元格以创建横跨多列的表格标题。

①可单击"表格工具"→"设计"→"绘图边框"→"表格擦除器"按钮,然后在要删除的分隔线上拖动。

②也可以通过选定单元格,然后单击"表格工具"→"布局"→"合并"→"合并单元格"按钮,能快速合并多个单元格。

③也可以选定单元格,右击,在出现的快捷菜单中选择"合并单元格"命令,来快速合

并多个单元格。

如果要将同一列中的若干单元格合并成纵跨若干行的纵向表格标题,可单击"表格工具"→"布局"→"对齐方式"→"文字方向"按钮，来改变标题文字的方向。

(2)拆分单元格。

①单击"表格工具"→"设计"→"绘图边框"→"绘制表格"按钮，指针变成笔形,拖动笔形指针可以创建新的单元格。

②可以先选定单元格,然后选择"表格工具"→"布局"→"合并"→"拆分单元格"按钮，出现"拆分单元格"对话框,如图 3.34 所示。在对话框中输入"列数"和"行数"的值,单击"确定"按钮。

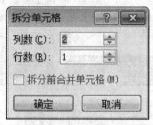

图 3.34　"拆分单元格"对话框

③也可以先选定单元格,击鼠标右键,在出现的快捷菜单中选择"拆分单元格"命令,弹出"拆分单元格"对话框进行操作。

(3)拆分表格。

①要将一个表格拆分成两个表格,先单击选中要拆分第二个表格的首行。

③后选择"表格工具"→"布局"→"合并"→"拆分表格"命令。

提示:如果要在表格前插入文本,先单击表格的第一行,然后选择"表格工具"→"布局"→"合并"→"拆分表格"命令即可。

3.5.3　表格的修饰

1.使用表格自动套用格式

(1)对已经建立的表格使用表格自动套用格式。

①单击表格。选择"表格工具"→"设计"→"表格样式"中的"其他"按钮,弹出下拉菜单,如图 3.35 所示。

②在"内置"样式中选择所需样式,单击"确定"按钮即可。

(2)新建表格时使用表格自动套用格式。

①将光标置于文档中需要插入表格的位置。

②选择"插入"→"表格"→"快速表格"命令。

③在右侧的内置展开菜单中选择所需样式,然后单击即可。

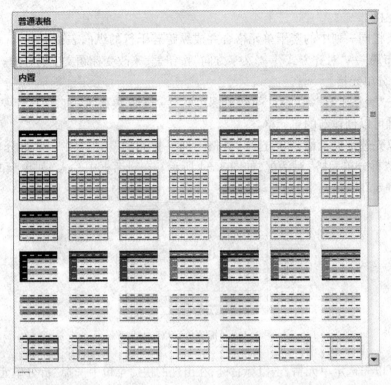

图 3.35 "表格样式"菜单

2. 设置边框和底纹

（1）选中表格或单元格（包括结束标记）。

（2）选择"表格工具"→"设计"→"表格样式"→"边框"命令，弹出"边框和底纹"对话框，如图 3.36 所示。打开"边框"选项卡，选择所需选项，确认在"应用于"下拉列表中选择正确的"表格"或"单元格"选项。

（3）打开"底纹"选项卡，选择所需选项，确认在"应用于"下拉列表中选择正确的"表格"或"单元格"选项。

（4）单击"确定"按钮，即可设置表格的边框和底纹。

提示：右击，在出现的快捷菜单中选择"边框和底纹"命令，也可以在"边框和底纹"对话框中进行设置。

另外，使用"绘图边框"右下角的展开键也可以设置"边框和底纹"。在"页面布局"→"页面背景"组中单击"页面边框纹"按钮 ，可快捷地更改表格的边框和底纹。使用"表格工具"→"设计"→"绘图边框"组中的"笔划粗细""笔样式"和"笔颜色"按钮，可选定新的边框格式，然后可在原有边框的基础上绘制新的边框，如图 3.36 所示。

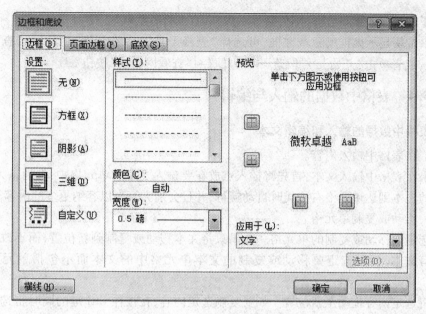

图 3.36　"边框和底纹"对话框

3. 设置表格在页面中的位置

（1）移动表格的方法。

①将指针停留在表格上，直到"表格移动控点"⊞出现在表格的左上角。

②将指针停留在表格移动控点上，直到四向箭头出现。

③将表格拖动到新的位置。

提示：也可以通过"剪贴板"来移动表格。

（2）设置表格的对齐方式。

①单击选中表格，选择"表格工具"→"布局"→"表"→"属性"按钮或右键菜单中的"表格属性"命令，打开"表格属性"对话框，再单击"表格"选项卡。

②在"对齐方式"选择组中选择所需选项。

③要设置左对齐表格的左缩进量，可在"左缩进"下拉列表框中键入数值，最后单击"确定"按钮即可。

提示：要快速对齐页面中的表格，可先选定表格，然后使用"段落"组中的对齐按钮。

（3）设置表格的文字环绕。

①单击选中表格，选择"表格工具"→"布局"→"表"→"属性"按钮或右键菜单中的"表格属性"命令，打开"表格属性"对话框，再单击"表格"选项卡。

②单击"文字环绕"选项组中的"环绕"图标，单击"确定"按钮即可。

提示：如果使用"绘制表格"工具创建表格，可在绘制表格时按下 Ctrl 键，自动应用文字环绕方式。

4. 显示或隐藏表格虚框

在 Word 2010 文档中，在默认情况下，所有表格都具有 0.5 磅的黑色单实线边框，这是可打印的。如果删除边框,则仍会显示虚框,直到将其隐藏。

如果希望显示虚框或隐藏虚框,可选择"表格工具"→"布局"→"表"→"查看网格线"按钮,或者单击"开始"→"段落"→"边框"→"查看网格线"按钮 ⊞ 。

3.5.4 表格中数据的输入与编辑

1. 表格中数据的输入和编辑文本

(1)在表格中输入内容。

如果在表格中输入文本,首先将插入点放在要输入文本的单元格中,然后输入文本。当输入的文本到达单元格右边线时自动换行,并且会加大行高以容纳更多的内容。

(2)移动或复制单元格。

①选定要移动或复制的单元格。如果只将文本移动或复制到新位置,而不改变新位置的原有文本,就只选定要移动或复制的文本单元格中的文本而不包括单元格结束标记。

②将选定内容拖动至新位置。如要复制选定内容,在按住 Ctrl 键的同时将选定内容拖动至新位置。

提示:也可以利用剪贴板来移动或复制单元格的内容。

(3)移动或复制行、列中内容。

①选定表格的一整行或列(即包括行尾标记)。

②选择"开始"→"剪贴板"→"剪切"或"复制"命令,将该行或列的内容存放到剪贴板中。

③在表格的另外位置选择一整行或列,或者将插入点置于该行或列的第一个单元格中。

④选择"开始"→"剪贴板"→"粘贴"命令,移动(或复制)的行(或列)被插入到表格选择行的上方或列的左侧,并不替换选择行(或列)的内容。

提示:也可以使用鼠标的快捷菜单或快捷键 Ctrl + V 命令完成粘贴。

2. 删除表格及其内容

(1)单击表格。

(2)选择"表格工具"→"布局"→"删除",在级联菜单中选择相应的命令以确定删除整个表格、列、行或单元格。

如仅要删除整张表格,也可以使用如下方法:先选中整张表格,然后利用"开始"→"剪贴板"中的"剪切"按钮 ✂ 来完成即可。

3. 设置表格的标题

有时一个比较大的表格可能在一页上无法完全显示出来。当一个表格被分到多页上时,总希望在每一页的开头第一行设置一个标题行。具体步骤如下:

(1)选定要作为表格标题的一行或多行。注意,选定内容必须包括表格的第一行,否则 Word 2010 将无法执行操作。

(2)选择"表格工具"→"布局"→"数据"→"重复标题行"命令。

注意:Word 2010 能够依据自动分页符(软分页符)自动在新的一页上重复表格的标题。如果在表格中插入人工分页符,则 Word 2010 无法自动重复表格标题。

4. 设置单元格中的文本对齐方式

表格中的文本和 Word 2010 文档中的文本操作方式基本相同,甚至也可以更改文字的显示方向。为了使表格更加美观和规范,就必须对表格中文字的对齐方式进行设置。

(1)选定表格或单元格。

(2)单击鼠标右键,在出现的快捷菜单中选择"单元格对齐方式"子菜单中的一种对齐方式。

(3)也可以单击"表格工具"→"布局"→"对齐方式"组中的按钮≣,选择其中的一种对齐方式。

5. 表格的分页与防止跨页断行

(1)表格的跨页显示。

①单击要出现在下一页上的行。

②选择"页面布局"→"页面设置"→"分隔符",或者按 Ctrl + Enter 组合键。

(2)防止表格跨页断行。

① 单击选中表格,选择"表格工具"→"布局"→"表"→"属性"按钮,打开"表格属性"对话框,单击"行"选项卡。

② 取消"允许跨页断行"复选框的选中状态即可。

6. 表格与文字的相互转换

(1)将文字转换为表格。

将文字转换成表格时,使用分隔符(根据需要选用的段落标记、制表符或逗号、空格等字符)标记新列开始的位置。Word 2010 用段落标记标明新的一行表格的开始。如果仅选择段落标记作为分隔符,Word 2010 只会将文字转换成只有一列的表格。具体转换操作如下所述。

①将文档中需要划分列的位置插入所需的分隔符(如空格)。

②选中要转换成表格的文字,确保已经设置好所需要的分隔符。

③选择"插入"→"表格",在"表格"的级联菜单中选择"文字转换成表格"命令。

④在打开的"将文字转换成表格"对话框中选择所需选项。最后单击"确定"按钮即可。

(2)将表格转换为文字。

①选定要转换成文字的行或表格。

②选择"表格工具"→"布局"→"数据"→"转换为文本"命令。

③在"文字分隔符"选项组中选择所需的字符,作为替代列边框的分隔符。最后单击"确定"按钮即可。

3.5.5　表格内数据的处理

Word 2010 可以对表格中的数据进行加、减、乘、除、平均等计算,也可以对表格中的数据进行排序。

1. 表格内数据的排序

Word 2010 对表格中的数据进行排序时,可按下列几种排序方式进行排序。

(1)按拼音排序。Word 2010 会将以标点或符号(例如,!、#、MYM、% 或 &)开头的条目排在最前面,然后是以数字开头的条目,随后是以字母开头的条目,以汉字开头的条目排在最后。注意,Word 2010 将日期和数字视为文字。例如,"Item 12"会排在"Item 2"之前。

(2)按数字排序。Word 2010 将忽略数字以外的所有其他字符。数字可以位于段落中任何位置。

(3)按日期排序。Word 2010 将"-、\、,、。、:"作为有效的日期分隔符。如果 Word 2010 无法识别某个日期或时间,则会把该项置于列表的开头或结尾处(这取决于排列顺序是升序还是降序)。

(1)使用菜单命令进行排序。

①选定要排序的列表或表格。

②选择"表格工具"→"布局"→"数据"→"排序"命令,弹出"排序"对话框,如图3.37所示。

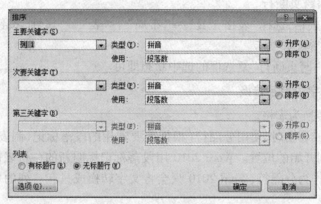

图3.37 "排序"对话框

③在该对话框中进行相应的排序设置,最后单击"确定"按钮即可。

提示:当主关键字有相同值时,可再选择次关键字进行排序。

(2)使用排序按钮进行排序。

①首先确定将要以之为依据进行排序的列,将插入点置于该列中。

②选择"开始"→"段落"→"排序" 按钮,也可打开"排序"对话框,即可实现对表格的排序。

2. 表格中数值的计算

在 Word 2010 的计算中,系统对表格中的单元格是以下面的方式进行标记的,在行的方向以字母 A→Z 进行标记,而列的方向从"1"开始,以自然数进行标记。如一行一列的单元格标记为 A1。

在表格中进行计算时,可以用像 A1、A2、B1、B2 这样的形式引用表格中的单元格。

Word 2010中的单元格引用始终是绝对地址,而且不带"MYM"符号。

(1)行或列的直接求和。

①单击要放置求和结果的单元格。

②选择"表格工具"→"布局"→"数据"→"公式"命令。

③如果选定的单元格位于一列数值的最下端,Word 2010 将建议采用公式 = SUM(ABOVE)进行计算。如果该公式正确,直接单击"确定"按钮。

④如果选定的单元格位于一行数值的右端,Word 2010 将建议采用公式 = SUM(LEFT)进行计算。如果该公式正确,则直接单击"确定"按钮。

注意:如果该行或列中含有空单元格,则 Word 2010 将不对这一整行或整列进行累加。要对整行或整列求和,在每个空单元格中键入零值。

(2)单元格数值的计算。

①单击要放置计算结果的单元格。

②选择"表格工具"→"布局"→"数据"→"公式"命令。

③在"公式"文本框中输入公式。

④也可以在"粘贴函数"下拉列表框中选择所需的公式。例如,要进行求和,则单击"SUM"。

⑤在公式的括号中键入单元格引用,可引用单元格的内容。例如,需要计算单元格A1 和 B4 中数值的和,应建立这样的公式:= SUM(a1,b4)。

⑥在"编号格式"文本框中输入数字的格式,最后单击"确定"按钮即可。

注意:Word 2010 是以域的形式将结果插入选定单元格的。域代码和域结果之间可以采用 Shift + F9 组合键进行切换。如果所引用的单元格发生了更改,请选定该域,然后按 F9 键,即可更新计算结果。

3. 公式插入

Microsoft 公式编辑器是一个单独的、能够独立工作的程序。实际上它单独包含在"Office 工具"中。因此,如果在安装 Office 时用户没有安装"Office 工具"组件中的"公式",用户将无法启动和使用"公式编辑器"。此时只有重新将 Office 的安装光盘插入到光驱中,安装"公式"组件即可。

1. 插入公式

(1)将光标置于要插入公式的位置。

(2)单击"插入"选项卡→"公式"命令,然后单击"新建"选项卡,出现公式编辑选项卡,如图 3.38 所示。

图 3.38 "公式"工具栏

（4）从"公式"工具栏上选择符号，键入变量和数字，以构造公式。

（5）单击公式以外的 Word 文档可返回到 Word。

2. 编辑公式

（1）双击要编辑的公式，同时出现"公式"工具栏。

（2）使用"公式"工具栏上的选项编辑公式。

（3）单击 Word 文档返回 Word。

3.6　各种对象的处理

在 Word 2010 中，可插入图片、图形、艺术字等对象来增强文档的效果。图片是由其他文件创建的图形。在 Word 2010 中，图片对象分为位图和矢量图两大类，位图不能直接编辑，但可以调整其亮度、对比度和灰度等特性；而矢量图则可以通过"图片工具"选项卡来进行编辑操作。通过使用"图片工具"选项卡中的工具按钮可以更改和增强图片。在某些情况下，必须取消图片的组合并将其转换为图形对象后才能使用。图形对象包括自选图形、曲线、线条和艺术字图形对象。使用"图片工具"选项卡中的调整、大小、边框、阴影效果组等工具，可以更改和增强这些对象。

3.6.1　图片应用

1. 插入图片

（1）插入"剪辑库"中的剪贴画或图片。

①单击要插入剪贴画或图片的位置。

②选择"插入"→"插图"→"剪贴画"，打开"剪贴画"任务窗格，如图 3.39 所示。

③在"搜索文字"编辑框中输入准备插入的剪贴画关键字（如"球"），单击"结果类型"下拉三角按钮，在类型列表中仅选中"插图"复选框。

④单击"搜索"按钮。如果被选中的收藏集中含有指定关键字的剪贴画，则会显示剪贴画搜索结果。

⑤单击合适的剪贴画，或单击剪贴画右侧的下拉三角按钮，并在打开的菜单中单击"插入"按钮即可将该剪贴画插入到文档中。

2. 改变图片的大小

（1）选中图片，使图片的四周出现 8 个控制点。

（2）将鼠标指针置于控制点上，使其变成双向箭头。

（3）拖动鼠标即可改变选中图片的大小。

另外，也可以利用"设置图片格式"对话框改变图片的大小。

3. 改变图片的位置

有时需要对多个图片同时操作。要选中多个图片，首先需要选中一个图片，然后按住 Shift 键，再单击需要选中的下一个图片。

图 3.39　"剪贴画"任务窗口

（1）选中一个图片或多个图片。

（2）将鼠标置于选中的对象上，鼠标指针变成移动指针形状✛后，按下鼠标左键。

（3）将图片拖动到新的位置（用户也可以同时按下 Alt 键拖动）。

如果拖动图片时按住 Shift 键，则只能横向或纵向移动图片。用户也可选定对象，然后按箭头键来微移它。在按住 Ctrl 键的同时按箭头键可以逐个像素地移动对象。

4. 图片的图像控制

图片的图像控制包括对图片的颜色、亮度、对比度等方面进行设置。

（1）右击选定的图片，在右键菜单中选择"设置图片格式"，打开"设置图片格式"对话框，如图 3.40 所示。

（2）单击"图片"标签，打开"图片"选项卡。

（3）在"图像控制"选项组下，单击"颜色"框右端的下拉按钮，从中选择颜色的类型。

（4）在"亮度"和"对比度"中，设置合适的"亮度"和"对比度"比例值。

（5）单击"确定"按钮，完成设置。

如果选择的"颜色"是"水印"，则将该图片设置为作为水印背景的图片。

图 3.40 "设置图片格式"对话框

5. 剪裁图片

(1)选定要剪裁的图片。

(2)双击选定的图片,打开"图片工具"→"格式"选项卡,选择"大小"→"裁剪"命令,图片周围出现 8 个裁剪点,在裁剪点上用左键拖到鼠标到合适的位置即可。

另外,还可以打开"设置图片格式"对话框,单击"图片"选项卡,然后在"剪裁"选项组中选择或输入对图片的上、下、左、右边剪裁的量值。再单击"确定"按钮即可。

6. 设置文字对图片的环绕方式

在文档中插入图片以后,在默认状态下,文字对图片的环绕方式为"嵌入型",重新设置文字的环绕方式的操作步骤如下:

(1)选定图片。

(2)右击选定的图片,在右键菜单中选择"设置图片格式",打开"设置图片格式"对话框。

(3)打开"版式"选项卡。选择所需要的文字环绕方式。再单击"确定"按钮即可。

另外,单击"版式"选项卡中的"高级"按钮,然后打开"文字环绕"选项卡,即可得到更多的环绕方式和有关文本排列方向、对象与文本间距离的选项。

还可以单击"图片工具"→"格式"→"排列"→"位置"或"自动换行",在级联菜单下的"文字环绕"中选择一种环绕方式,若要看其他的环绕方式,可选择"其他布局选项"。

7. 使用"调整"功能设置图片格式

在创建图片后,也可以利用"图片工具"→"格式"→"调整"组来设置图片的格式。下面说明"调整"组中的常用按钮及其作用。

:重新着色,可以设置黑白、灰白、冲蚀、透明色等图片效果。

:对比度,可以调整不同百分比对比度。

✦:亮度,可以调整不同百分比亮度。

✦:压缩图片,可以改变图片分辨率。

✦:重设图片,取消已设置的图片效果,重新开始。

3.6.2　图形建立和编辑

在 Word 2010 中,除了能插入已有的图片外,还可以使用""绘图工具"组来绘制图形。一般情况下,图形的绘制需要在"页面视图"中进行。

1. 绘制简单图形

使用"绘图工具"组中的"直线""箭头""矩形"和"椭圆"可绘制简单的图形。下面以椭圆为例介绍操作的一般步骤。

(1)单击"插入"→"插图"→"形状",在"形状"的级联菜单中选择椭圆按钮◯。

(2)在文档区域内按住已变为"十"字形的鼠标进行拖动,直到椭圆变为满意的大小为止。

(3)释放鼠标,图形的周围出现尺寸控点,拖动控点还可以改变图形的大小。

(4)如果图形的大小已满足要求,则可利用"形状样式"给图形边框或内部着色,然后在椭圆以外的其他位置单击一下,尺寸控点消失,完成椭圆的绘制。

如果要画正方形或圆,可在拖动鼠标的同时按住 Shift 键,也可以在单击"矩形"或"椭圆"按钮后,直接在文档中单击鼠标,就能获得一个预定义大小的正方形或圆。另外,要想从起点开始以 15° 角为单位画线,在拖动鼠标时按住 Shift 键。要想从起点开始,同时向两个相反的方向延长线条,在拖动鼠标时按住 Ctrl 键。

2. 使用自选图形

Word 2010 附带了一组现成的可在文档中使用的自选图形。如线条、基本形状、流程图元素、星与旗帜以及标注等。

(1)单击"插入"→"插图"→"形状",在图形类型中单击所需图形,如图 3.41 所示。

(2)要插入一个自定义大小的图形,将图形拖动至所需大小。要保持图形的长宽比例,在拖动图形时按下 Shift 键。

图形可以调整大小、旋转、翻转、着色以及组合以生成更复杂的图形。许多图形都有调整控点（黄色小菱形的控点）,用来调整大多数自选图形的外观,而不调整其大小。例如,可以通过拖动控点,使笑脸变成哭脸;或者改变箭头中箭尖的大小,如图 3.42 所示。

3. 在自选图形中添加文字

在自选图形中添加文字,可以制作图文并茂的文档。其操作方法是右击要添加文字的自选图形,从弹出的快捷菜单中选择"添加文字"选项,此时插入点一定位于自选图形的内部,然后输入所需文字即可,如图 3.43 所示。

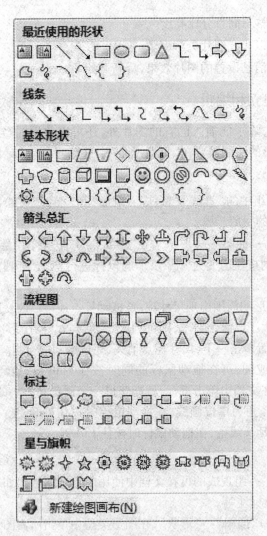

图 3.41　选择自选图形

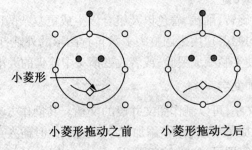

小菱形

小菱形拖动之前　　　小菱形拖动之后

图 3.42　调整自选图形形状

图 3.43　自选图形添加文字

4. 选择、移动、复制和删除图形对象

单击图形,则该图形被选中。要选中多个图形,则需要按住 Shift 键,再单击其他图形。然后就可以使用对文本进行移动、复制和删除的方法来操作图形。

选定图形对象后,可以按方向箭头键进行微移。当按 Ctrl 键进行微移时,图形可以逐个像素地进行移动。

5. 设置线条宽度和颜色

(1)选定要设置线条宽度或颜色的图形。

(2)单击"绘图工具"选项卡上的"形状轮廓"右侧下拉按钮 ,弹出级联菜单,选择所需线型、粗细、颜色、图案即可。

6. 设置阴影或三维效果

(1)选定要设置阴影或三维效果的图形。

(2)单击"绘图工具"选项卡上的"阴影效果"按钮 ,打开阴影效果级联菜单,选择所需的阴影样式即可。

(3)单击"绘图工具"选项卡上的"三维效果"按钮 ,打开三维效果级联菜单,选择所需的三维效果样式即可。

在 Word 2010 中,可以为对象添加阴影或三维效果,但不能同时应用这两种效果。例如,对有阴影的图形对象应用三维效果,阴影将会消失。

7. 组合与取消组合图形对象

(1)组合图形对象的方法。

①在按住 Shift 键的同时单击每个要组合的对象。

②单击"绘图工具"→"排列"→"组合"按钮。或在选中对象后右击,在弹出的快捷菜单中选择"组合"命令即可。

(2)取消图形对象组合的方法。

①选定要解除组合的对象。

②单击"绘图工具"→"排列"→"组合"按钮,或在选中对象后右击,在弹出的快捷菜单中选择"取消组合"命令即可。

3.6.3　艺术字、文本框的使用和编辑

在 Word 2010 中插入有特殊效果的艺术字,它可以作为图形对象处理。

1. 插入艺术字

(1)选择"插入"→"文本"→"艺术字"命令。出现"艺术字库"级联菜单,如图 3.44 所示。

(2)单击所需的艺术字图形对象类型,弹出"编辑艺术字文字"对话框。

(3)在"文本"区域中,键入要设置为"艺术字"格式的文字,选择所需的其他选项,单击"确定"按钮。

另外,用"绘图工具"选项卡上的按钮,可以增加或改变文字的效果。单击具有"艺术字"效果的文字,就会出现"艺术字库"选项卡。

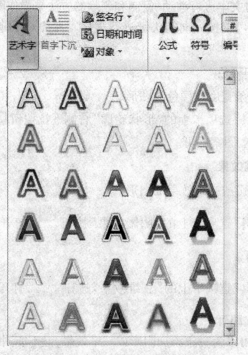

图 3.44　"艺术字库"选项卡

2. 编辑艺术字

插入艺术字后,有时需要对其进行重新编辑。下面简单介绍编辑艺术字时的常用操作。

(1)先选定要编辑的艺术字,同时会出现"艺术字工具"选项卡,如图 3.45 所示。如果没有出现,则双击该艺术字。

图图 3.45　"艺术字工具"选项卡

（2）要更改艺术字的样式，只需单击"艺术字样式"组中的任意艺术字形即可。

（3）要更改艺术字的字体和大小单击"文字"组中的"编辑文字"按钮，在弹出的"编辑'艺术字'文字"对话框中选择需要的字体和文字的大小即可。另外，用户也可以直接使用鼠标来拖动"艺术字"周围的控点进行修改。

（4）要更改艺术字的形状，可单击"文字效果"按钮 A，选择用户需要的艺术字形状。

（5）如需要艺术字自由旋转，可选择"排列"→ 按钮，选择不同的旋转方法。

（6）艺术字竖排，可单击文字方向 阴影效果 按钮，选择不同的文字排列方式。

（7）如需要设置艺术字阴影，可单击"阴影效果"按钮 三维效果 ，选择所要的阴影样式，进行相关的阴影设置即可。

（8）如需要设置艺术字的三维效果，可单击"三维效果"按钮 ，选择所要的三维效果样式，进行相应的三维设置即可。

3. 首字符下沉

首字符下沉是将一段中的第一个字放大后显示，并下沉到下面的几行中。

（1）将光标置于要设置首字下沉的段落中。

（2）选择"插入"→"文字"→"首字下沉"→"首字下沉选项"命令，打开"首字下沉"对话框，如图 3.46 所示。

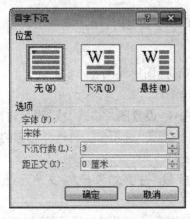

图 3.46　"首字下沉"对话框

（3）在"首字下沉"对话框的"位置"选项组中，选择所需的格式类型。

（4）在"选项"选项组内，选择字体、下沉行数及距正文的距离。

（5）单击"确定"按钮，即可按所需的要求设置段落首字下沉。

4. 文本框应用

文本框是一种可以移动、大小可调的存放文本或图形的容器。在 Word 2010 中，文本框有横排和竖排两种。利用竖排文本框可以在横排文字的文档中插入竖排方式的文本。用户可将文本框置于页面上的任何位置。而且还可以使用"文本框工具"选项卡上的选项来增强文本框的效果，如更改其填充颜色，其操作方法与处理其他任何图形对象没有区别。

（1）插入文本框及文本的输入。

①选择"插入"→"文本"→"文本框"选项中的"绘制文本框"或"绘制竖排文本框"命令。

②在文档中需要插入文本框的位置单击鼠标或进行拖动。

③插入文本框之后，光标会自动位于文本框内。用户可以像输入其他文本一样向文本框中输入文本，也可以采用移动、复制、粘贴等操作向文本框中添加文本。

另外，还可以先选定要放入文本框的字符或图片，再单击所需的"文本框"样式按钮，即将选定字符或图片放入文本框中。

（2）设置文本框的格式。

①选定要进行格式设置的文本框。

②在选定的文本框上右击（必须在文本框上，而不是在文本框的文本上），在弹出的快捷菜单中选择"设置文本框格式"命令，打开"设置文本框格式"对话框。

③利用"颜色和线条"选项卡，设置文本框的填充颜色、线条的颜色和线型。

④利用"大小"选项卡，调节文本框的尺寸和旋转。

⑤利用"版式"选项卡，设置文字和文本框的环绕方式及水平对齐方式。

⑥利用"文本框"选项卡，设置文本框中文字的边距和标注的格式。

（3）删除文本框。

文本框的删除与 Word 2010 中其他内容的删除操作一样，在此不再赘述。

5. 图文混排

（1）将文字环绕在图片或自选图形周围。

①右击选中的图片或自选图形。

②在出现的快捷菜单中选择"设置图片格式"或"设置自选图形格式"命令。

③在出现的对话框中选择"版式"选项卡。再选择相应的环绕类型。

（2）分层放置文字与图形。

通过使用"浮于文字上方"或"衬于文字下方"文字环绕方式，可以分层放置文字和图形。其操作如下：

①选择要更改叠放次序的图形。如果对象不可见，按 Tab 或 Shift + Tab 组合键，直到选定该对象。

②打开"绘图工具"→"排列"→"自动换行"下拉菜单，然后选择"浮于文字上方"或"衬于文字下方"命令。

③也可以在图形上右击,在弹出的菜单中选择"叠放次序"命令,再根据需要进行选择。

3.7　文档的保护和打印输出

3.7.1　设置保护文档密码

有时用户需要为文档设置必要的保护措施,以防止重要的文档被轻易打开。这时可以给文档设置"打开权限的密码"。

选择"文件"→"另存为"命令,打开"另存为"对话框,在弹出的"另存为"对话框中单击"工具"按钮旁的下拉列表,选择其中的"常规选项"命令,如图 3.47 所示。

映射网络驱动器(N)...

保存选项(S)...

常规选项(G)...

Web 选项(W)...

压缩图片(P)...

图 3.47　工具菜单

在弹出的"常规选项"对话框中,可设置两种密码:一种是打开时需要的密码,一种是修改时需要的密码,如图 3.48 所示。

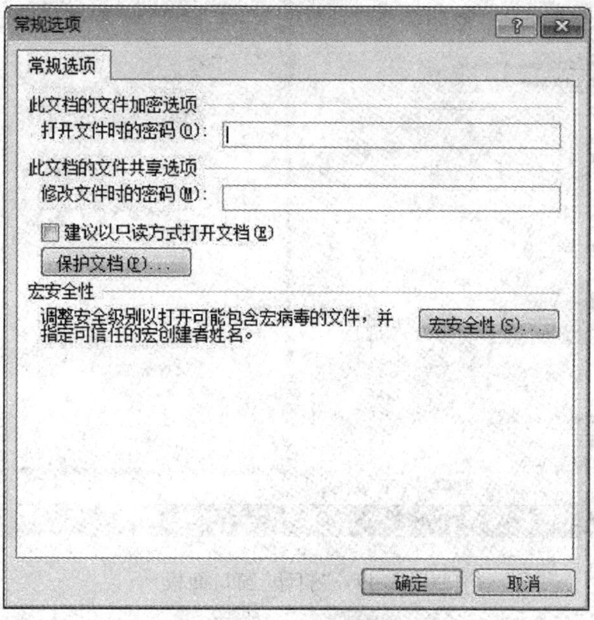

图 3.48　安全性对话框

在"打开文件时的密码"文本框中输入口令,单击"确定"按钮。在"确认密码"对话框中再输入一遍口令,单击"确定"按钮。返回"另存为"对话框,单击其中的"保存"按钮即可。

这样,以后每次打开文档时,都必须先输入该口令才能打开该文档。

在"修改文件时的密码"文本框中输入密码,其具体操作步骤与"给文件加保护口令"基本一样。输入了修改文件时的密码,则对该文件做了修改并试图保存时,要求用户输入修改密码,否则不能保存。

另外,口令最多能包括 15 个字符,可以使用特殊字符,区分大小写。

若只设置了"打开文件时的密码",则文件被打开后,就可以进行修改保存了。

3.7.2　打印预览与输出

当文档编辑、排版完成后,就可打印输出了。打印前,可以利用打印预览功能先查看排版是否理想。如果满意则打印,否则可继续修改排版。文档打印操作可以使用"文件""打印"命令实现。

1. 打印预览

执行"文件"→"打印"命令。在打开的"打印"窗口面板右侧就是打印预览内容,如图 3.49 所示。

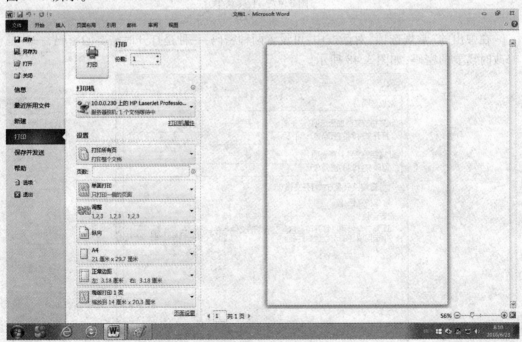

图 3.49　"打印"窗口面板

2. 打印文档

通过"打印预览"查看满意后,就可以打印了。打印前,最好先保存文档,以免意外丢失。Word 2010 提供了许多灵活的打印功能。可以打印一份或多份文档,也可以打印文档的某一页或几页。当然,在打印前,应该准备好并打开打印机。常见的操作说明如下:

(1)打印一份文档。

打印一份当前文档的操作最简单,只要单击"打印"窗口面板上的"打印"按钮即可。

(2)打印多份文档副本。

如果要打印多份文档副本,那么应在"打印"窗口面板上的"份数"文本框中输入要打印的文档份数,然后单击"打印"按钮。

(3)打印一页或者几页。

如果仅打印文档中的一页或几页,则应单击"打印所以页"右下侧下拉列表按钮,在打开列表的"文档"选项组中,选中"打印当前页",则只打印当前插入点所在的一页;如果选定"自定义打印范围",那么还需要进一步设置需要打印的页码或页码范围。

练习题

一、选择题

1. 鼠标指针指向某个工具栏上的一个按钮时,显示按钮名称的黄色矩形是(　　)。

A. 标记　　　　　　　　　　　　B. 菜单

C. 工具提示信息　　　　　　　　D. 帮助信息

2. 下列关于新建一个空白文档的操作正确的是(　　)。

A. 从文件菜单中选择新建命令,单击新建对话框常用选项中的空白文档,然后按"确定"按钮

B. 从文件菜单中选择新建命令,单击新建对话框常用选项中的电子邮件,然后按"确定"按钮

C. 从文件菜单中选择新建命令,单击新建对话框常用选项中的 Web 页,然后按"确定"按钮

D. 以上说法都不对

3. 下列操作中可实现"保存"命令的是(　　)。

A. 单击"常用"工具栏上的"保存"按钮

B. 选择"文件"菜单中的"保存"命令

C. 按下快捷键 Ctrl + S,弹出"另存为"对话框

D. 选择"文件"菜单中的"另存为"命令

4. 用键盘来选定一行文字的方法是(　　)。

A. 将插入点的光标移至此行文字的行首,按下 Ctrl + End 组合键

B. 将插入点的光标移至此行文字的行首,按下 Shift + End 组合键

C. 将插入点的光标移至此行文字的行首,按下 Alt + End 组合键

D. 将插入点的光标移至此行文字的行首,按下 Ctrl + Enter 组合键

5. 当光标位于文档末端时,下列组合键中能够选定整篇文档的是(　　　)。

A. Ctrl + Shift + End

B. Ctrl + Shift + Home

C. Ctrl + A

D. Ctrl + Alt + A

6. 用鼠标来选定几个文字的方法是(　　　)。

A. 将鼠标移至所选文字开始处,单击鼠标左键,在文字结束处再单击鼠标左键

B. 将鼠标移至所选文字开始处,单击鼠标右键,在文字结束处再单击鼠标右键

C. 将鼠标移至所选文字开始处,按住鼠标左键不放,移到所选文字结束处

D. 将鼠标移至所选文字开始处,按住鼠标右键不放,移到所选文字结束处

7. 下列关于剪贴板的说法中不正确的是(　　　)。

A. 剪贴板中的内容可以全部粘贴,也可以有选择地粘贴

B. 全部粘贴时,粘贴的顺序是随机的

C. 单击"清空剪贴板"按钮就可以将剪贴板中的内容全部清空

D. 粘贴时都是粘贴最近一次剪切的内容

8. 粘贴文件的快捷键是(　　　)。

A. Ctrl + N
B. Alt + N
C. Ctrl + V
D. Alt + V

9. 下列有关页眉和页脚的说法中不正确的是(　　　)

A. 在进行页眉和页脚的设置时,在文档页面上方和下方出现两个虚线框

B. 在进行页眉和页脚的设置时,文档的每项都需要输入页眉和页脚的内容,即使是相同的内容

C. 在"页面设置"选项中也可以进行页眉和页脚的设置

D. 页眉和页脚的内容也可以进行对齐方式设置

10. 下列说法中不正确的是(　　　)。

A. 文档的纸张可以设置为横向,也可以设置为纵向

B. 文档纸张的类型是在纸型下拉式列表中选择的

C. 纸型标签里的各个选项的应用范围是整个文档

D. 纸型标签里有一个预览框

二、填空题

1. 如果要把一篇文稿中的"computer"都替换成"计算机",应选择"编辑"菜单中的_____命令,在出现的"查找和替换"对话框的"查找内容"栏中输入_____,在"替换为"框中输入_____,然后单击_____按钮。

2. 在 Word 2010 中的常用工具栏中有一个"格式刷"按钮,格式刷的作用是_____。

3. Word 2010 文稿中的注释一般有"脚注"和"尾注"两种,脚注放在_____;而尾

注则出现在_____。

4.在 Word 2010 文稿中插入图片,可以直接插入,也可以在_____或_____中插入。

5.在 Word 2010 中,"编辑"菜单下的"剪切"命令的作用是_____。

6.利用 Word 2010 制作表格的一种方法是把选定的正文转换为表格的操作,在选定正文后,应选定_____菜单中的_____命令,弹出该命令的对话框,再设置对话框中的相应选项。

7.在 Word 2010 中,要想把一些常用的文本字段和复杂的表格、图形方便的插入文稿,可以利用 Word 2010 提供的_____功能。

三、操作题

任务一:个人简历

要求:

1.启动 Word 2010 创建一个新文档,以"个人简历"为文件名保存。

2.插入"现代型"封面,封面上插入艺术字"个人简介"4 个字。格式:填充 - 蓝色,强调文字颜色 1,金属棱台,映像,72 号,宋体,加粗。

3.在封皮页面下方插入以下文字:姓名,专业,毕业院校,联系方式。格式:黑色,加粗,20 号,宋体,效果如图 3.50 所示。

4.在第二页文档第一行输入标题"个人简历",并设置其字体格式:宋体,二号,加粗,居中。

5.在下方插入 16×5 行的表格,对表格进行单元格的合并与拆分、单元格的插入和删除、行高列宽的调整等操作,然后输入文字内容。格式:宋体,五号,黑色,加粗,并设置单元格对齐方式为"水平居中",效果如图 3.51 所示。

6.选定整个表格,将外框线修改为如下格式:黑色实线,2.25 磅粗细,内框线格式为黑色实线,1 磅粗细,将主修课程的上框线、个人技能和兴趣爱好的下框线改为双线,0.75 磅粗细。

7.将所有文字部分添加底纹,白色,背景 1,深色 15%,成绩里的表格添加斜线表头,在照片单元格插入剪贴画,设置为浮于文字上方。

其效果如图 3.52 所示。

个人简历

姓名：↵
专业：↵
毕业院校：↵
联系方式

图 3.50 "个人简历"封皮

个人简历

姓名		性别			
民族		籍贯			
出生日期		政治面貌			
学历		身高			
血液					
求职意向					
毕业院校					
联系电话		邮箱			
语言能力					
主修课程					
个人技能					
奖惩情况					
社会实践					
兴趣爱好					
成绩		外语	计算机	总分	
	大一				
	大二				
	大三				
	平均分				
自我评价					

图 3.51　"个人简历"样式

个人简历

姓名:		性别:		
民族:		籍贯:		
出生日期:		政治面貌:		
学历:		身高:		
专业:				
求职意向:				
毕业院校:				
联系电话:		邮箱:		
语言能力:				
主修课程:				
个人技能:				
奖惩情况:				
社会实践:				
兴趣爱好:				

成绩:	年级＼课程	外语:	计算机:	总分:
	大一:	80	82	
	大二:	82	81	
	大三:	83	86	
	平均分:			

自我评价:	

图 3.52 "个人简历"最终效果

任务二:板报设计

要求:

1.使用 Word 2010,创建一个文件名为"春节"的新文档,将页面设置为上、下、左、右页边距皆为 2 cm,纸张方向为横向。

2.设置页面边框为红色气球艺术型,将页面等分为 3 栏。

3.第一栏插入艺术字"新年快乐"、图片以及标注图形,并输入相应文字。艺术字格式为:填充－红色,强调文字颜色 2,粗糙棱台,小初号字体,加粗,文字效果为双波形 2,"云形标注"中输入文字,Times New Roman,三号,红色。

4.第二栏插入自选图形,之后插入文本框以及图片,排列方式如图所示,"横卷形"中输入文字,小五号,宋体。

5. 插入文本框,在文本框中插入图片,文本框轮廓设置为虚线圆点类型,接着插入文本框,输入文字,小五号、宋体。

6. 右侧文字中插入两幅图片,与文字位置关系设置为紧密环绕,将图片放到适当位置,文字为小五号、宋体,效果如图 3.53 所示。

图 3.53　"春节"板报最终效果

任务三:论文排版

要求:打开已有的论文排版文档,完成以下操作。

1. 页面上边距 2.5 cm,下边距 2 cm,左边距 2.5 cm,右边距 2cm,装订线位置选择左侧。

2. 封面"毕业论文"4 个字:黑体、初号、加黑、居中,填写信息部分。标题:小三号黑体,加粗。内容部分:小三号楷体 GB2312。日期部分:小三号黑体。

3. 题目:黑体,小二号居中,距上下文各空一行。"摘要"二字中间加两个中文空格,三号黑体、居中,上下文各空一行。"关键词"三个字:宋体、小四、加粗,上文空一行,首行空两格。

4. 所有正文内容小四号、宋体、1.5 倍行距、英文小四、Times New Roman,新的章必须另起一页,包括结论、致谢及参考文献。

5. 一级标题格式:三号宋体,论文标题及一级题序距下文空一行。

6. 二级标题格式:小三号、宋体、与下文 1.5 倍行距。

7. 三级标题格式:四号、宋体、与下文 1.5 倍行距。

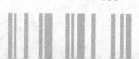

8. 添加页眉和页脚,摘要和目录部分不添加页眉,但是页脚采用新罗马数字编写,正文部分采用阿拉伯数字编号。页眉为:毕业设计,字体设置为小五号宋体居中,页眉以横线与正文间隔,页脚为页码,页码格式为阿拉伯数字,字体设置为小五号,Times New Roman字体居中。

9. 自动生成目录,修改目录格式,"目录"二字居中,中间空两格,三号、黑体、据上下文空一行,目录内容 1.5 倍行距,一级题序用小四宋体加黑,中文摘要用罗马数字编页,二级以下(包括二级题序)用小四宋体,参考文献、附录、致谢均编页码。

10. 给 2.4.1 和 2.4.2 中内容加上编号。

11. 结论字号:三号宋体。距下文空一行,结论是新的一章,因此要另起一页,但不加章节号。"结论"二字顶左边线。

12. "致谢"三号宋体,正文小四宋体。致谢两字中间空两格,致谢的文字部分同正文一样字体和间距。

13. 参考文献标题用四号宋体,距下文空一行。正文用五号宋体,1.5 倍行距。

第4章

Excel 2010 电子表格软件

Excel 2010 是 Microsoft Office 办公软件中的一员,是一个基于 Windows 环境下的电子表格处理软件。Excel 2010 具有直观的表格计算、丰富的统计图形显示和简捷灵活的数据管理功能,并能方便地实现与经济管理信息系统软件的数据资源共享,支持财务信息的处理及决策分析,在财务管理、统计、金融投资、经济分析和规划决策等多方面有着广泛的应用,已被世界财经管理人员公认为卓越的信息分析和信息处理软件工具。目前,Excel 2010 等系列软件已经在国内的各行各业中得到了广泛的应用。具体来说,Excel 2010 的功能主要包括工作表管理、数据库的管理、数据分析和图表管理、对象的链接和嵌入、数据清单管理和数据汇总、数据透视表等。

4.1 Excel 2010 基础知识

4.1.1 电子表格处理软件的基本功能

1. 表格制作功能

电子表格处理软件最基本的功能就是制作表格,利用电子表格处理软件提供的网格线可以绘制需要的表格,通过对表格进行格式处理,就可以得到适合输出的满意表格。

2. 数据处理功能

电子表格处理软件提供多种公式输入方式,并可通过自定义公式和 Excel 2010 软件提供的丰富函数对数据进行计算和各种分析处理,使数据得到更加直观的展现。

3. 数据的图标显示功能

通过电子表格处理软件提供的多种图形格式样板,可以对工作表或数据清单进行图表化显示,对图表进行格式设置可以使生成的图标更加精美。

4. 数据共享

电子表格处理软件提供数据共享功能,可以实现多个用户共享同一个工作簿文件,建立超链接。

4.1.2　Excel 2010 应用程序的启动与退出

在计算机中安装了 Excel 2010 后,便可以通过以下几种方式启动:

(1)可双击桌面上的 Excel 2010 快捷方式图标 。

(2)单击桌面开始选项卡"开始"中的"所有程序"→"Microsoft Office"→"Microsoft Excel 2010"命令,如图 4.1 所示。

(3)直接打开已存在的电子表格,则在启动的同时也打开了该文件。

如果想退出 Excel 2010,可选择下列任意一种方法。

(1)单击"文件"菜单中的"退出"选项。

(2)单击标题栏左侧的 图标,在出现的菜单中单击"关闭"选项。

(3)单击 Excel 2010 窗口右上角的关闭图标 。

(4)按 Alt + F4 组合键。

在退出 Excel 2010 时,如果还没保存当前的工作表,会出现一个提示对话框(图 4.2),询问是否保存所做的修改。

图 4.1　Excel 2010 安装后的程序组位置

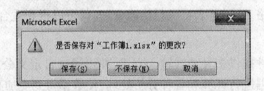

图 4.2　退出 Excel 2010 时的询问对话框

如果用户想保存文件,则单击"是"按钮;如果不想保存就单击"否"按钮;如果又不想退出 Excel 2010,则单击"取消"按钮。

4.1.3　Excel 2010 窗口组成

Excel 2010 应用程序启动后,打开的 Excel 2010 工作窗口,如图 4.3 所示。

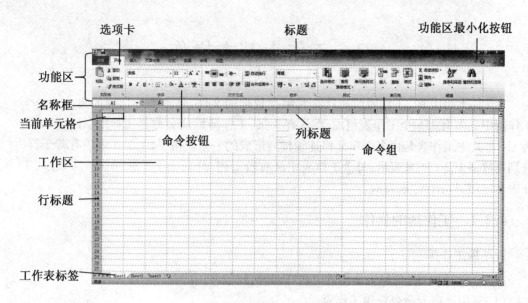

图 4.3　Excel 2010 应用程序工作窗口

Excel 2010 应用程序工作窗口由位于上部的功能区和下部的工作表窗口组成。功能区包含所操作文档的工作簿标题、一组选项卡及相应命令；工作表区包括名称框、数据编辑区、状态栏、工作表区等。选项卡中集成了相应的操作命令，根据命令功能的不同，每个选项卡内又划分了不同的命令组。

（1）功能区。

工作簿标题位于功能区顶部，其左侧的 ⊠ 图标包含还原窗口、移动窗口、改变窗口大小、最大（小）化窗口和关闭窗口选项，还包括保存（Ctrl＋S）、撤销清除（Ctrl＋Z）、恢复清除（Ctrl＋V）、自定义快速访问工具栏等；其右侧包含工作簿、功能区及工作表窗口的最小化、还原、隐藏、关闭等按钮。拖动功能区可以改变窗口的位置，双击功能区可放大窗口到最大化或还原到最大化之前的状态。

（2）选项卡。

功能区包含一组选项卡，各选项卡内均含有若干命令，主要包括文件、开始、插入、页面布局、公式、数据、审阅、视图等；根据操作对象的不同，还会增加相应的选项卡，用它们可以进行绝大多数 Excel 2010 操作。使用时，先单击选项卡名称，然后在命令组中选择所需命令，Excel 2010 将自动执行该命令。通过 Excel 2010 帮助可了解选项卡的大部分功能。

（3）工作表窗口。

工作表窗口位于工作簿的下方，包含数据编辑区、名称栏、工作表区、状态栏等。

4.2 工作表基本操作

在 Excel 2010 中,工作簿就是计算和储存数据的文件,是多张工作表的集合。一个工作簿中最多有 255 个工作表组成,默认有 3 张,工作簿默认名称是工作簿(N),扩展名为 xlsx。其中工作表是由多个单元格连续排列形成的一张表格,每个工作表中有若干行,分别用数字 1、2……来表示;每个工作表中又有若干列,分别用字母 A、B……来表示,工作表名称用 sheet(N)来表示。

4.2.1 工作簿的操作

1.新建工作簿

在 Excel 2010 中,创建工作簿的方法有多种,比较常用的有以下 3 种:

(1)利用选项卡命令新建工作簿。

利用选项卡创建工作簿非常简单,具体操作步骤如下:

单击选项卡"文件"→"新建"命令,窗口内部右侧会出现"可用模板"的任务窗格,选定"空白工作簿"选项,在界面右侧点击"创建"按钮即可,如图 4.4 所示。

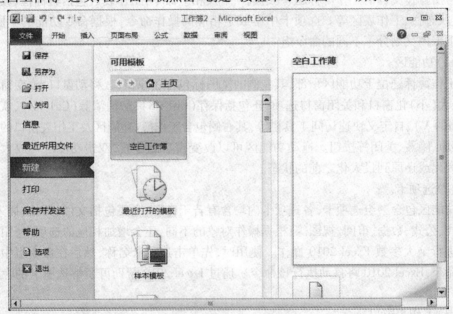

图 4.4 "可用模板"选项卡

(2)利用"新建"按钮创建工作簿。

通过"新建"按钮创建工作簿,方法是直接单击标题栏上的"新建"按钮 。

(3)利用快捷键创建工作簿。

按 Ctrl + N 键,也可以创建新的工作簿。

2. 保存工作簿

单击标题栏中的"保存"按钮■，或选项卡"文件"中的"保存"命令可以实现保存操作，在工作中要注意随时保存工作的成果。

在"文件"选项卡中还有一个"另存为"选项。前面已经打开的工作簿，如果确定好名字，再使用"保存"命令时就不会弹出"保存"对话框，而是直接保存到相应的文件中。但有时希望把当前的工作做一个备份，或者不想改动当前的文件，要把所做的修改保存在另外的文件中，这时就要用到"另存为"选项。单击选项卡"文件"中的"另存为"命令，弹出"另存为"对话框，如图 4.5 所示。

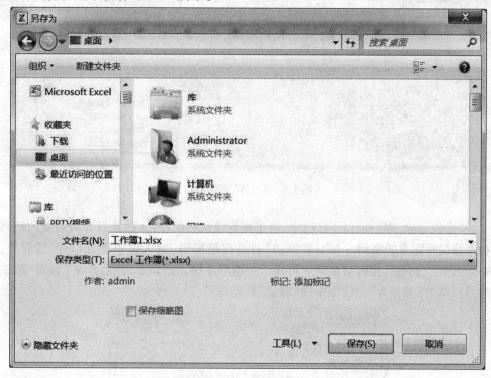

图 4.5　"另存为"对话框

这个对话框同前面见到的一般的保存对话框是相同的，同样如果想把文件保存到某个文件夹中，单击"保存位置"下拉列表框，从中选择相应目录，进入对应的文件夹，在"文件名"中键入文件名，单击"保存"按钮，这个文件就保存到指定的文件夹中了。

Excel 2010 提供了多层保护来控制可访问和更改 Excel 2010 数据的用户，其中最高的一层是文件级安全性。

（1）给文件加保护口令。

具体操作步骤如下：选择选项卡"文件"中的"另存为"命令，弹出"另存为"对话框（图 4.5）。单击"工具"按钮，在弹出的菜单中选择"常规选项"（图 4.6）。

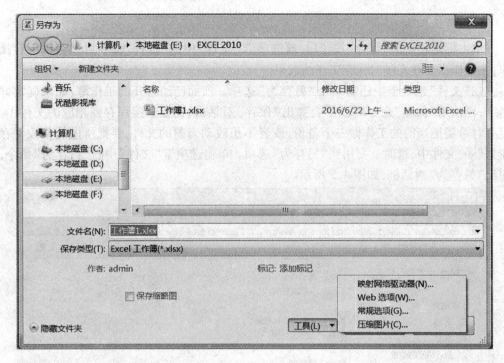

图 4.6 "工具"选项菜单

在"常规选项"对话框(图 4.7)中,这里密码级别有两种,一种是打开时需要的密码,一种是修改时需要的密码。在对话框的"打开权限密码"输入框中键入口令,然后单击"确定"按钮。在确认密码对话框中再输入一遍刚才键入的口令,然后单击"确定"按钮。最后返回单击"另存为"对话框中的"确定"按钮即可。

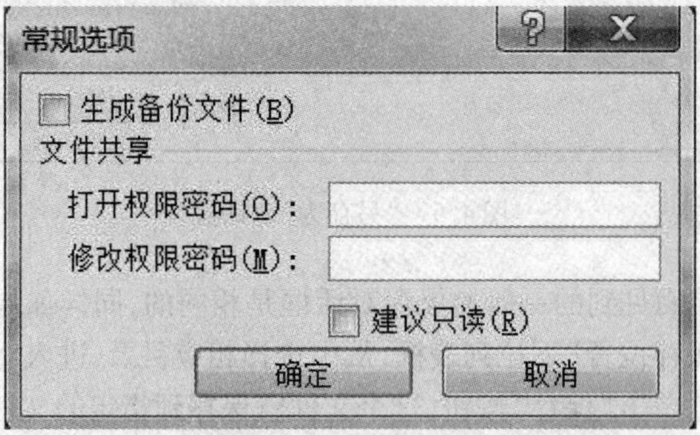

图 4.7 "保存选项"对话框

这样,以后每次打开或存取工作簿时,都必须先输入该口令。一般来说,这种保护口令适用于需要最高级安全性的工作簿。口令最多能包括 15 个字符,可以使用特殊字符,并且区分大小写。

(2)修改权限口令。

具体操作步骤与"给文件加保护口令"基本一样,并在"保存选项"对话框的"修改权限密码"输入框中键入口令,然后单击"确定"按钮。

这样,在不了解该口令的情况下,用户可以打开、浏览和操作工作簿,但不能存储该工作簿,从而达到保护工作簿的目的。和文件保存口令一样,修改权限口令最多能包括 15 个字符,可以使用特殊字符,并且区分大小写。

(3)只读方式保存和备份文件的生成。

以只读方式保存工作簿就可以实现以下目的:当多数人同时使用某一工作簿时,如果有人需要改变内容,那么其他用户应该以只读方式打开该工作簿;当工作簿需要定期维护,而不需要做经常性的修改时,将工作簿设置成只读方式,可以防止无意中修改工作簿。

可在"常规选项"对话框中勾选"生成备份文件"选项,那么用户每次存储该工作簿时,Excel 2010 将创建一个备份文件。备份文件和源文件在同一目录下,且主文件名相同,扩展名为. XLK。这样当由于操作失误造成源文件毁坏时,就可以利用备份文件来恢复。

保护工作簿可防止用户添加或删除工作表,或是显示隐藏的工作表。同时还可防止用户更改已设置的工作簿显示窗口的大小或位置。这些保护可应用于整个工作簿。

具体操作步骤如下:选择选项卡"审阅"中的"保护工作簿"命令,弹出"保护工作簿"对话框,如图 4.8 所示。根据实际需要选定"结构"或"窗口"选项。若需要口令,则在对话框的"密码(可选)"输入框中键入口令,并在"确认密码"对话框中再输入一遍刚才键入的口令,然后单击"确定"按钮。口令最多可包含 255 个字符,并且可有特殊字符,区分大小写。

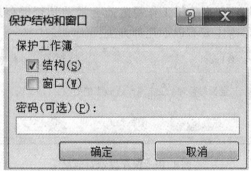

图 4.8　"保护工作簿"对话框

3. 打开工作簿

如果要编辑系统中已存在的工作簿,首先要将其打开,打开工作簿的方法有 3 种:

(1)单击选项卡"文件"中的"打开"命令。

(2)单击工具栏上的"打开"按钮 。

(3)按 Ctrl + O 键。

打开工作簿的具体操作步骤如下:

(1)执行上面任意方法,打开"打开"对话框,如图 4.9 所示。

(2)在"查找范围"框中选择文件所在的磁盘。

(3)在打开的磁盘中双击文件,或选定文件后,单击"确定"按钮,即可打开文件。

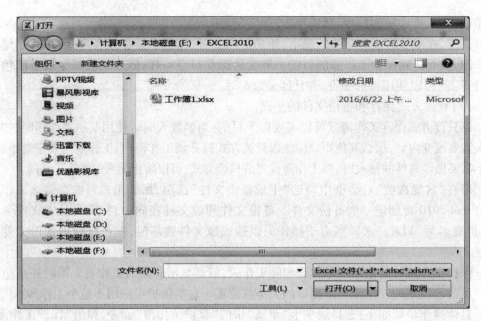

图 4.9 "打开"对话框

4. 关闭工作簿

在对工作簿中的工作表编辑完成以后,可以将工作簿关闭。如果工作簿经过修改后还没有保存,那么 Excel 2010 在关闭工作簿之前会提示是否保存现有的修改(图4.10)。在 Excel 2010 中,关闭作簿主要有以下几种方法:

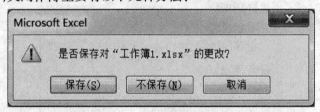

图 4.10 保存提示对话框

(1)单击 Excel 2010 窗口右上角的"关闭"按钮。

(2)双击 Excel 2010 窗口左上角的控制菜单图标。

(3)单击 Excel 2010 窗口左上角的控制菜单图标,再从弹出的菜单中选择"关闭"命令。

(4)按快捷键 Alt + F4。

4.2.2 工作表的操作

1. 工作表

工作表包含在工作簿中,工作表是由排列成行或列的单元格组成的二维表格。每个工作表的列标题用字母 A,B,…,Z,AA,AB,…,XFD 表示,共 16 384 列;行标题用数字 1,

2,…,1 048 576 表示,共 1 048 576 行,因此一个工作表就有 16 384×1 048 576 个单元格。在创建新的工作簿时,会默认创建 3 张工作表(Sheet1、Sheet2、Sheet3),工作表由位于表格底部的工作表标签标示名称。

2. 工作表之间的切换

由于一个工作簿具有多张工作表,且它们不可能同时显示在一个屏幕上,所以要不断地在工作表中切换,来完成不同的工作。例如,第一张表格是学生课程表,第二张表格则是学生信息表,第三张表格是学生成绩表,第四张表格是考试情况分析图表等。

在中文 Excel 2010 中可以利用工作表选项卡快速地在不同的工作表之间切换。在切换过程中,如果该工作表的名字在选项卡中,则可以在该选项卡上单击鼠标,即可切换到该工作表中,该工作表的标签变为白色,成为活动工作表。如果要切换到该张工作簿的前一张工作表,可以按 Ctrl + PageUp 键或者单击该工作表的选项卡;如果要切换到该张工作表的后一张工作表,可以按 Ctrl + PageDown 键或者单击该工作表的选项卡(或称工作表标签);如果要切换的工作表选项卡没有显示在当前的表格选项卡中,则可以通过滚动按钮来进行切换。

滚动按钮是一个非常方便的切换工具。单击它可以快速地切换到第一张工作表或者最后一张工作表,也可以改变选项卡分割条的位置,以便显示更多的工作表选项卡等。

3. 新建与重命名工作表

(1)新建工作表。

有时一个工作簿中可能需要更多的工作表,这时用户就可以直接插入操作来新建工作表。用户可以插入一个工作表,也可以插入多个工作表。

插入工作表的具体操作步骤如下:

在"开始"选项卡中选择"插入"→"插入工作表"命令,系统会自动插入工作表,其名称依次为 Sheet4、Sheet5 等。

此外,用户也可以利用快捷菜单插入工作表,具体操作步骤为:在工作表标签上单击鼠标右键,打开一个快捷菜单,如图 4.11 所示。

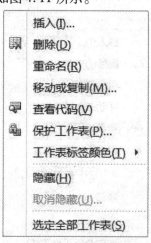

图 4.11　工作表标签快捷菜单

另外,也可以通过工作表选项卡后方的快捷按钮进行插入,快捷键为 Shift +
F11,系统将自动插入工作表,并按顺序对其命名。

(2)重命名工作表。

为了使工作表看上去一目了然,更加形象,可以让其他人看上去就知道工作表中有
什么,用户可以为工作表重新命名。

将系统默认的名称 Sheet1 更名为"我的班级",其操作步骤如下:

①选定 Sheet1 工作表标签。

②单击选项卡"开始"中的"格式"→"重命名工作表"命令,这时工作表名称高亮度
显示,直接输入名称,即可更改工作表名,如图 4.12 所示。

图 4.12　更改工作表名称

重命名常用的操作方法还有以下两种:

①在工作表标签上单击鼠标右键,选择"重命名"命令。

②双击工作表标签,直接输入新名称。

4.移动、复制和删除工作表

移动、复制和删除工作表在 Excel 2010 中的应用相当广泛,用户可以在同一个工作
簿上移动或复制工作表,也可以将工作表移动到另一个工作簿中。在移动或复制工作表
时要特别注意,因为工作表移动后与其相关的计算结果或图表可能会受到影响。

将工作簿 1 中的 Sheet1 移动复制到工作簿 2 中的操作步骤如下:

(1)打开工作簿 1 和工作簿 2 窗口。

(2)切换至工作簿 1,选定 Sheet1 工作表。

(3)单击选项卡"开始"中的"格式"→"移动或复制工作表"命令,打开"移动或复制
工作表"对话框;也可以在 Sheet1 工作表标签上点击鼠标右键,在弹出的窗口中选择"移
动或复制"命令,如图 4.13 所示。

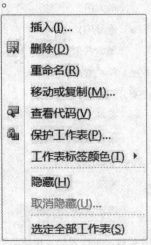

图 4.13　工作表标签快捷菜单

（4）单击"工作簿"右端的向下三角按钮,选择工作簿 2,然后再选择指定位置,如果选择 Sheet1 工作表,那么工作表将移动或复制到 Sheet1 前面,如图 4.14 所示。

（5）如果要复制工作表,而不移动,则选定"建立副本"单选框。

（6）单击"确定"按钮,Sheet1 被移动到 Book2 中,被命名为 Sheet1（2）,如图 4.15 所示。

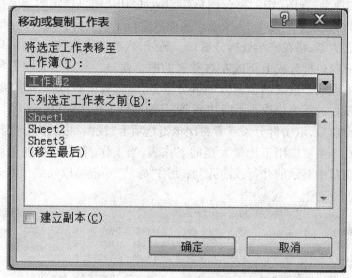

图 4.14　"移动或复制工作簿"对话框

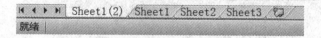

图 4.15　移动并复制的工作表

如果用户认为工作表也没用了,就可以随时将它删除,但被删除的工作表不能还原。删除工作表的操作步骤如下:

（1）选定一个或多个工作表。

（2）单击选项卡"开始"中的"删除"→"删除工作表"命令,出现一个如图 4.16 所示的对话框。

（3）单击"确定"按钮。

用户也可以用鼠标右键单击工作表标签,单击快捷菜单上的"删除"命令来删除工作表。

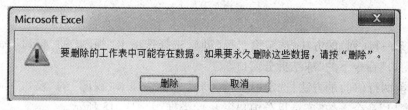

图 4.16　删除工作表

5. 工作表的拆分与冻结

如果要查看工作表中相隔较远的内容,来回拖动鼠标很是麻烦的。可以用多窗口来进行比较。工作表的拆分步骤如下:

(1)选择要拆分的工作表。

(2)单击选项卡"视图"中的拆分图标 ,Excel 2010 便以选定的单元格为中心自动拆分成 4 个窗口,其效果如图 4.17 所示。该图只进行了垂直拆分,故只有两个子窗口。

如果窗口已冻结,将在冻结处拆分窗口。另外,当窗口未冻结时,还可以用下面的方法将 Excel 2010 窗口拆分成上下或左右并列的两个窗口。其方法是将鼠标指针放到位于水平滚动条右侧或垂直滚动条上方的拆分框上,当指针变成双箭头形状时,按住鼠标左键会有一条灰色的垂直线或水平线出现,将其拖动到表格中即可。

要取消拆分窗口,双击拆分条或者再次单击选项卡"视图"中的拆分图标 。

工作表的冻结主要应用于比较大型的工作表,当工作表较大时,向下或向右滚动浏览时将无法在窗口中显示前几行或前几列,使用"冻结"功能可以始终显示表的前几行或前几列。

图 4.17　工作表拆分

冻结第一行(列)的方法:选定第二行(列),选择选项卡"视图"的"窗口"命令组,单击"冻结窗口"命令下的"冻结拆分窗口"。

冻结前两行(列)的方法:选定第三行(列),选择选项卡"视图"的"窗口"命令组,单击"冻结窗口"命令下的"冻结拆分窗口",依此类推,如图 4.18 所示。

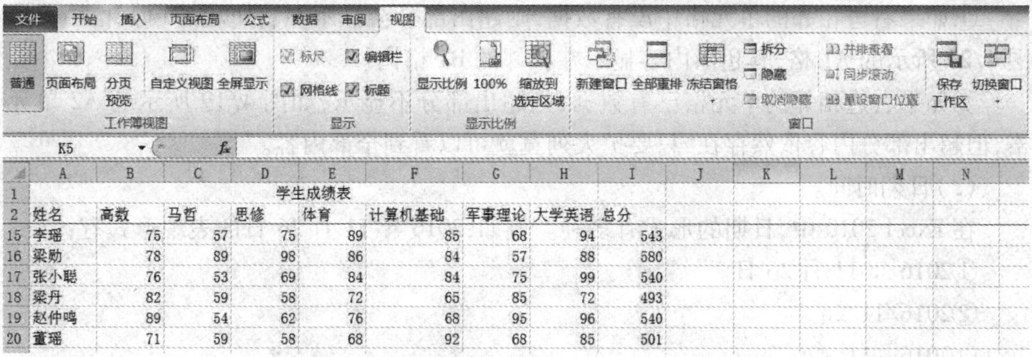

学生成绩表

	姓名	高数	马哲	思修	体育	计算机基础	军事理论	大学英语	总分					
15	李瑶	75	57	75	89	85	68	94	543					
16	梁勖	78	89	98	86	84	57	88	580					
17	张小聪	76	53	69	84	84	75	99	540					
18	梁丹	82	59	58	72	65	85	72	493					
19	赵仲鸣	89	54	62	76	68	95	96	540					
20	童瑶	71	59	58	68	92	68	85	501					

图 4.18 拆分窗口

单击选项卡"视图"的"窗口"命令组内的操作可取消冻结。

4.2.3 输入数据操作

1. 基本数据输入

用户输入的内容都出现在单元格内,当用户选定某个单元格后,即可在该单元格内输入内容。在 Excel 2010 中,用户可以输入文本、数字、日期和时间和逻辑值等。可以通过打字输入,也可以根据设置自动输入。

(1)数字。

在 Excel 2010 中,数值型数据使用得最多,它由数字 0~9、正号、负号、小数点、顿号、分数号"/"、百分号"%"、指数符号"E"或"e"、货币符号"¥"或"MYM"、千位分隔号","等组成。输入数值型数据时,Excel 2010 自动将其沿单元格右边对齐。

需要注意的是,如果输入的是分数(如 1/5),应先输入"0"和一个空格,然后输入"1/5";否则 Excel 2010 会把该数据当作日期格式处理,存储为"1 月 5 日"。此外,负数的输入有两种方式,一是直接输入负号和数,如输入"-5";二是输入括号和数,如输入"(5)",最终两者效果相同;输入百分数时,先输入数字,再输入百分号即可。

当用户输入的数值过多而超出单元格宽时,会产生两种结果,当单元格的格式为默认的常规格式时,会自动采用科学记数法来显示;若列宽已被规定,输入的数据无法完整显示时,则显示为"####",如图 4.19 中的 A1 和 B1 单元格。用户可以通过调整列宽使之完整显示。

(2)文本。

文本型数据是由字母、汉字和其他字符开头的数据,如表格中的标题、名称等。在默认情况下,文本型数据沿单元格左边对齐。

如果数据全部由数字组成,如电话号码、邮编、学号等,输入时应在数据前输入单引号"'"(如"'610032"),Excel 2010 就会将其看作文本型数据,并沿单元格左边对齐。若输入由"0"开头的学号,直接输入时 Excel 2010 会将其视为数值型数据而省略掉"0"并且右对齐,只有加上单引号才能作为文本型数据左对齐并保留下"0"。

当用户输入的文字过多,超过了单元格宽度时,会产生两种结果:

①如果右边相邻的单元格中没有数据,则超出部分会显示在右边相邻单元格中。如图4.20所示的A1格,其超出内容显示在相邻的B1格内。

②如果右边相邻的单元格已有数据,则超出部分不显示,如图4.19所示的A2单元格,但超出部分内容依然存在,只要扩大列宽就可以看到全部内容。

(3)日期时间。

在Excel 2010中,日期的形式有多种。例如,2016年11月26日的表现形式有:

①2016年11月26日。

②2016/11/26。

③2016 – 11 – 26。

④26 – NOV – 16。

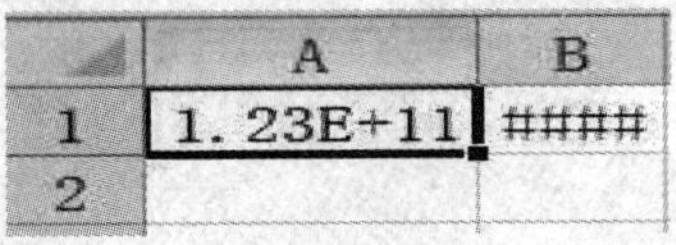

图4.19　输入数值超出单元格时的情况 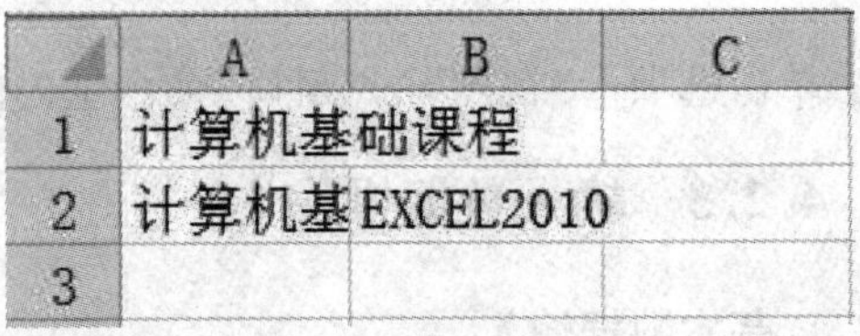　　　图4.20　输入文字超出单元格时的情况

在默认情况下,日期和时间项在单元格中右对齐。如果输入的是Excel 2010不能识别的日期或时间格式,输入的内容将被视为文字,并在单元格中左对齐。

在Excel 2010中,时间分为12小时制和24小时制,如果要基于12小时制输入时间,首先在时间后输入一个空格,然后输入am或pm(也可a或p),用来表示上午或下午。否则,Excel 2010将以24小时制计算时间。例如,如果输入12:00而不是12:00 pm,将被视为12:00 am。如果要输入当天的日期,按Ctrl + ;(分号)键;如果要输入当前的时间,按Ctrl + Shift + ;或Ctrl + :键。时间和日期还可以相加、相减,并可以包含到其他运算中。如果要在公式中使用日期或时间,可用带引号的文本形式输入日期或时间值。例如, = "2016/11/25" – "2016/10/5"的差值为51天。

(4)逻辑。

Excel 2010中的逻辑值只有两个:False(逻辑假)和True(逻辑真)。在默认情况下,逻辑值在单元格中居中对齐,另外,Excel 2010公式中的关系表达式的值也为逻辑值。

2. 自动填充

Excel 2010为用户提供了强大的自动填充数据功能,通过这一功能,用户可以非常方便地添充数据。自动填充数据是指在一个单元格内输入数据后,与其相邻的单元格可以自动地输入一定规则的数据。它们可以是相同的数据,也可以是一组序列(等差或等比)。自动填充数据的方法有两种,即利用菜单命令和利用鼠标拖动。

(1)通过菜单命令填充数据的操作步骤。

①选定含有数值的单元格。

②指向选项卡"开始"中的"编辑"命令组中的"填充",打开如图4.21所示的级联子菜单。

③从中选择"系列"命令,打开如图 4.22 所示的"序列"对话框。

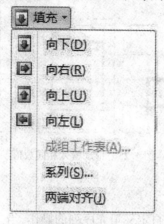

图 4.21　"填充"级联子菜单

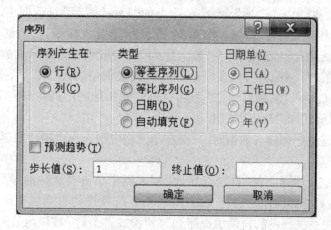

图 4.22　"序列"对话框

④在"序列"对话框中选择序列产生的位置、要填充的类型和步长值等信息。

(2)通过鼠标拖动填充数据的操作步骤。

用户可以通过拖动的方法来输入相同的数值(在只选定一个单元格的情况下),如果选定了多个单元格并且各单元格的值存在等差或等比的规则,则可以输入一组等差或等比数据。

①在单元格中输入数值,如"10"。

②将鼠标放到单元格右下角的实心方块上,鼠标变成实心十字形状。

③拖动鼠标,即可在选定范围内的单元格内输入相同的数值,如图 4.23 所示。

注意:

(1)当初始值为纯数字或纯字符时,填充相当于数据复制。若要填充递增数字,先按住 Ctrl 键再填充,数字会依次递增 1。

(2)当初始值为文字混合形式时,填充时文字不变,数字递增。若在填充的同时按住 Ctrl 键,则数据原样复制。

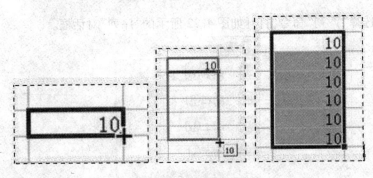

图 4.23　拖动输入相同数值

3. 自定义自动填充序列

在 Excel 2010 提供了创建自定义填充序列的操作,当拖动鼠标自动填充时会按照自定义序列中事先定义好的内容进行填充。

(1)单击"文件"中的"选项"命令,在弹出的"Excel 选项"对话框中,选择"选项"→"高级"→"编辑自定义列表"按钮。图 4.24 所示为"自定义序列"对话框。

(2)要创建新的自定义序列可在"输入序列"列表框中输入要定义的序列。例如:新建自定义序列"东、西、南、北",可在"输入序列"列表框中输入"东"后,按 Enter 键,接着依次输入至序列最后一项,最后单击"添加"按钮,新添加的序列在自定义列表框最后显示,如图 4.25 所示,单击"确定"按钮。

(3)使用自定义序列输入数据时,只要在单元格中输入一个项目数据,然后拖动填充柄即可将该序列输入。

(4)删除自定义序列。在"自定义序列"列表框中单击要删除的序列,然后单击"删除"按钮。注意:只能删除用户自定义的序列,而系统预设的自动填充序列不能删除,也不能修改,当选中系统预设的自动填充序列时,"添加""删除"按钮均呈灰色显示。

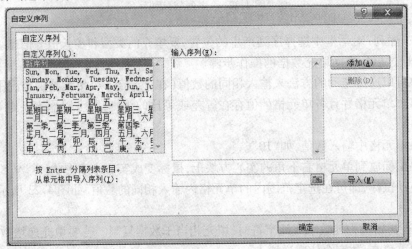

图 4.24　"自定义序列"对话框

图 4.25　输入自定义序列

4.2.4　单元格的操作

工作表编辑的主要是针对单元格、行、列以及整个工作表进行的包括撤销、恢复、复制、粘贴、移动、插入、删除、查找和替换等操作。

1. 单元格的选取

对单元格进行操作（如移动、删除、复制单元格）时，首先要选定单元格。用户根据要编辑的内容，可以选定一个单元格、选择多个单元格，也可以一次选定一整行或整列，还可以一次将所有的单元格都选中。熟练地掌握选择不同范围内的单元格，可以加快编辑的速度，从而提高效率。下面介绍选定单元格的方法。

（1）选定一个单元格。

选定一个单元格是 Excel 2010 中常见的操作，选定单元格最简便的方法就是用鼠标单击所需编辑的单元格。当选定了某个单元格后，该单元格所对应的行列号或名称将会显示在名称框内。在名称框内的单元格称之为活动单元格，即是当前正在编辑的单元格，一般而言，用鼠标选择单元格是最方便的，但有些时候用键盘选择比用鼠标选择更方便。

（2）选定整个工作表。

要选定整个工作表，单击行标签及列标签交汇处的"全选"按钮（A 列左则的空白框）即可，如图 4.26 所示。

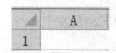

图 4.26　选定整个工作表

（3）选定整行。

选定整行单元格可以通过拖动鼠标来完成，另外还有一种更简单的方法：单击行首的行标签,如图4.27所示。

(4)选定整列。

选定整列单元格可以通过拖动鼠标来完成,另外也可以单击列首的列标签,如图4.28所示。

图4.27　选定整行

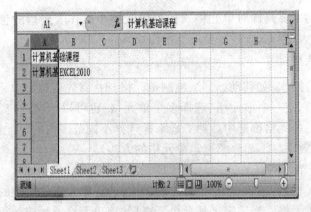

图4.28　选定整列

(5)选定多个相邻的单元格。

如果用户想选定连续的单元格,可通过单击起始单元格,按住鼠标左键不放,然后再将鼠标拖至需连续选定单元格的终点即可,这时所选区域反白显示,如图4.29所示。

在 Excel 2010 中,也可通过键盘选择一个范围区域,常用的方法有两种:

①名称框输入法。

在名称框中输入要选择范围单元格的左上角与右下角的坐标,然后按回车键即可。例如 A1:D9。

②Shift 键帮助法。

方法一:定位某行(列)号标号或单元格后,再按住 Shift 键,然后单击后(下)面的行(列)标号或单元格,即可同时选中二者之间的所有行(列)或单元格区域。

方法二:定位某行(列)号标号或单元格后,再按住 Shift 键,然后按键盘上的方向键,即可扩展选择连续的多个行(列)或单元格区域。

(6)选定多个不相邻的单元格。

用户不但可以选择连续的单元格,还可选择间断的单元格。其方法是:先选定一个单元格,然后按 Ctrl 键,再选定其他单元格即可,如图 4.30 所示。

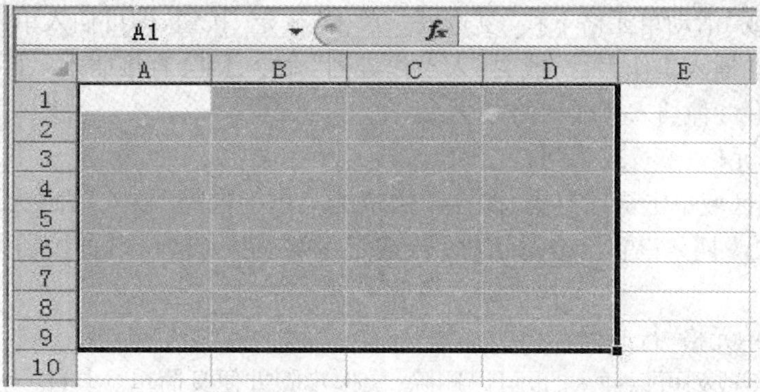

图 4.29　选定多个相邻的单元格

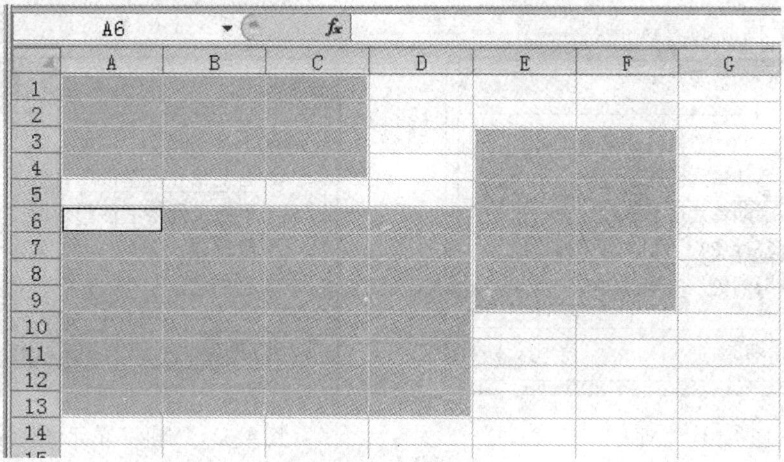

图 4.30　选定不相邻的单元格

选定多个不相邻的单元格也可通过键盘选择,比如要达到如图 4.30 所示的效果,在名称框内输入 A1:C4,E3:F9,A6:D13,然后按回车键即可。其中的逗号把几个相邻区域并联起来,而如果在名称框内输入 A1:C8　B4:D11,按回车键确认后选择区域为"B4 至 C8",这里的空格是取相邻区域的交集。

2. 单元格的编辑

以单元格为对象常用的操作为插入、删除、移动以及调整单元格大小等操作。下面就具体介绍这几中操作方法。

(1)插入单元格、行或列。

插入单元格、行或列的具体操作步骤如下:

①选定单元格。选定单元格的数量即是插入单元格的数量,例如选择 7 个,则会插

入 7 个单元格。

②单击菜单中"开始"命令下插入按钮 插入 右侧的下箭头，选择"插入工作表行"或"插入工作表列"命令。

如果选择"插入单元格"命令，则打开如图 4.31 所示的"插入"对话框。选择"活动单元格右移"或"活动单元格下移"复选框。单击"确定"按钮，即可插入单元格。

如果选择"插入工作表行"或"插入工作表列"命令，则会直接插入一行或一列。

另外，还有一种插入行或列的方法：

①选定单元格、整行或整列。

②在选定区域单击鼠标右键，在打开的快捷菜单上选择"插入"命令，若选定区域为单元格，将弹出"插入"单元格对话框；若选定区域为行或列，则直接插入一整行或一整列。

（2）删除单元格、行或列。

单元格、行或列可以插入，也可以删除，操作步骤方便又简单。具体方法如下：

①选定要删除的单元格、行或列。

②单击菜单中的"编辑"→"删除"命令，出现"删除"对话框，如图 4.32 所示。

③选定相应的复选框。

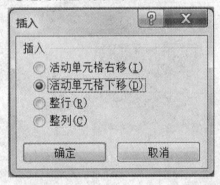

图 4.31 "插入"对话框

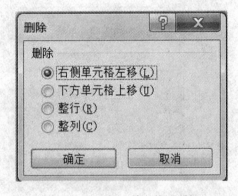

图 4.32 "删除"单元格对话框

④单击"确定"按钮。

（3）移动单元格。

移动单元格就是将一个单元格或若干个单元格中的数据或图表从一个位置移至另一个位置。移动单元格的操作方法如下：

①选择所要移动的单元格。

②将鼠标放置到该单元格的边框位置，当鼠标变成箭头形时，按下左键并拖动，即可移动单元格，如图 4.33 所示。

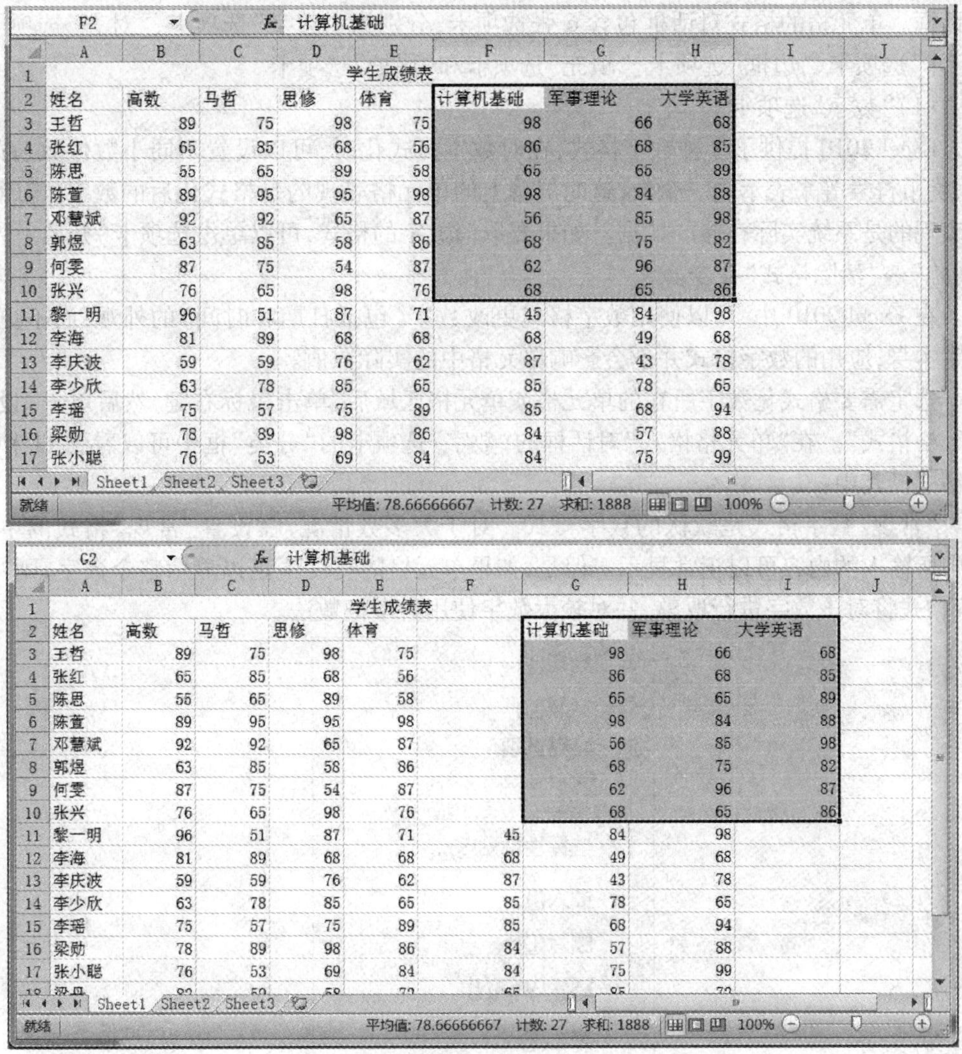

图 4.33　单元格移动

4.3　格式化工作表

4.3.1　单元格的格式设置

在 Excel 2010 中,工作表中的不同单元格数据,可以根据需要设置不同的格式,如设置单元格数据类型、文本的对齐方式、字体以及单元格的边框和底纹等。Excel 2010 有一个"单元格格式"对话框,专门用于设置单元格的格式。右键单击要设置格式的单元格(图 4.34),再选择快捷菜单中的"设置单元格格式"命令,即可出现"单元格格式"对话框(图 4.35)。另外也可通过选项卡"开始"中的"格式"→"设置单元格格式"命令打开该

对话框。单元格的格式对话框包含 6 张选项卡,分别为"数字"选项卡、"对齐"选项卡、"字体"选项卡、"边框"选项卡、"填充"选项卡和"保护"选项卡。

(1)"数字"选项卡。

Excel 2010 提供了多种数字格式,在对数字格式化时,可以设置不同小数位数、百分号、货币符号等来表示同一个数,这时屏幕上的单元格表现的是格式化后的数字,编辑栏中表现的是系统实际存储的数据。如果要取消数字的格式,可以单击选项卡"开始"中的"清除"→"清除格式"命令。

在 Excel 2010 中,可以使用数字格式更改数字(包括日期和时间)的外观,而不更改数字本身,应用的数字格式并不会影响单元格中的实际数值。

选定需要格式化数字所在的单元格或单元格区域后,单击鼠标右键,然后单击"设置单元格格式"。在"单元格格式"对话框的"数字"选项卡的"分类"框中可以看到 11 种内置格式。其中:

"常规"数字格式是默认的数字格式。对于大多数情况,在设置"常规"格式的单元格中所输入的内容可以正常显示。但是,如果单元格的宽度不足以显示整个数字,则"常规"格式将对该数字进行取整,并对较大数字使用科学记数法。

图 4.34　单元格格式快捷菜单图

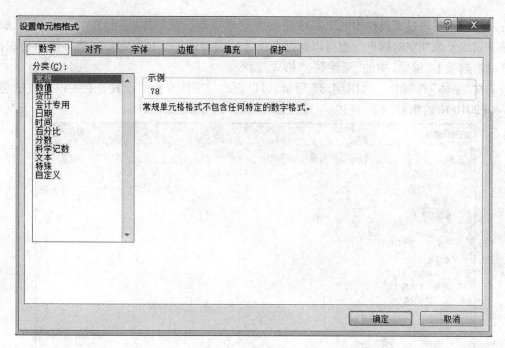

图 4.35　"数字"选项卡

"会计专用""日期""时间""分数""科学记数""文本"和"特殊"等格式的选项则显示在"分类"列表框的右边。

如果内置数字格式不能按需要显示数据,则可使用"自定义"创建自定义数字格式。自定义数字格式使用格式代码来描述数字、日期、时间或文本的显示方式。

(2)"对齐"选项卡。

系统在默认情况下,输入单元格的数据是按照文字左对齐、数字右对齐、逻辑值居中对齐的方式来进行的。可以通过有效的设置对齐方法,使版面更加美观。

在"单元格格式"对话框的"对齐"选项卡上,如图 4.36 所示,可设定所需的对齐方式。

"水平对齐"的格式有常规(系统默认的对齐方式)、左(缩进)、居中、靠右、填充、两端对齐、跨列居中及分散对齐。

"垂直对齐"的格式有靠上、居中、靠下、两端对齐及分散对齐。

"方向"列表框中,可以将选定的单元格内容完成从 −90° 到 +90° 的旋转,这样就可将表格内容由水平显示转换为各个角度的显示。

"自动换行"复选框,当单元格中的内容宽度大于列宽时,会自动换行(不是分段)。

提示:若要在单元格内强行分段,可直接按 Alt + Enter 键。

"合并单元格"复选框,当需要将选中的单元格(一个以上)合并时,选中它;当需要将选中的合并单元格拆分时,取消选中。

(3)"字体"选项卡。

Excel 2010 在默认情况下,输入的字体为"宋体",字形为"常规",字号为"12(磅)"。

可以根据需要通过工具栏中的工具按钮很方便地重新设置字体、字形和字号,还可以添加下划线及改变字的颜色。也可以通过菜单方法进行设置。如果需要取消字体的格式,可单击选项卡"编辑"中的"清除"→"格式"命令。

在"字体"选项卡上,如图 4.37 所示,可以更改与字体有关的设置。有关设置方法与 Word 2010 中的相似,不再赘述。

图 4.36 "对齐"选项卡

(4)"边框"选项卡。

工作表中显示的网格线是为输入、编辑方便而预设的(相当于 Word 2010 表格中的虚框),是不可打印的。

若需要打印网格线,则可以在"页面设置"对话框的"工作表"选项卡上设置,还可以在"边框"选项卡上设置。

此外,若需要为了强调工作表的一部分或某一特殊表格部分,可在"边框"选项卡,如图 4.38 所示,设置设定特殊的网格线。

在该选项卡上设置对象,是被选定单元格的边框。

在该选项卡上,设置单元格边框时应注意:

①除了边框线外,还可以为单元格添加对角线(用于斜线表头等)。

②不一定添加四周边框线,可以仅仅为单元格的某一边添加边框线。

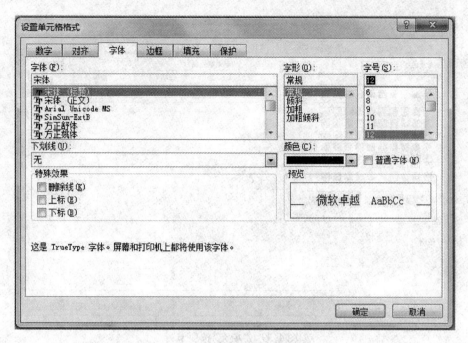

图 4.37 "字体"选项卡

(5)"填充"选项卡。

"填充"选项卡,用于设置单元的背景颜色和底纹,如图 4.39 所示。

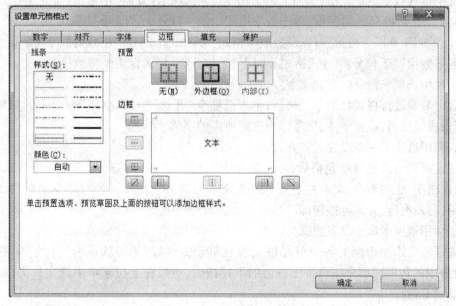

图 4.38 "边框"选项卡

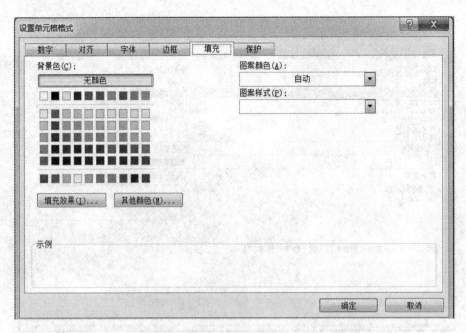

图 4.39 "填充"选项卡

(6)单元格格式化的其他方法。

①用选项卡命令格式化数字。

选中包含数字的单元格,例如 12345.67 后,在选项卡"开始"中单击"单元格样式"按钮,弹出如图 4.40 所示对话框,单击数字格式中的"百分比""货币""货币[0]""千位分隔""千位分隔[0]"等按钮,可以设置数字格式。其中"货币[0]"格式等同于"货币"格式保留到整数位;"千位分隔[0]"格式等同于"千位分隔"格式保留到整数位。

②利用选项卡命令格式化文字。

选定需要进行格式化的单元格后,单击选项卡"开始"中的"字体"命令下的加粗、倾斜、下划线等按钮,或在字体、字号框中选定所需的字体、字号。

③利用选项卡命令设置对齐方式。

选定需要格式化的单元格后,单击选项卡"开始"中的"对齐方式"命令中的顶端对齐、垂直居中、底端对齐、文本左对齐、居中、文本右对齐、合并后居中、减少缩进量、增加缩进量、自动换行、方向等按钮即可。

④利用选项卡命令设置边框与底纹。

选择所要添加边框的各个单元格或所有单元格区域,单击选项卡"开始"中的"字体"命令中的边框或填充颜色按钮右边的下拉按钮,然后在下拉菜单中选定所需的格线或背景填充色。

⑤复制格式。

当格式化表格时,往往有些操作是重复的,这时可以使用 Excel 2010 提供的复制格式的方法来提高格式化的效率。

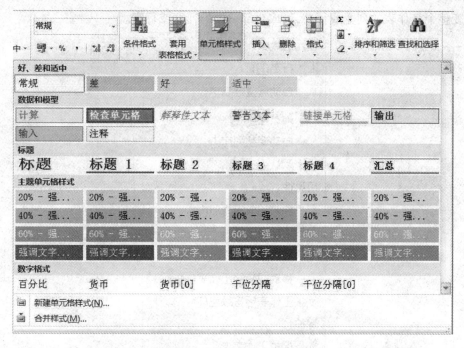

图 4.40　"单元格样式"对话框

⑥用工具栏按钮复制格式。

选中需要复制的源单元格后,单击工具栏上的"格式刷"按钮 （这时所选择单元格出现闪动的虚线框）,然后用带有格式刷的光标,选择目标单元格即可。

⑦用菜单的方法复制格式。

选中需要复制格式的源单元格后,单击选项卡"开始"中"剪贴板"命令中的"复制"命令（这时所选单元格出现闪动的虚线框）;选中目标单元格后,单击选项卡"开始"中"剪贴板"命令中的"粘贴"命令下箭头,然后在"选择性粘贴"对话框上,设定需要复制的项目。

4.3.2　设置列宽和行高

在 Excel 2010 中设置行高和列宽的方法如下:

（1）拖拉法。将鼠标移到行（列）标题的交界处,成双向拖拉箭头状时,按住左键向右（下）或向左（上）拖拉,即可调整行（列）宽（高）。

（2）双击法。将鼠标移到行（列）标题的交界处,双击鼠标左键,即可快速将行（列）的行高（列宽）调整为"最合适的行高（列宽）"。

（3）设置法。选中需要设置行高（列宽）的行（列）,单击选项卡"开始"中的"格式"命令下的箭头,如图 4.41 所示,选择"行高（列宽）"对话框,输入一个合适的数值,如图 4.42 所示,确定返回即可。

（4）调整整个工作表列宽或行高。

要调整整个工作表列宽或行高,点击左上角顶格"全选"按钮,拖动某列或某行线,即可改变整个工作表的列宽或行高,形成全部一样的列宽或行高。

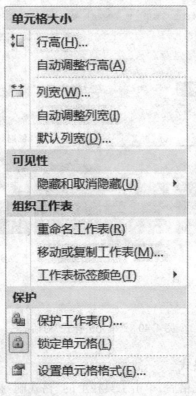

图 4.41 "格式"菜单

图 4.42 "行高(列宽)"对话框

4.3.3 设置条件格式

条件格式是指当指定条件为真时,Excel 2010 自动应用于单元格的格式,例如,单元格底纹或字体颜色。如果想为某些符合条件的单元格应用某种特殊格式,使用条件格式功能可以比较容易实现。如果再结合使用公式,条件格式就会变得更加有用。

例如,想在一个"学生成绩表"中突出显示计算机基础大于 75 分的学生,操作步骤如下:

选定 F3:F20 单元格区域,单击选项卡"开始"中"样式"命令下的"条件格式"下箭头按钮,选择突出显示单元格规则中的"大于"按钮,如图 4.43 所示,出现"条件格式"样式设置对话框,如图 4.44 所示,在对话框中输入大于"75",样式设置为"浅红填充色深红色文本"。

实现后的工作表如图 4.45 所示。

条件格式功能将学生计算机基础成绩根据要求以指定颜色与背景图案显示。这种格式是动态的,如果改变计算机基础成绩的分数,格式会自动调整。

若要去掉条件格式效果,只需在选定单元格后单击选项卡"开始"中"样式"命令下的"条件格式"下箭头按钮,选择"清除规则"中的"清除所选单元格的规则"命令,如图4.46所示。

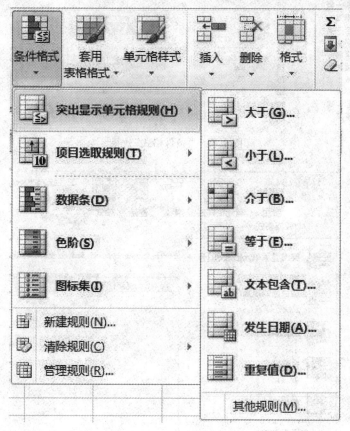

图 4.43　"条件格式"设置

图 4.44　"条件格式"样式设置对话框

	A	B	C	D	E	F	G	H
1				学生成绩表				
2	姓名	高数	马哲	思修	体育	计算机基础	军事理论	大学英语
3	王哲	89	75	98	75	98	66	68
4	张红	65	85	68	56	86	68	85
5	陈思	55	65	89	58	65	65	89
6	陈萱	89	95	95	98	98	84	88
7	邓慧斌	92	92	65	87	56	85	98
8	郭煜	63	85	58	86	68	75	82
9	何雯	87	75	54	87	62	96	87
10	张兴	76	65	98	76	68	65	86
11	黎一明	96	51	87	71	45	84	98
12	李海	81	89	68	68	68	49	68
13	李庆波	59	59	76	62	87	43	78
14	李少欣	63	78	85	65	85	78	65
15	李瑶	75	57	75	89	85	68	94
16	梁勋	78	89	98	86	84	57	88
17	张小聪	76	53	69	84	84	75	99
18	梁丹	82	59	68	72	65	85	72
19	赵仲鸣	89	54	62	76	68	95	96
20	董瑶	71	59	58	68	92	68	85

图 4.45 "条件格式"效果

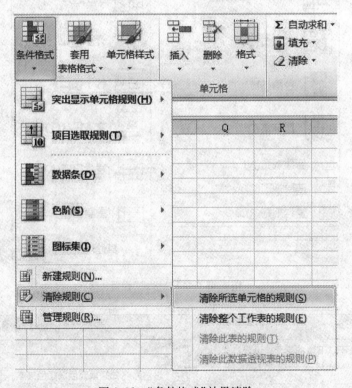

图 4.46 "条件格式"效果清除

4.3.4 使用样式

样式是单元格字体、字号、对齐、边框和图案等一个或多个设置特性的组合,将这样的组合加以命名和保存供用户使用。

样式包括内置样式和自定义样式。内置样式为 Excel 2010 内部定义的样式,用户可以直接使用,包括常规、货币和百分数等;自定义样式是用户根据需要自定义的组合设置,需定义样式名。样式设置是利用"开始"选项卡内的"样式"命令组完成的。

以学生成绩表,如图 4.47 所示,为例进行样式设置如下:

(1)选定 A1:H1 单元格区域,点击选项卡"开始"下的"样式"命令组中的"单元格样式"命令,选择"新建单元格样式",弹出"样式"对话框。

(2)输入名称"表标题",单击"格式"按钮,弹出"设置单元格格式"对话框。

(3)设置"数字"为常规格式,"对齐"为水平居中和垂直居中,"字体"为华文彩云 11,"边框"为左右上下边框,"图案颜色"为标准色浅绿色,如图 4.48 所示,单击"确定"按钮。

(4)再次点击选项卡"开始"下的"样式"命令组中的"单元格样式"命令,单击"自定义"中的"表标题",设置好的效果如图 4.49 所示。

	A	B	C	D	E	F	G	H
1	学生成绩表							
2	姓名	高数	马哲	思修	体育	计算机基础	军事理论	大学英语
3	王哲	89	75	98	75	98	66	68
4	张红	65	85	68	56	86	68	85
5	陈思	55	65	89	58	65	65	89
6	陈童	89	95	95	98	98	84	88
7	邓慧斌	92	92	65	87	56	85	98
8	郭煜	63	85	58	86	68	75	82
9	何雯	87	75	54	87	62	96	87
10	张兴	76	65	98	76	68	65	86
11	黎一明	96	51	87	71	45	84	98
12	李海	81	89	68	68	68	49	68
13	李庆波	59	59	76	62	87	43	78
14	李少欣	63	78	85	65	85	78	65
15	李瑶	75	57	75	89	85	68	94
16	梁励	78	89	98	86	84	57	88
17	张小聪	76	53	69	84	84	75	99
18	梁丹	82	59	58	72	65	85	72
19	赵仲鸣	89	54	62	76	68	95	96
20	董瑶	71	59	58	68	92	68	85

图 4.47　学生成绩表

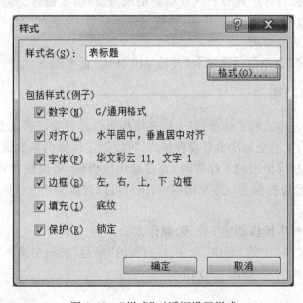

图 4.48　"样式"对话框设置样式

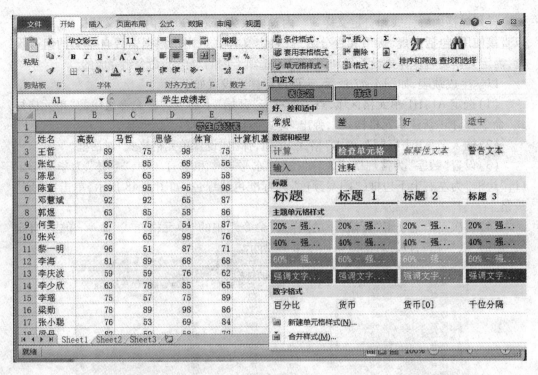

图 4.49   设置"表标题"后的效果

4.3.5   自动套用格式

"自动套用格式"可自动识别 Excel 2010 工作表中的汇总层次以及明细数据的具体情况,然后统一对它们的格式进行修改。Excel 2010 一共通过"自动套用格式"功能向用户提供了简单、古典、会计序列和三维效果等格式,每种格式集合都包括有不同的字体、字号、数字、图案、边框、对齐方式、行高、列宽等设置项目,完全可满足我们在各种不同条件下设置工作表格式的要求。

"自动套用格式"命令位于选项卡"开始"中"样式"命令组下,如图 4.50 所示。

4.3.6   使用模板

模板是含有特定格式的工作簿,其工作表结构也已经设置。若某工作簿文件的格式以后要经常使用,为了避免每次重复设置格式,可以把工作簿的格式做成模板并储存,以后每当要建立与之相同格式的工作簿时,直接调用该模板,可以快速建立所需的工作簿文件。Excel 2010 已经提供了一些基础模板,用户可以直接使用,也可以自己创建个性化模板。

用户可以使用样本模板创建工作簿,操作方法为:

单击选项卡"文件"中的"新建"命令,在右侧的"新建"窗口中选择"样本模板",选择所需的模板即可完成创建,如图 4.51 所示。

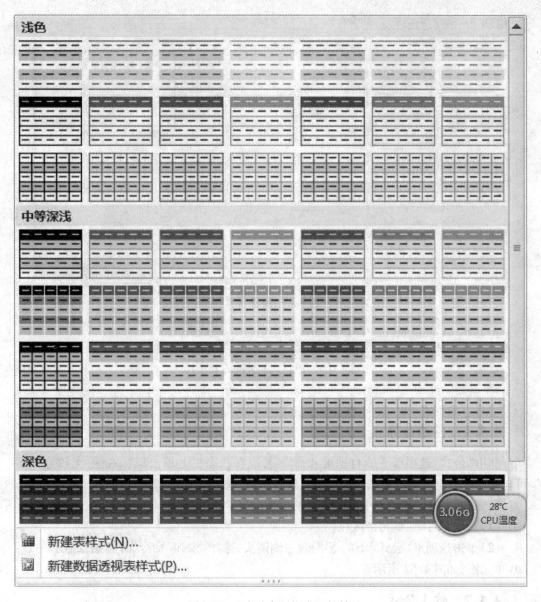

图 4.50　"自动套用格式"对话框

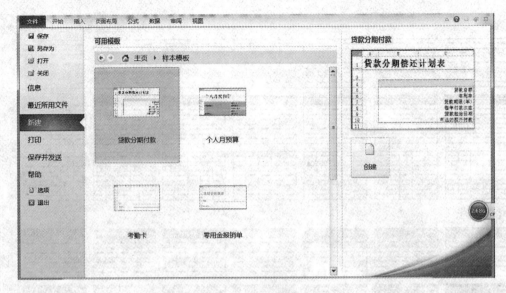

图 4.51　样本模板

4.4　单元格处理

4.4.1　自动计算

利用"公式"选项卡下的自动求和命令 **Σ** 或在状态栏上单击鼠标右键,无须公式即可自动计算一组数据的累加和、平均值、统计个数、求最大值和求最小值等。

例如:根据学生成绩表中学生各科的成绩求出学生的总分。

(1)选定 B3:I20 单元格区域。

(2)单击选项卡"公式"下的 **Σ** 图表右侧箭头,选择"求和"命令,计算结果显示在 I3:I20 单元格,如图 4.52 所示。

4.4.2　输入公式

1.公式的形式

公式的一般形式为: = <表达式>

表达式可以是算数表达式、关系表达式和字符串表达式等。

2.运算符

运算符分为算术运算符、字符运算符和关系运算符 3 类,表 4.1 按优先级顺序列出了运算符的功能。

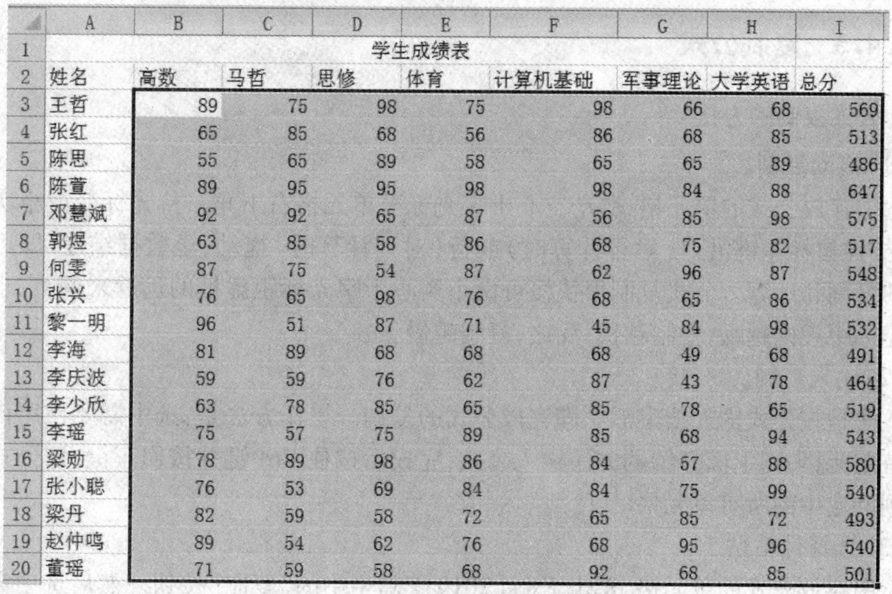

	A	B	C	D	E	F	G	H	I
1					学生成绩表				
2	姓名	高数	马哲	思修	体育	计算机基础	军事理论	大学英语	总分
3	王哲	89	75	98	75	98	66	68	569
4	张红	65	85	68	56	86	68	85	513
5	陈思	55	65	89	58	65	65	89	486
6	陈萱	89	95	95	98	98	84	88	647
7	邓慧斌	92	92	65	87	56	85	98	575
8	郭煜	63	85	58	86	68	75	82	517
9	何雯	87	75	54	87	62	96	87	548
10	张兴	76	65	98	76	68	65	86	534
11	黎一明	96	51	87	71	45	84	98	532
12	李海	81	89	68	68	68	49	68	491
13	李庆波	59	59	76	62	87	43	78	464
14	李少欣	63	78	85	65	85	78	65	519
15	李瑶	75	57	75	89	85	68	94	543
16	梁勋	78	89	98	86	84	57	88	580
17	张小聪	76	53	69	84	84	75	99	540
18	梁丹	82	59	58	72	65	85	72	493
19	赵仲鸣	89	54	62	76	68	95	96	540
20	董瑶	71	59	58	68	92	68	85	501

图 4.52　"学生成绩表"求和结果

表 4.1　运算符优先级

运算符	功能	举例
–	负号	-6，$-B1$
%	百分号	5%
^	乘方	$6^{\wedge}2$（即 6^2）
*，/	乘、除	$6*7,12/5$
+，–	加、减	$7+7,10-2$
&	字符串连接	"China"&"2008"（即 China2008）
=，< >	等于,不等于	$6=4$ 的值为假，$6< >3$ 的值为真
>，> =	大于,大于等于	$6>4$ 的值为真，$6> =3$ 的值为真
<，< =	小于,小于等于	$6<4$ 的值为假，$6< =3$ 的值为假

3. 公式的输入

选定要放置计算结果的单元格后,公式的输入可以在数据编辑区内进行,也可以双击该单元格在单元格内进行。在数据编辑区输入公式时,单元格地址可以通过键盘输入,也可以直接单击该单元格,单元格地址即自动显示在数据编辑区。输入后的公式可以进行编辑或修改,也可以将公式复制到其他单元格。公式计算通常需要引用单元格或单元格区域的内容,这种引用是通过使用单元格的地址来实现的。

4.4.3 复制公式

1. 公式复制的方法

（1）拖动复制。

选中存放公式的单元格,移动空心十字光标至单元格右下角。待光标变成小实心十字时,按住鼠标左键沿列（对行计算时）或行（对列计算时）拖动,至数据结尾,即可完成公式的复制和计算。公式复制得快慢可由小实心十字光标距虚框的远近来调节:小实心十字光标距虚框越远,复制越快;反之,复制越慢。

（2）输入复制。

此法是在公式输入结束后立即完成公式的复制。操作方法是:选中需要使用该公式的所有单元格,用上面介绍的方法输入公式,完成后按住 Ctrl 键并按回车键,该公式就被复制到已选中的所有单元格。

（3）选择性粘贴。

选中存放公式的单元格,单击 Excel 2010 工具栏中的"复制"按钮。然后选中需要使用该公式的单元格,在选中区域内单击鼠标右键,选择快捷选单中的"选择性粘贴"命令。打开"选择性粘贴"对话框后选中"粘贴"命令,单击"确定"按钮,公式就被复制到已选中的单元格中。

2. 单元格地址的引用

Excel 2010 单元格的引用包括相对引用、绝对引用和混合引用 3 种。

（1）绝对引用。

单元格中的绝对单元格引用（例如 MYMFMYM6）总是在指定位置引用单元格 F6。如果公式所在单元格的位置改变,则绝对引用的单元格始终保持不变。如果多行或多列复制公式,绝对引用将不做调整。在默认情况下,新公式使用相对引用,需要将它们转换为绝对引用。例如,如果将单元格 B2 中的绝对引用复制到单元格 B3,则在两个单元格中一样,都是 MYMFMYM6。

（2）相对引用。

公式中的相对单元格引用（例如 A1）是基于包含公式和单元格引用的单元格的相对位置。如果公式所在单元格的位置改变,引用也随之改变。如果多行或多列地复制公式,引用会自动调整。在默认情况下,新公式使用相对引用。例如,如果将单元格 B2 中的相对引用复制到单元格 B3,将自动从 = A1 调整到 = A2。

（3）混合引用。

混合引用具有绝对列和相对行,或是绝对行和相对列。绝对引用列采用 MYMA1、MYMB1 等形式。绝对引用行采用 AMYM1、BMYM1 等形式。如果公式所在单元格的位置改变,则相对引用改变,而绝对引用不变。如果多行或多列地复制公式,相对引用自动调整,而绝对引用不做调整。例如,如果将一个混合引用从 A2 复制到 B3,它将从 = AMYM1 调整到 = BMYM1。

在 Excel 2010 中输入公式时,只要正确使用 F4 键,就能简单地对单元格的相对引用和绝对引用进行切换。

　　现举例说明。对于某单元格所输入的公式为"＝SUM(B4:B8)"。选中整个公式,按下 F4 键,该公式内容变为"＝SUM(MYMBMYM4:MYMBMYM8)",表示对横、纵行单元格均进行绝对引用。第二次按下 F4 键,公式内容又变为"＝SUM(BMYM4:BMYM8)",表示对横行进行绝对引用,纵行相对引用。第三次按下 F4 键,公式则变为"＝SUM(MYMB4:MYMB8)",表示对横行进行相对引用,对纵行进行绝对引用。第四次按下 F4 键时,公式变回到初始状态"＝SUM(B4:B8)",即对横行纵行的单元格均进行相对引用。需要说明的是,F4 键的切换功能只对所选中的公式段有作用。

4.4.4　函数应用

　　在日常工作中有时需要计算大量的数据信息,Excel 2010 为我们提供了丰富的函数功能,用户通过使用这些函数就能对复杂的数据进行计算。函数是已经定义好的公式,使用函数可以直接进行计算,还可以对工作表中的数据进行汇总、平均和统计等运算。

　　函数的格式为:函数名(参数 1,参数 2,…)

　　说明:

　　(1)如果公式以函数开始,需要在函数前加"＝"。

　　(2)参数可以有一个,也可以有多个,如果有多个参数,参数间用","分隔,没有参数时也必须有括号。

　　(3)参数可以是数字、文本、逻辑值、单元格、单元格区域、公式或函数。

1. 输入函数

　　函数的输入有直接输入和利用函数向导输入。

　　(1)直接输入。

　　按照函数的语法格式直接输入。和公式的输入方法一样,选中单元格,在编辑栏输入"＝",然后输入函数。例如"＝MAX(A1:D6)",是对这一区域的单元格数据求最大值。

　　(2)利用函数向导输入。

　　①选中要输入公式的单元格。

　　②选择"公式"中的"插入函数"命令,或单击编辑栏上的插入函数按钮 f_x ,打开"插入函数"对话框,如图 4.53 所示。

　　③在"或选择类别"的下拉列表框中选择需要的函数类别,然后在"选择函数"列表框中选择所需要的函数名。

　　④单击"确定"按钮,打开"函数参数"对话框,如图 4.54 所示。在参数框中输入常量或者单元格区域。

　　⑤单击"确定"按钮。

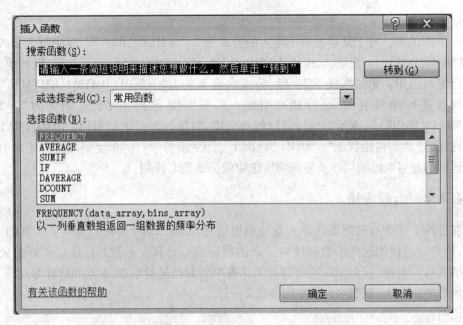

图 4.53 "插入函数"对话框

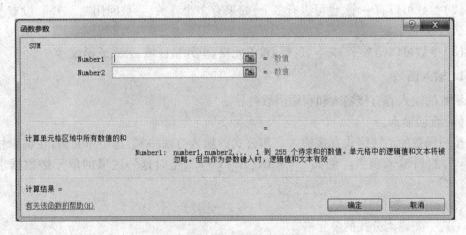

图 4.54 "函数参数"对话框

2. 常用函数

（1）数学函数。

①绝对值函数 ABS

格式：ABS(number)

功能：返回参数 number 的绝对值。

例如：ABS(-6)的返回值为 6。

②取整函数。

格式：INT(number)

功能：返回参数 number 的最小整数部分。

例如 INT(8.9)的返回值为 8,INT(-8.9)的返回值为 -9。

③随机函数 RAND( )。

格式:RAND( )

功能:返回[0,1)之间的随机数。根据实际需要产生的随机数所介于的范围,用户可以用公式" = RAND( ) ∗ (b - a) + a"产生介于[a,b]之间的随机数,如果产生的随机数要等于 b,则在括号中加 1,即公式改为" = RAND( ) ∗ (b - a + 1) + a"。

④四舍五入函数 ROUND。

格式:ROUND(number, num - digits)

功能:将参数 number 四舍五入,小数部分保留 num - digits 位。

例如 ROUND(-8.97866, 3)的返回值为 -8.979。

⑤求余数函数 MOD。

格式:MOD(number, divisor)

功能:返回参数 number 除以 divisor 得到的余数。

例如 MOD(10, 3)的返回值为 1。注意除数 divisor 不能为零。

⑥求平方根函数 SQRT。

格式:SQRT(number)

功能:返回参数 number 的平方根。

例如 SQRT(25)的返回值为 5。注意参数 number 必须大于等于零。

⑦圆周率 PI( )。

格式:PI( )

功能:返回圆周率 π 的值 3.141 592 653 589 79。注意该函数没有参数。

⑧求和函数 SUM。

格式:SUM(number1 ,number2 ,…)

功能:用于求出指定参数的总和。

⑨条件求和函数 SUMIF。

格式:SUMIF(range, criteria, sum - range)

功能:根据指定条件 criteria 对若干单元格求和。参数 range 表示用于条件判断的单元格区域;criteria 表示条件,其形式可以为数字、表达式或文本;sum - range 为满足条件时实际求和的单元格区域。

例:求学生成绩表中男生高数成绩总和。

步骤如下:

①选中要存放结果的 C22 单元格。

②单击编辑栏中的插入函数按钮 f_x ,在打开的"插入函数"对话框中选择 SUMIF 函数,单击"确定"按钮。

③在弹出的"函数参数"对话框中,单击 Range 右侧的折叠按钮 ,暂时折叠起对话框,露出工作表,选择单元格区域 B3:B20,如图 4.55 所示,然后再次单击折叠按钮,恢复"函数参数"对话框。

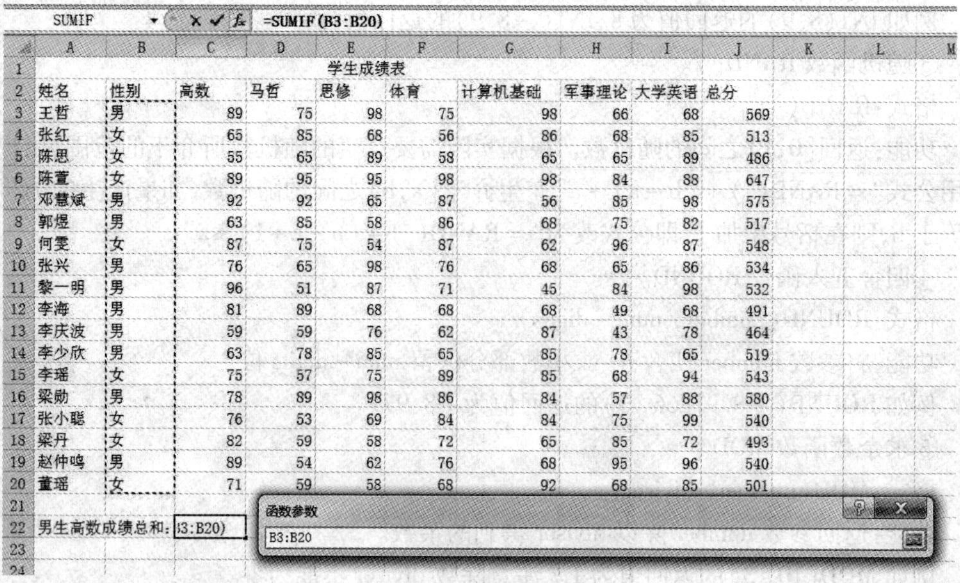

SUMIF		▾	× ✓ ƒx	=SUMIF(B3:B20)								
	A	B	C	D	E	F	G	H	I	J	K	L	M
1					学生成绩表								
2	姓名	性别	高数	马哲	思修	体育	计算机基础	军事理论	大学英语	总分			
3	王哲	男	89	75	98	75	98	66	68	569			
4	张红	女	65	85	68	56	86	68	85	513			
5	陈思	女	55	65	89	58	65	65	89	486			
6	陈董	女	89	95	95	98	98	84	88	647			
7	邓慧斌	男	92	92	65	87	56	85	98	575			
8	郭煜	男	63	85	58	86	68	75	82	517			
9	何雯	女	87	75	54	87	62	96	87	548			
10	张兴	男	76	65	98	76	68	65	86	534			
11	黎一明	男	96	51	87	71	45	84	98	532			
12	李海	男	81	89	68	68	68	49	68	491			
13	李庆波	男	59	59	76	62	87	43	78	464			
14	李少欣	男	63	70	85	69	85	78	65	519			
15	李瑶	女	75	57	75	89	85	68	94	543			
16	梁勋	男	78	89	98	86	84	57	88	580			
17	张小聪	男	76	53	69	84	84	75	99	540			
18	梁丹	女	82	59	58	72	65	85	72	493			
19	赵仲鸣	男	89	54	62	76	68	95	96	540			
20	董瑶	女	71	59	58	68	92	68	85	501			
21													
22	男生高数成绩总和:		I3:B20)										

函数参数
B3:B20

图4.55　选择参数范围

④单击 Criteria 右侧的折叠按钮,暂时折叠起对话框,露出工作表,选择条件 B3 单元格,然后再次单击折叠按钮,恢复"函数参数"对话框。

⑤单击 Sum – range 右侧的折叠按钮,暂时折叠起对话框,露出工作表,选择条件实际求和单元格区域 C3：C20,然后再次单击折叠按钮,恢复"函数参数"对话框,如图 4.56 所示。

⑥单击"确定"按钮,结果显示在 C22 单元格中,如图 4.57 所示。

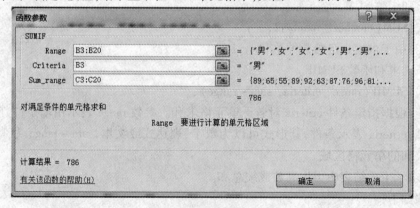

图4.56　函数参数选择过程

(2)统计函数。

①平均值函数 AVERAGE。

格式：AVERAGE(number1, number2, …)

功能：对参数表中的参数求平均值。最多可以包含 30 个参数,参数可以是数字、数组或引用。若引用参数中包含文字、逻辑值或空单元格,则将忽略这些参数,但包含的零值的单元格将计算在内。

例如在上例中在单元格 K3 输入 AVERAGE(C3:I3)，即求得学生"王哲"的平均成绩，如图 4.58 所示。

▲	A	B	C	D	E	F	G	H	I	J
1					学生成绩表					
2	姓名	性别	高数	马哲	思修	体育	计算机基础	军事理论	大学英语	总分
3	王哲	男	89	75	98	75	98	66	68	569
4	张红	女	65	85	68	56	86	68	85	513
5	陈思	女	55	65	89	58	65	65	89	486
6	陈童	女	89	95	95	98	98	84	88	647
7	邓慧斌	男	92	92	65	87	56	85	98	575
8	郭煜	男	63	85	58	86	68	75	82	517
9	何雯	女	87	75	54	87	62	96	87	548
10	张兴	男	76	65	98	76	68	65	86	534
11	黎一明	男	96	51	87	71	45	84	98	532
12	李海	男	81	89	68	68	68	49	68	491
13	李庆波	男	59	59	76	62	87	43	78	464
14	李少欣	男	63	78	85	65	85	78	65	519
15	李瑶	女	75	57	75	89	85	68	94	543
16	梁勋	男	78	89	98	86	84	57	88	580
17	张小聪	女	76	53	69	84	84	75	99	540
18	梁丹	女	82	59	58	72	65	85	72	493
19	赵仲鸣	男	89	54	62	76	68	95	96	540
20	董瑶	女	71	59	58	68	92	68	85	501
21										
22	男生高数成绩总和：		786							

图 4.57　条件求和函数应用示例

AVERAGE		▼	× ✓ fx	=AVERAGE(C3:I3)								
▲	A	B	C	D	E	F	G	H	I	J	K	L
1					学生成绩表							
2	姓名	性别	高数	马哲	思修	体育	计算机基础	军事理论	大学英语	总分	平均分	
3	王哲	男	89	75	98	75	98	66	68	569	=AVERAGE(C3:I3)	
4	张红	女	65	85	68	56	86	68	85	513		
5	陈思	女										
6	陈童	女										
7	邓慧斌	男										
8	郭煜	女	63	85	58	86	68	75	82	517		
9	何雯	女	87	75	54	87	62	96	87	548		
10	张兴	男	76	65	98	76	68	65	86	534		
11	黎一明	男	96	51	87	71	45	84	98	532		
12	李海	男	81	89	68	68	68	49	68	491		
13	李庆波	男	59	59	76	62	87	43	78	464		
14	李少欣	男	63	78	85	65	85	78	65	519		
15	李瑶	女	75	57	75	89	85	68	94	543		
16	梁勋	男	78	89	98	86	84	57	88	580		
17	张小聪	女	76	53	69	84	84	75	99	540		
18	梁丹	女	82	59	58	72	65	85	72	493		
19	赵仲鸣	男	89	54	62	76	68	95	96	540		
20	董瑶	女	71	59	58	68	92	68	85	501		
21												
22	男生高数成绩和：		786									

函数参数

C3:I3

图 4.58　AVERAGE 函数应用

②COUNT 函数。

格式：COUNT(number1，number2，…)

功能:统计参数表中的数字参数个数和包含数字的单元格个数。COUNT 函数在计数时把数字、空值、逻辑值、日期和文本算进去,但是错误值或无法转换成数据的内容则被忽略。如果参数是一个引用,则只计算引用的数字和日期的个数,空白单元格、逻辑值、文字和错误值将被忽略。

例如 COUNT("day", 1, TRUE, 2016 – 5 – 30, ,8)的结果为 5。

③COUNTA 函数。

格式:COUNTA(number1, number2,…)

功能:统计参数表中的非空白单元格个数。如果参数是单元格引用,则引用中的空白单元格也被忽略。

例如 = COUNTA("day", 1, TRUE, 2016 – 5 – 30, ,8, " ")的结果为 7。

④COUNTIF 函数。

格式:COUNTIF(range, criteria)

功能:计算指定区域 range 内满足条件 criteria 的单元格的数目。其中参数 range 要计算满足条件的单元格数目的单元格区域;参数 criteria 表示条件,形式可以是数字、表达式和文本。

例如在学生成绩表中,计算高数成绩超过 90 分的学生人数,用公式" = COUNTIF(C3:C20, " > =90")"计算,如图 4.59 所示。

	A	B	C	D	E	F	G	H	I	J	K
							D22		fx	=COUNTIF(C3:C20,">=90")	
1						学生成绩表					
2	姓名	性别	高数	马哲	思修	体育	计算机基础	军事理论	大学英语	总分	平均分
3	王哲	男	89	75	98	75	98	66	68	569	81.28571
4	张红	女	65	85	68	56	86	68	85	513	
5	陈思	女	55	65	89	58	65	65	89	486	
6	陈萱	女	89	95	95	98	98	84	88	647	
7	邓慧斌	男	92	92	65	87	56	85	98	575	
8	郭煜	男	63	85	58	86	68	75	82	517	
9	何雯	女	87	75	54	87	62	96	87	548	
10	张兴	男	76	65	98	76	68	65	86	534	
11	黎一明	男	96	51	87	71	45	84	98	532	
12	李海	男	81	89	68	68	68	49	68	491	
13	李庆波	男	59	59	76	62	87	43	78	464	
14	李少欣	男	63	78	85	65	85	78	65	519	
15	李瑶	女	75	57	75	89	85	68	94	543	
16	梁勋	男	78	89	98	86	84	57	88	580	
17	张小聪	女	76	53	69	84	84	75	99	540	
18	梁丹	女	82	59	58	72	65	85	72	493	
19	赵仲鸣	男	89	54	62	76	68	95	96	540	
20	董瑶	女	71	59	58	68	92	68	85	501	
21											
22	高数成绩90分以上的人数:			2							
23											

图 4.59 COUNTIF 函数应用

⑤最大值、最小值函数 MAX 和 MIN。

格式:MAX→MIN(number1, number2,…)

功能:返回指定参数中的最大值→最小值。

例如:公式" = MAX(45, 89, 67)"的结果为 89," = MIN (45, 89, 67)"的结果

为 45。

⑥频率分析函数 FREQUENCY(range1，range2)。

功能:将某个区域 range1 中的数据按一列垂直数组 range2 进行频率分布的统计,统计结果存放在 range2 右边列的对应位置。

例:在学生成绩表中统计高数成绩在 0~59、60~69、70~79、80~89 和 90~100 各区间中学生人数。

具体步骤如下:

(1)在单元格区域输入分段点的分数 59、69、79、89、100。

(2)选定显示结果的区域 F22:F26。

(3)在编辑栏中输入公式" = FREQUENCY(C3:C20,D22:D26)"。

(4)按 Ctrl + Shift + Enter 键,结果如图 4.60 所示。

	F22	▼	fx	{=FREQUENCY(C3:C20, D22:D26)}					
	A	B	C	D	E	F	G	H	I	J
7	邓慧斌	男	92	92	65	87	56	85	98	575
8	郭煜	男	63	85	58	86	68	75	82	517
9	何雯	女	87	75	54	87	62	96	87	548
10	张兴	男	76	65	98	76	68	65	86	534
11	黎一明	男	96	51	87	71	45	84	98	532
12	李海	男	81	89	68	68	68	49	68	491
13	李庆波	男	59	59	76	62	87	43	78	464
14	李少欣	男	63	78	85	65	85	78	65	519
15	李瑶	女	75	57	75	89	85	68	94	543
16	梁勋	男	78	89	98	86	84	57	88	580
17	张小聪	女	76	53	69	84	84	75	99	540
18	梁丹	女	82	59	58	72	65	85	72	493
19	赵仲鸣	男	89	54	62	76	68	95	96	540
20	董瑶	女	71	59	58	68	92	68	85	501
21										
22	高数成绩各段的人数:			59		2				
23				69		3				
24				79		5				
25				89		6				
26				100		2				
27										

图 4.60　频率函数应用

(3)文本函数。

①LEFT 函数。

格式:LEFT(text，num – chars)

功能:从一个字符串 text 左端开始,返回指定长度 num – chars 的子字符串。

例如:LEFT("Hello World"，3)的结果为 Hel。

②RIGHT 函数。

格式:RIGHT(text，num – chars)

功能:从一个字符串 text 右端开始,返回指定长度 num – chars 的子字符串。

例如:RIGHT("北京欢迎您!"，4)的结果为"欢迎您!"。

③MID 函数。

格式:MID(text, start – num, num – chars)

功能:从一个字符串 text 指定位置 start – num 开始,返回指定长度 num – chars 的子字符串。

例如:MID("北京欢迎您!", 3,2)的结果为"欢迎"。

④字符串长度函数 LEN。

格式:LEN(text)

功能:返回字符串 text 的长度,空格也计算在内。

例如:LEN("Hello Everyone!")的结果为 15。

⑤ 转小写字母函数 LOWER。

格式:LOWER(字符串)

功能:将字符串全部转换为小写字母。

例如:公式" = LOWER("TREE")"的结果为"tree"。

⑥ 转大写字母函数 UPPER。

格式:UPPER(字符串)

功能:将字符串全部转换为小写字母。

例如:公式" = UPPER("tree")"的结果为"TREE"。

4. 逻辑函数

(1)与函数 AND。

格式:AND(logical – text1, logical – text2,…)

功能:所有参数的逻辑值为真时返回 TRUE,只要有一个参数的值为假即返回 FALSE。

例如:AND(3 <6, FALSE)的结果为 FALSE。

(2)或函数 OR。

格式:OR(logical – text1, logical – text2,…)

功能:只要参数中有一个逻辑值为真时就返回 TRUE,只有当所有参数的值为假时才返回 FALSE。

例如:OR(3 <6, FALSE)的结果为 TRUE。

(3)非函数 NOT。

格式:NOT(logical – text)

功能:返回与逻辑参数相反的结果。即如果逻辑值为真,非函数 NOT 的结果为 FALSE,如果逻辑值为假,非函数 NOT 的结果为 TRUE。

例如:NOT(3 <6)的结果为 FALSE。

(4)条件函数 IF。

格式:IF(logical – text, value – if – true, value – if – false)

功能:根据对逻辑条件 logical – text 的判断,返回不同的结果。如果参数 logical – text 的值为 TRUE,则返回 value – if – true 的值;如果 logical – text 的值为 FALSE,则返回 value – if – false 的值。

例如,如果成绩在 A1 单元格中,公式"=IF(A1>=90,"优秀","及格")",如果 A1 单元格的值大于等于 90,结果为"优秀";如果 A1 单元格的值小于 90,结果为"及格"。

例:假设成绩在 A1:A10 单元格中,根据成绩在 B1:B10 单元格中给出其等级,0~59 为不及格、60~69 为及格、70~79 为中等、80~89 为良好和 90~100 为优秀。

操作步骤如下:

①在单元格 B1 中输入"=IF(A1>=90,"优秀",IF(A1>=80,"良好",IF(A1>=70,"中等",IF(A1>=60,"及格","不及格")))))"。

②利用填充柄将公式复制到 B2:B10。

5.日期和时间函数

(1)DATE 函数。

格式:DATE(year, month, day)

功能:返回指定日期的序列号。在输入函数前,将单元格格式设为"日期",则结果为日期格式。参数 year 为年份,如果 year 介于 0~1 899 之间,将该值加上 1 900 作为结果中的年份;如果 year 介于 1 900~9 999 之间,则该数值作为年份;如果 year 小于 0 或者大于等于 10 000,则结果为错误值#NUM!。参数 month 为月份,如果所输入的月份值大于 12,将在年份上加 1,超出月份从 1 月份开始向上加算。参数 day 为天数,如果所输入的天数值大于该月份的最大值,将在月份上加 1,超出天数从 1 开始向上加算。

例如:DATE(10, 6, 1)的结果为"1910 – 6 – 1"。

DATE(2016, 6, 1)的结果为"2016 – 6 – 1"。

DATE(2016, 6, 35)的结果为"2016 – 7 – 5"。

DATE(2016, 16, 1)的结果为"2017 – 4 – 1"。

(2)YEAR 函数。

格式:YEAR(serial – number)

功能:返回指定日期 serial – number 对应的年份。返回值为 1 900~9 999 之间的整数。参数 serial – number 为一个日期类型,应该使用 DATE 函数输入日期,或者用字符串形式输入日期格式并且用双引号括起来。

例如 YEAR("2016 – 6 – 1")的结果为 2016,YEAR(DATE(2016, 6, 1))的结果为 2016。

(3)MONTH 函数。

格式:MONTH(serial – number)

功能:返回指定日期 serial – number 对应的月份。返回值为 1~12 之间的整数。

例如 MONTH("2016 – 6 – 1")的结果为 6,MONTH(DATE(2016, 6, 1))的结果为 6。

(4)DAY 函数。

格式:DAY(serial – number)

功能:返回指定日期 serial – number 对应的天数(该月中的第几天)。返回值为 1~31 之间的整数。

例如 DAY("2016 – 6 – 1")的结果为 1,DAY(DATE(2016, 6, 1))的结果为 1。

（5）NOW 函数。

格式：NOW( )

功能：返回系统当前日期和时间。

例如计算机系统的当前日期为 2010 年 6 月 1 日 6 点 30 分，则 NOW( )的结果为 "2010 – 6 – 1 6:30"。

（6）TIME 函数。

格式：TIME(hour, minute, second)

功能：返回参数 hour(小时)、minute(分钟)、second(秒)所对应的时间。

例如 TIME(6, 30, 15)的结果为"6:30:10 AM"。

4.5　图表处理

图表是 Excel 2010 比较常用的对象之一。与工作表相比，图表具有十分突出的优势，它具有使用户看起来更清晰、更直观的显著特点：不仅能够直观地表现出数据值，还能更形象地反映出数据的对比关系。图表是以图形的方式来显示工作表中数据。

图表的类型有多种，分别为柱形图、条形图、折线图、饼图、XY 散点图、面积图、圆环图、雷达图、曲面图、气泡图、股价图、圆柱图、圆锥图和棱锥图，共计 14 种类型。Excel 2010 的默认图表类型为柱形图。

4.5.1　图表的组成元素

图表的基本组成如图 4.61 所示。

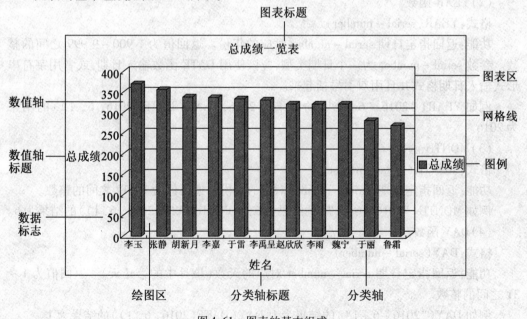

图 4.61　图表的基本组成

图表区:整个图表及其包含的元素。

绘图区:在二维图表中,以坐标轴为界并包含全部数据系列的区域。在三维图表中,绘图区以坐标轴为界并包含数据系列、分类名称、刻度线和坐标轴标题。

图表标题:在一般情况下,一个图表应该有一个文本标题,它可以自动与坐标轴对齐或在图表顶端居中。

数据分类:图表上的一组相关数据点,取自工作表的一行或一列。图表中的每个数据系列以不同的颜色和图案加以区别,在同一图表上可以绘制一个以上的数据系列。

数据标记:图表中的条形面积圆点扇形或其他类似符号,来自于工作表单元格的单一数据点或数值。图表中所有相关的数据标记构成了数据系列。

数据标志:根据不同的图表类型,数据标志可以表示数值、数据系列名称、百分比等。

坐标轴:为图表提供计量和比较的参考线,一般包括 X 轴和 Y 轴。

刻度线:坐标轴上的短度量线,用于区分图表上的数据分类数值或数据系列。

网格线:图表中从坐标轴刻度线延伸开来并贯穿整个绘图区的可选线条系列。

图例:是图例项和图例项标示的方框,用于标示图表中的数据系列。

图例项标示:图例中用于标示图表上相应数据系列的图案和颜色的方框。

背景墙及基底:三维图表中包含在三维图形周围的区域。用于显示维度和边角尺寸。

数据表:在图表下面的网格中显示每个数据系列的值。

4.5.2　创建图表

如果用户要创建一个图表,可以在"插入"选项卡中的"图表组"中选择所需要的图表的类型。例如:现根据学生成绩表中"王哲""张红""陈思"3 个同学的成绩创建三维簇状柱形,具体操作步骤如下:

(1)选定要创建图表的数据区域 A2:A5 和 C2:I5,如图 4.62 所示。

(2)单击选项卡"插入"→"图表"命令组中"柱形图"下箭头,出现如图 4.63 所示的柱形图类型,选择"三维簇状柱形图",图表将自动显示于工作表内,如图 4.64 所示。

	A	B	C	D	E	F	G	H	I	J	K
1					学生成绩表						
2	姓名	性别	高数	马哲	思修	体育	计算机基础	军事理论	大学英语	总分	平均分
3	王哲	男	89	75	98	75	98	66	68	569	81.29
4	张红	女	65	85	68	56	86	68	85	513	73.29
5	陈思	女	55	65	89	58	65	65	89	486	69.43
6	陈萱	女	89	95	95	98	98	84	88	647	92.43

（C2　高数）

图 4.62　选择图表类型

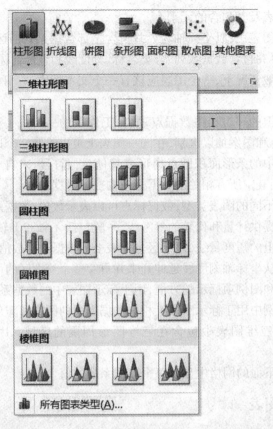

图 4.63 柱形图类型

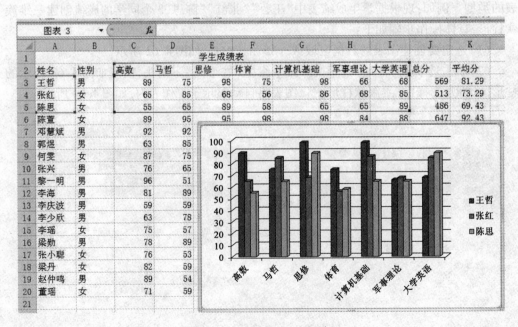

图 4.64 三维簇状柱形图示例 1

（3）此时,功能区出现"图表工具"选项卡,如图 4.65 所示,选择"设计"选项卡下的"图表样式"命令组可以改变图表图形颜色,如图 4.66 所示。选择"设计"选项卡下的"图表布局"命令组可以改变图表布局,如图 4.67 所示。

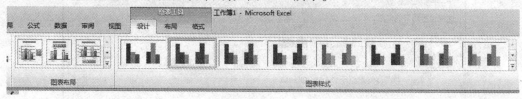

图 4.65　"设计"选项卡

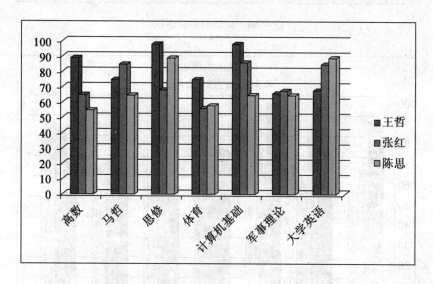

图 4.66　三维簇状柱形图示例 2

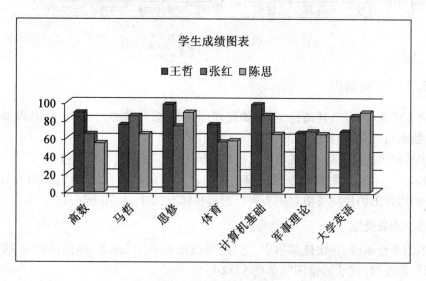

图 4.67　三维簇状柱形图示例 3

（4）选择"设计"选项卡下的"移动图表"命令如图 4.68 所示，可将图表移动至新的工作表中。新建独立图表如图 4.69 所示。

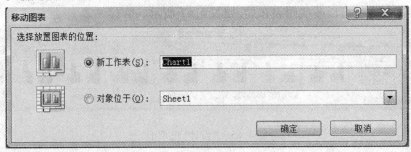

图 4.68　移动图表对话框

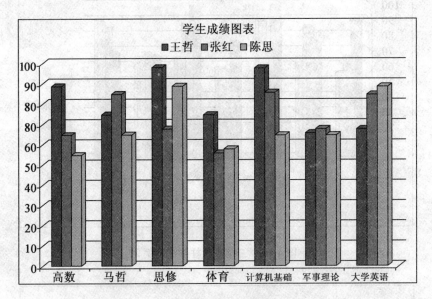

图 4.69　独立图表

4.5.3　图表编辑

图表生成后，可以对其进行编辑，如制作图表标题、向图表中添加文本、设置图表选项、删除数据系列、移动和复制图表等。

选中要修改的图表后，会在功能区出现"图表工具"选项卡，其中包括"设计""布局""格式"选项卡，利用其中的命令可以修改或编辑已生成的图表，或者选中图表后单击鼠标右键，利用弹出的快捷菜单对图表进行编辑和修改，如图 4.70 所示。

1. 修改图表类型

右击图表绘图区，在快捷菜单中，选择"更改图表类型"命令，弹出如图 4.71 所示的面板，例如修改为"簇状圆锥图"，如图 4.72 所示。

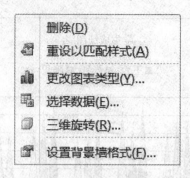

图 4.70　修改图表菜单

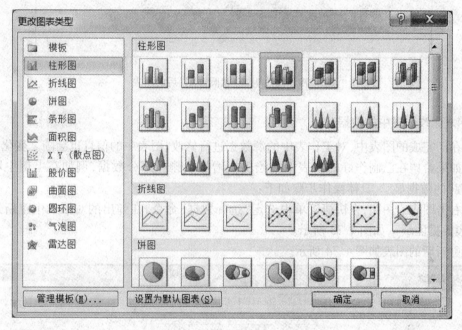

图 4.71　"更改图表类型"对话框

2. 改变图表大小

在图表上的任意位置单击,都可以激活图表。要想改变图表大小,将鼠标指针移动到图表的 4 个角,鼠标指针变成双箭头形状,这时按下鼠标左键并拖动就可以改变图表的大小。在拖动过程中,有虚线指示如此时释放鼠标左键所显示的图表轮廓。

3. 移动和复制图表

要移动图表的位置,只需在图表范围内,在任意空白位置按下鼠标左键并拖动,就可以移动图表,在鼠标拖动过程中,有虚线指示如此时释放鼠标左键所显示的图表轮廓。如果按住 Ctrl 键拖动图表时,可以将图表复制到新位置。

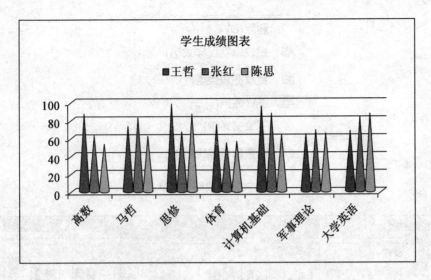

图 4.72　修改为"簇状圆锥图"后的图表

4. 更改图表中的数据

在已完成的图表中,对工作表中的源数据进行修改,图表中的信息也会随之变化。

如果希望在已制作好的图表中描绘出来增加或删除部分数据,例如在上例中增加"陈萱"的数据显示,具体操作步骤如下:

右击图表绘图区,在快捷菜单中选定"选择数据"命令,在弹出的对话框中重新选择"图表数据区域",如图 4.73 所示。

更新后的图表如图 4.74 所示。

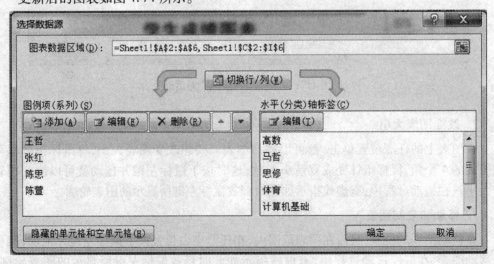

图 4.73　添加一行数据

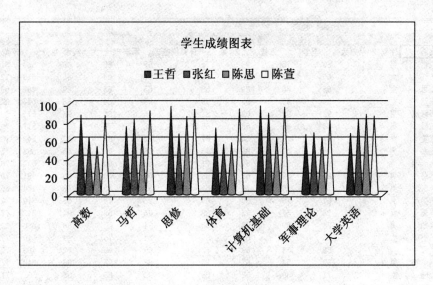

图 4.74　更新后的图表

删除图表中的源数据同样在"选择数据源"对话框完成,只需在图标上删除所需的图表序列即可。

4.5.4　图表的修饰

图表建立完成后一般要对图表进行一系列修饰,使其更加清楚、美观。利用"图表选项"对话框可以对图表的网格线、数据表、数据标志等进行编辑和设置。此外,还可以对图表进行修饰,包括设置图表的颜色、图案、线形、填充效果、边框和图片等。还可以对图表中的图表区、绘图区、坐标轴、背景墙和基底等进行设置。

4.6　电子表格高级操作

在实际工作中常常面临着大量的数据且需要及时、准确地进行处理,这时可借助于数据清单技术,Excel 2010 允许采用数据库的管理方式对以数据清单形式存放的工作表进行各种排序、筛选、分类汇总、统计和建立数据透视表等操作。

数据清单是指包含一组相关数据的一系列工作表数据行。Excel 2010 允许采用数据库管理的方式管理数据清单。数据清单由标题行(表头)和数据部分组成。数据清单中的行相当于数据库中的记录,行标题相当于记录名;数据清单中的列相当于数据库中的字段,列标题相当于字段名,如图 4.75 所示。

	A	B	C	D	E	F	G	H	I	J	K
1	姓名	性别	高数	马哲	思修	体育	计算机基础	军事理论	大学英语	总分	平均分
2	王哲	男	89	75	98	75	98	66	68	569	81.29
3	张红	女	65	85	68	56	86	68	85	513	73.29
4	陈思	女	55	65	89	58	65	65	89	486	69.43
5	陈董	女	89	95	95	98	98	84	88	647	92.43
6	邓慧斌	男	92	92	65	87	56	85	98	575	82.14
7	郭煜	男	63	85	58	86	68	75	82	517	73.86
8	何雯	女	87	75	54	87	62	96	87	548	78.29
9	张兴	男	76	65	98	76	68	65	86	534	76.29
10	黎一明	男	96	51	87	71	45	84	98	532	76.00
11	李海	男	81	89	68	68	68	49	68	491	70.14
12	李庆波	男	59	59	76	62	87	43	78	464	66.29
13	李少欣	男	63	78	85	65	85	78	65	519	74.14
14	李瑶	女	75	57	75	89	85	68	94	543	77.57
15	梁勋	男	78	89	98	86	84	57	88	580	82.86
16	张小聪	女	76	53	69	84	84	75	99	540	77.14
17	梁丹	女	82	59	58	72	65	85	72	493	70.43
18	赵仲鸣	男	89	54	62	76	68	95	96	540	77.14
19	董瑶	女	71	59	58	68	92	68	85	501	71.57

图 4.75　学生成绩数据清单

4.6.1　数据的排序操作

用户可以根据数据清单中的数值对数据清单的行列数据进行排序。排序时，Excel 2010 将利用指定的排序顺序重新排列行、列或各单元格。可以根据一列或多列的内容按升序(1 到 9，A 到 Z)或降序(9 到 1，Z 到 A)对数据清单排序。

Excel 2010 默认状态是按字母顺序对数据清单排序。如果需要按时间顺序对月份和星期数据排序，而不是按字母顺序排序，则使用自定义排序顺序。也可以通过生成自定义排序顺序使数据清单按指定的顺序排序。

例如，针对图 4.75，对所有学生根据总成绩进行降序排列可以有以下几种方法：

1. 利用命令按钮进行升序或降序排序

使用选项卡"数据"中的"排序和筛选"命令组可以对清单中的数据进行升序或降序排列。操作步骤如下：

(1)选定数据清单的 J2 单元格。

(2)点击选项卡"数据"→"排序和筛选"中的降序排列按钮，即可完成排序，如图 4.76 所示。此方法只能按照一个关键字进行排序。

2. 利用"排序"命令进行排序

利用选项卡"数据"→"排序与筛选"下的"排序"命令可以进行更多关键字排序。

在本例中增加"高数"为次要关键字进行降序排列。操作步骤如下：

(1)选定数据清单区域，选择"数据"卡下的"排序与筛选"命令组的"排序"命令，出现"排序"对话框。

(2)在"主要关键字"下拉列表中选择"总分"，选中"降序"，单击"添加条件"按钮，在新增的"次要关键字"中，选择"高数"列，选中"降序"次序，如图4.77所示，单击"确定"

即可。

	A	B	C	D	E	F	G	H	I	J	K
									J2	=SUM(C2:I2)	
1	姓名	性别	高数	马哲	思修	体育	计算机基础	军事理论	大学英语	总分	平均分
2	陈萱	女	89	95	95	98	98	84	88	647	92.43
3	梁勋	男	78	89	98	86	84	57	88	580	82.86
4	邓慧斌	男	92	92	65	87	56	85	98	575	82.14
5	王哲	男	89	75	98	75	98	66	68	569	81.29
6	何雯	女	87	75	54	87	62	96	87	548	78.29
7	李瑶	女	75	57	75	89	85	68	94	543	77.57
8	张小聪	女	76	53	69	84	84	75	99	540	77.14
9	赵仲鸣	男	89	54	62	76	68	95	96	540	77.14
10	张兴	男	76	65	98	76	68	65	86	534	76.29
11	黎一明	男	96	51	87	71	45	84	98	532	76.00
12	李少欣	男	63	78	85	65	85	78	65	519	74.14
13	郭煜	男	63	85	58	86	68	75	82	517	73.86
14	张红	女	65	85	68	56	86	68	85	513	73.29
15	董瑶	女	71	59	58	68	92	68	85	501	71.57
16	梁丹	女	82	59	58	72	65	85	72	493	70.43
17	李海	男	81	89	68	68	68	49	68	491	70.14
18	陈思	女	55	65	89	58	65	65	89	486	69.43
19	李庆波	男	59	59	76	62	87	43	78	464	66.29

图 4.76　按"总成绩"降序排列后的数据清单

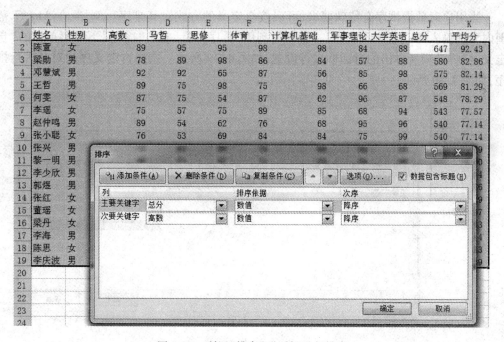

图 4.77　利用"排序"对话框进行排序

排序结果如图 4.78 所示。

	A	B	C	D	E	F	G	H	I	J	K
1	姓名	性别	高数	马哲	思修	体育	计算机基础	军事理论	大学英语	总分	平均分
2	陈萱	女	89	95	95	98	98	84	88	647	92.43
3	梁勋	男	78	89	98	86	84	57	88	580	82.86
4	邓慧斌	男	92	92	65	87	56	85	98	575	82.14
5	王哲	男	89	75	98	75	98	66	68	569	81.29
6	何雯	女	87	75	54	87	62	96	87	548	78.29
7	李瑶	女	75	57	75	89	85	68	94	543	77.57
8	赵仲鸣	男	89	54	62	76	68	95	96	540	77.14
9	张小聪	女	76	53	69	84	84	75	99	540	77.14
10	张兴	男	76	65	98	76	68	65	86	534	76.29
11	黎一明	男	96	51	87	71	45	84	98	532	76.00
12	李少欣	男	63	78	85	65	85	78	65	519	74.14
13	郭煜	男	63	85	58	86	68	75	82	517	73.86
14	张红	女	65	85	68	56	86	68	85	513	73.29
15	董瑶	女	71	59	58	68	92	68	85	501	71.57
16	梁丹	女	82	59	58	72	65	85	72	493	70.43
17	李海	男	81	89	68	68	68	49	68	491	70.14
18	陈思	女	55	65	89	58	65	65	89	486	69.43
19	李庆波	男	59	59	76	62	87	43	78	464	66.29

图4.78 利用"排序"对话框进行排序结果

3. 自定义排序

当用户对数据排序有特殊要求,可以按自定义的方式对其排序。例如:在 A1:A7 范围内分别输入"四、三、一、二、五、六、日",利用"排序"对话框中"次序"下拉菜单中的"自定义序列"选项所弹出的对话框进行设置,如图 4.79 所示。选择自定义序列对其进行排序,如图 4.80 所示。

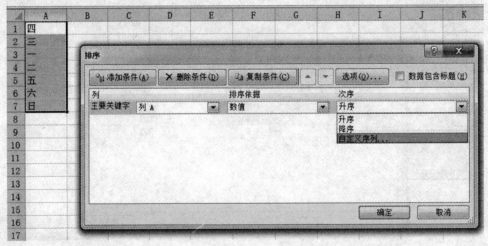

图4.79 "自定义序列"选项

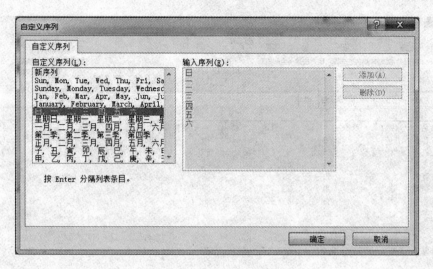

图 4.80　"自定义序列"对话框

4.6.2　数据的筛选操作

用户在对数据进行分析时,常会从全部数据中按需选出部分数据,如从成绩表中选出成绩优秀(总成绩≥90)的学生,或选出某院系的学生等。这就要用到 Excel 2010 提供的"自动筛选"和"高级筛选"对数据进行操作。

1.　自动筛选

自动筛选是一种快速的筛选方法,用户可通过它快速地选出数据。其具体操作方法如下:

(1)单击数据清单中任一单元格或选中整张数据清单。

(2)单击选项卡"数据"中的"筛选"命令按钮。

这时可以看到,在数据清单的每个字段名右侧都会出现一个向下的箭头,如图 4.81 所示。

单击要筛选的那一项的下拉箭头,就会出现相应的下拉列表框。例如,筛选出"计算机基础"成绩大于或等于 90 分以上的同学,可以单击"计算机基础"旁的下拉箭头,选择"数字筛选"中的"大于或等于"操作,如图 4.82 所示,在弹出的"自定义自动筛选方式"对话框中输入分数"90",如图 4.83 所示,确定后显示筛选结果,如图 4.84 所示。

在此基础上可以进行二次筛选,例如筛选出计算机基础 90 分以上的女同学的信息,方法如下:在上例筛选结果基础上,单击"性别"的下拉箭头,如图 4.85 所示,选择"女",单击"确定"按钮,筛选结果如图 4.86 所示。

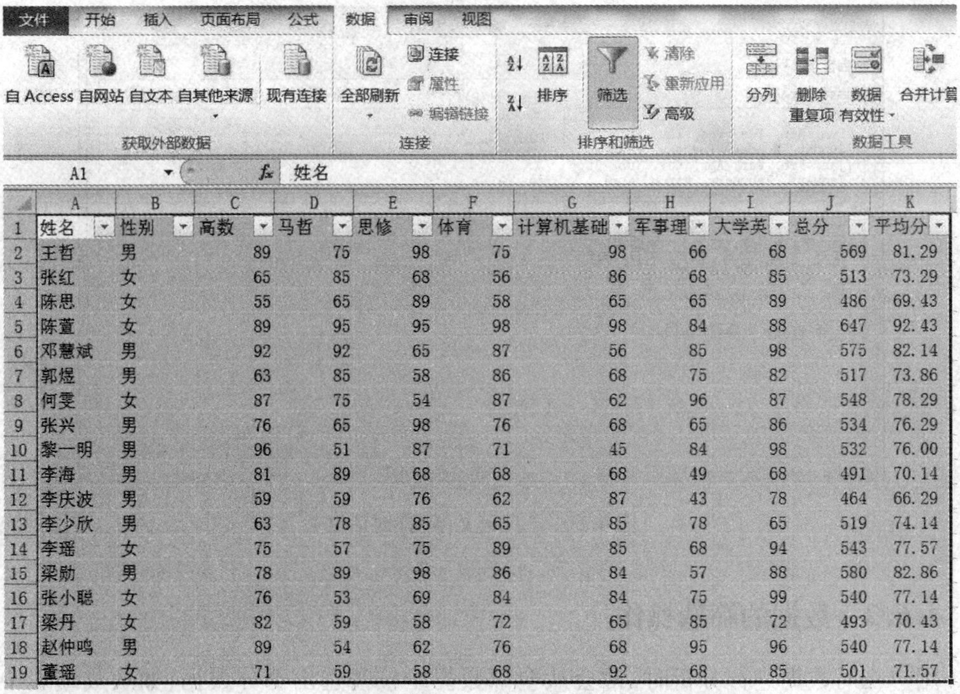

| | 文件 | 开始 | 插入 | 页面布局 | 公式 | 数据 | 审阅 | 视图 |

| | 自 Access | 自网站 | 自文本 | 自其他来源 | 现有连接 | 全部刷新 | 连接 属性 编辑链接 | 排序 | 筛选 | 清除 重新应用 高级 | 分列 | 删除 重复项 | 数据 有效性· | 合并计算 |
| | | | 获取外部数据 | | | | 连接 | | 排序和筛选 | | | 数据工具 | | |

A1 = 姓名

	A	B	C	D	E	F	G	H	I	J	K
1	姓名	性别	高数	马哲	思修	体育	计算机基础	军事理	大学英	总分	平均分
2	王哲	男	89	75	98	75	98	66	68	569	81.29
3	张红	女	65	85	68	56	86	68	85	513	73.29
4	陈思	女	55	65	89	58	65	65	89	486	69.43
5	陈萱	女	89	95	95	98	98	84	88	647	92.43
6	邓慧斌	男	92	92	65	87	56	85	98	575	82.14
7	郭煜	男	63	85	58	86	68	75	82	517	73.86
8	何雯	女	87	75	54	87	62	96	87	548	78.29
9	张兴	男	76	65	98	76	68	65	86	534	76.29
10	黎一明	男	96	51	87	71	45	84	98	532	76.00
11	李海	男	81	89	68	68	68	49	68	491	70.14
12	李庆波	男	59	59	76	62	87	43	78	464	66.29
13	李少欣	男	63	78	85	65	85	78	65	519	74.14
14	李瑶	女	75	57	89	89	85	68	94	543	77.57
15	梁勋	男	78	89	98	86	84	57	88	580	82.86
16	张小聪	女	76	53	69	84	84	75	99	540	77.14
17	梁丹	女	82	59	58	72	65	85	72	493	70.43
18	赵仲鸣	男	89	54	62	76	68	95	96	540	77.14
19	董瑶	女	71	59	58	68	92	68	85	501	71.57

图 4.81　数据筛选

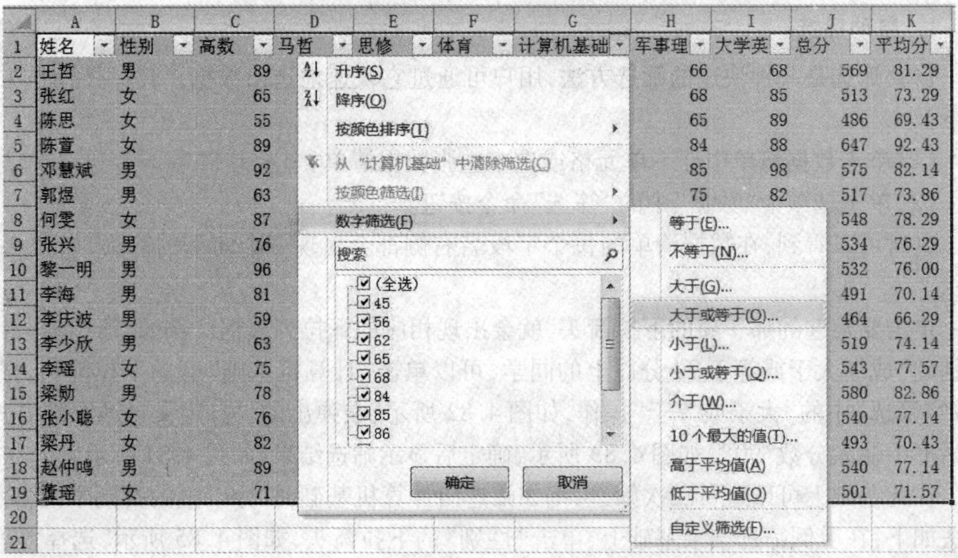

	A	B	C	D	E	F	G	H	I	J	K
1	姓名	性别	高数	马哲	思修	体育	计算机基础	军事理	大学英	总分	平均分
2	王哲	男	89	升序(S)				66	68	569	81.29
3	张红	女	65	降序(O)				68	85	513	73.29
4	陈思	女	55	按颜色排序(T)		▶		65	89	486	69.43
5	陈萱	女	89					84	88	647	92.43
6	邓慧斌	男	92	从 "计算机基础" 中清除筛选(C)				85	98	575	82.14
7	郭煜	男	63	按颜色筛选(I)		▶		75	82	517	73.86
8	何雯	女	87	数字筛选(F)		▶		等于(E)…		548	78.29
9	张兴	男	76					不等于(N)…		534	76.29
10	黎一明	男	96	搜索		🔍		大于(G)…		532	76.00
11	李海	男	81	☑(全选)				大于或等于(O)…		491	70.14
12	李庆波	男	59	☑ 45				小于(L)…		464	66.29
13	李少欣	男	63	☑ 56				小于或等于(Q)…		519	74.14
14	李瑶	女	75	☑ 62 ☑ 65				介于(W)…		543	77.57
15	梁勋	男	78	☑ 68				10 个最大的值(T)…		580	82.86
16	张小聪	女	76	☑ 84				高于平均值(A)		540	77.14
17	梁丹	女	82	☑ 85 ☑ 86				低于平均值(O)		493	70.43
18	赵仲鸣	男	89							540	77.14
19	董瑶	女	71	确定	取消			自定义筛选(F)…		501	71.57
20											
21											

图 4.82　"自动筛选"条件对话框

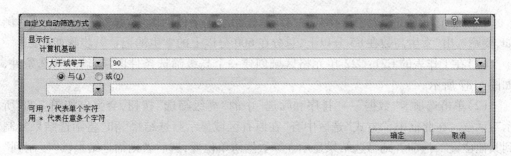

图 4.83 自定义筛选方式对话框

	A	B	C	D	E	F	G	H	I	J	K
1	姓名	性别	高数	马哲	思修	体育	计算机基础	军事理	大学英	总分	平均分
2	王哲	男	89	75	98	75	98	66	68	569	81.29
5	陈童	女	89	95	95	98	98	84	88	647	92.43
19	董瑶	女	71	59	58	68	92	68	85	501	71.57

图 4.84 筛选结果

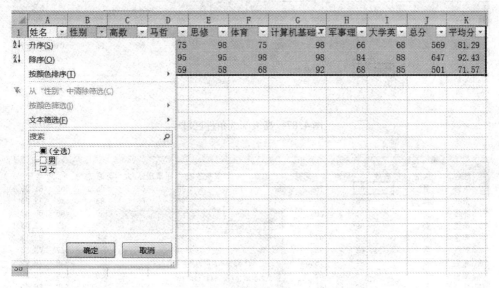

图 4.85 筛选性别为女的记录

	A	B	C	D	E	F	G	H	I	J	K
1	姓名	性别	高数	马哲	思修	体育	计算机基础	军事理	大学英	总分	平均分
5	陈童	女	89	95	95	98	98	84	88	647	92.43
19	董瑶	女	71	59	58	68	92	68	85	501	71.57

图 4.86 二次筛选结果

选择"数据"选项卡下的"排序与筛选"命令组的"清除"命令,即可恢复所有数据。

2. 高级筛选

实际应用中往往遇到更复杂的筛选条件,就需要使用高级筛选。

在数据清单的工作表中选择某空白区域作为设置条件的区域,并输入筛选条件。例如,要筛选出"女生高数在 85 分以上,总分在 600 分以上的学生的记录",步骤如下:

(1)在工作表的 C21:G22 单元格区域创建一个高级筛选条件区域,输入筛选条件,如图 4.87 所示。

(2)单击选项卡"数据"→"排序和筛选"中的"高级筛选"按钮,会弹出如图 4.88 所示对话框。在此框中,"方式"选区中有"在原有区域显示筛选结果"和"将筛选结果复制到其他位置",选前者则筛选结果显示在原数据清单位置,选后者则筛选结果被"复制到"指定区域,而原数据仍然在原处。例如,选择"将筛选结果复制到其他位置",然后在"复制到"框中输入 MYMAMYM25:MYMMMYM39。注意,在复制前需在 MYM25 行建立表标题。

(3)在"数据区域"中指定要筛选的数据区域:MYMAMYM5:MYMLMYM22,再在"条件区域"中指定已输入条件的区域:Sheet1! MYMBMYM1:MYMFMYM3。高级筛选对话框中还有一复选框为"选择不重复的记录",选中它,则筛选时去掉重复的记录。

(4)单击"确定",高级筛选完成,如图 4.89 所示。

	A	B	C	D	E	F	G	H	I	J	K
17	梁丹	女	82	59	58	72	65	85	72	493	70.43
18	赵仲鸣	男	89	54	62	76	68	95	96	540	77.14
19	董瑶	女	71	59	58	68	92	68	85	501	71.57
20											
21			性别		高数		总分				
22			女		>=85		>=600				
23											

图 4.87　高级筛选条件区域

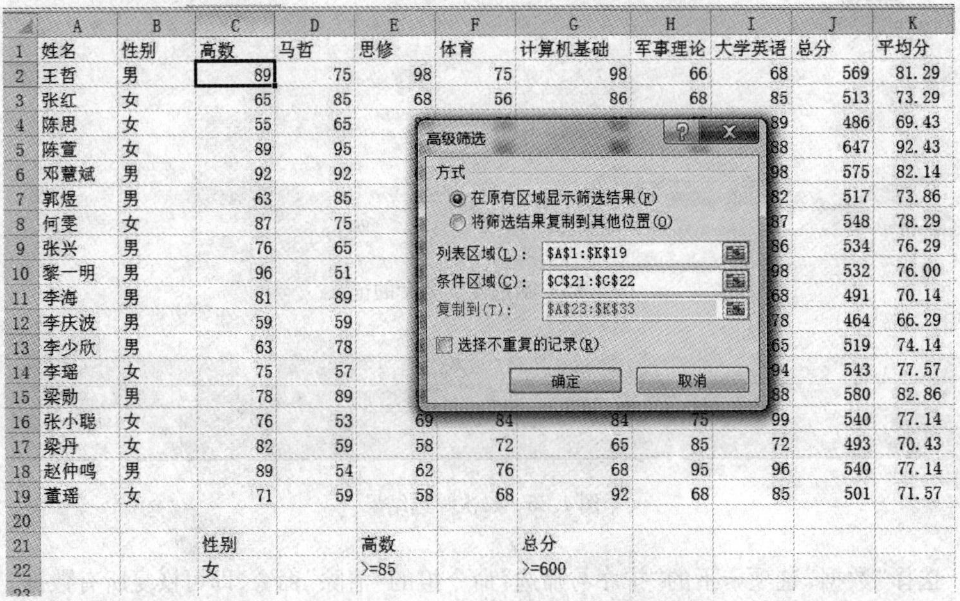

图 4.88　"高级筛选"对话框

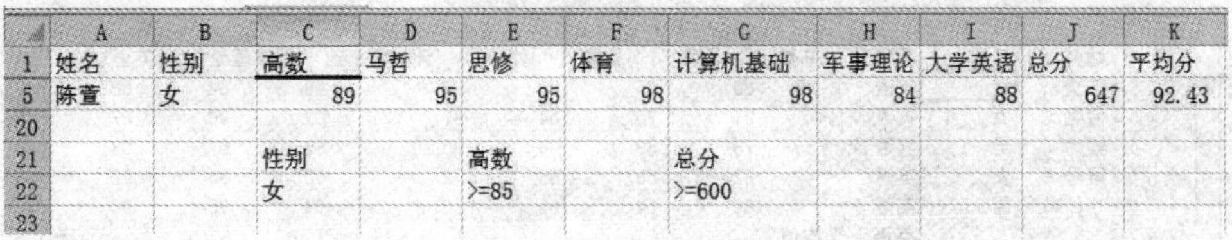

	A	B	C	D	E	F	G	H	I	J	K
1	姓名	性别	高数	马哲	思修	体育	计算机基础	军事理论	大学英语	总分	平均分
5	陈萱	女	89	95	95	98	98	84	88	647	92.43
20											
21			性别		高数		总分				
22			女		>=85		>=600				
23											

图 4.89　高级筛选结果

4.6.3　数据的分类汇总操作

分类汇总是对数据清单上的数据进行分析的一种方法,使用分类汇总功能可以对记录按某一字段分类,然后对数据进行求和、平均值等计算。分类汇总前必须对需要分类的字段排序。

1. 单字段分类汇总

例如:在学生成绩数据清单中,新增"系别"字段并以"系别"为分类字段求总分的平均值。操作步骤如下:

(1)先选定汇总列"系别",对数据清单按汇总列字段"系别"进行排序。

(2)在要分类汇总的数据清单中,单击任意单元格。

(3)单击选项卡"数据"→"分级显示"中的"分类汇总"命令,打开"分类汇总"对话框,如图 4.90 所示。

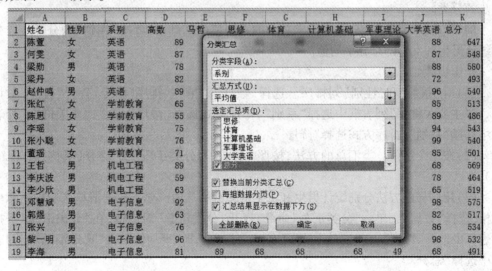

图 4.90　"分类汇总"对话框

(4)在"分类字段"下拉列表框中,单击需要用来分类汇总的数据列"系别"。

(5)在"汇总方式"下拉列表框中,单击所需的用于计算分类汇总的方式"平均值"。

(6)在"选定汇总项"列表框中,选定与需要对其汇总计算的数值列"总分"对应的复选框。

(7)单击"确定"按钮,即可生成分类汇总,如图 4.91 所示。

1 2 3		A	B	C	D	E	F	G	H	I	J	K
	1	姓名	性别	系别	高数	马哲	思修	体育	计算机基础	军事理论	大学英语	总分
	2	陈萱	女	英语	89	95	95	98	98	84	88	647
	3	何雯	女	英语	87	75	54	87	62	96	87	548
	4	梁勋	男	英语	78	89	98	86	84	57	88	580
	5	梁丹	女	英语	82	59	58	72	65	85	72	493
	6	赵仲鸣	男	英语	89	54	62	76	68	95	96	540
	7			英语　平均值								561.6
	8	张红	女	学前教育	65	85	68	56	86	68	85	513
	9	陈思	女	学前教育	55	65	89	58	65	65	89	486
	10	李瑶	女	学前教育	75	57	75	89	85	68	94	543
	11	张小聪	女	学前教育	76	53	69	84	84	75	99	540
	12	董瑶	女	学前教育	71	59	58	68	92	68	85	501
	13			学前教育　平均值								516.6
	14	王哲	男	机电工程	89	75	98	75	98	66	68	569
	15	李庆波	男	机电工程	59	59	76	62	87	43	78	464
	16	李少欣	男	机电工程	63	78	85	65	85	78	65	519
	17			机电工程　平均值								517.3333
	18	邓慧斌	男	电子信息	92	92	65	87	56	84	98	575
	19	郭煜	男	电子信息	63	85	58	86	68	75	82	517
	20	张兴	男	电子信息	76	65	98	76	68	65	86	534
	21	黎一明	男	电子信息	96	51	87	71	45	84	98	532
	22	李海	男	电子信息	81	89	68	68	68	49	68	491
	23			电子信息　平均值								529.8
	24			总计平均值								532.8889

图 4.91　分类汇总结果

2. 多个字段分类汇总

多字段分类汇总多用于先对某个字段进行单字段汇总,然后再对汇总后的数据做进一步的分类。

例如:在以"系别"为分类字段求总分的平均值的基础上,再按"性别"为分类字段分别统计男生和女生的总分平均值。

操作步骤如下:

(1)对"系别"和"性别"列排序。选择"数据"菜单→"排序"命令,打开"排序"对话框,在"主要关键字"列表框中选择"系别",排序方式选择"降序",在"次要关键字"列表框中选择"系别",排序方式选择"降序"。

(2)按单个字段分类汇总的方法,按照"系别"为分类字段求平均分(具体操作见上例)。

(3)用同样的方法分别统计男生和女生的总分平均值。单击数据清单区域中任意单元格,选择"数据"菜单→"分类汇总"命令,打开"分类汇总"对话框,在"分类汇总"下拉列表框中选择"性别",在"汇总方式"下拉列表框中选择"平均值",在"选定汇总项"列表框中选择"总分"。

注意,在"分类汇总"对话框中要取消"替换当前分类汇总"复选按钮。

(4)单击"确定"按钮,结果如图 4.92 所示。

	姓名	性别	系别	高数	马哲	思修	体育	计算机基础	军事理论	大学英语	总分
1	姓名	性别	系别	高数	马哲	思修	体育	计算机基础	军事理论	大学英语	总分
2	陈萱	女	英语	89	95	95	98	98	84	88	647
3	何雯	女	英语	87	75	54	87	62	96	87	548
4	梁丹	女	英语	82	59	58	72	65	85	72	493
5		女 平均值									562.6667
6	梁勋	男	英语	78	89	98	86	84	57	88	580
7	赵仲鸣	男	英语	89	54	62	76	68	95	96	540
8		男 平均值									560
9			英语 平均值								561.6
10	张红	女	学前教育	65	85	68	56	86	68	85	513
11	陈思	女	学前教育	55	65	89	58	65	65	89	486
12	李瑶	女	学前教育	75	57	75	89	85	68	94	543
13	张小聪	女	学前教育	76	53	69	84	84	75	99	540
14	董瑶	女	学前教育	71	59	58	68	92	68	85	501
15		女 平均值									516.6
16			学前教育 平均值								516.6
17	王哲	男	机电工程	89	75	98	75	98	66	68	569
18	李庆波	男	机电工程	59	59	76	62	87	43	78	464
19	李少欣	男	机电工程	63	78	85	65	85	78	65	519
20		男 平均值									517.3333
21			机电工程 平均值								517.3333
22	邓慧斌	男	电子信息	92	92	65	87	56	85	98	575
23	郭煜	男	电子信息	63	85	58	86	68	75	82	517
24	张兴	男	电子信息	76	65	98	76	68	65	86	534
25	黎一明	男	电子信息	96	51	87	71	45	84	98	532
26	李海	男	电子信息	81	89	68	68	68	49	68	491
27		男 平均值									529.8
28			电子信息 平均值								529.8
29			总计平均值								532.8889

图 4.92　多字段分类汇总示例

3. 删除分类汇总

当在数据清单中清除分类汇总时，Excel 2010 同时也将清除分级显示和插入分类汇总时产生的所有自动分页符。具体操作步骤如下：

（1）在含有分类汇总的数据清单中，单击任意单元格。

（2）单击选项卡"数据"→"分级显示"中的"分类汇总"命令，打开"分类汇总"对话框，如图 4.93 所示。

（3）单击"全部删除"按钮。

4.6.4　数据合并

数据合并可以把来自不同数据源区域的数据进行汇总，并进行合并计算。不同数据源区包括同一工作表中、同一工作簿的不同工作表中、不同工作簿中的数据区域。数据合并是通过建立合并表的方式来进行的。其中，合并表可以建立在某数据源区域所在工作表中，也可以建在同一个工作簿或不同工作簿中。利用"数据"选项卡下"数据工具"命令组的命令可以完成"数据合并""数据有效性""模拟分析"等功能。

例如，在同一工作簿中的"1 分店"和"2 分店"中列出了各自 4 种型号产品 3 个月来的销量，如图 4.94 所示。

图4.93 "分类汇总"对话框

	A	B	C	D
1	1分店销售数量统计表			
2	型号	一月	二月	三月
3	A001	90	85	92
4	A002	77	65	83
5	A003	86	72	80
6	A004	67	49	86

	A	B	C	D
1	2分店销售数量统计表			
2	型号	一月	二月	三月
3	A001	112	90	100
4	A002	80	70	80
5	A003	90	80	90
6	A004	70	65	86

图4.94 "1分店"和"2分店"销售统计表

在本工作簿中新建工作表"合计销售单"数据清单,数据清单字段名与源数据清单相同,选定用于存放合并数据的区域,如图4.95所示。

	A	B	C	D
1	合计销售数量统计表			
2	型号	一月	二月	三月
3	A001			
4	A002			
5	A003			
6	A004			

图4.95 选定合并区域

单击选项卡"数据"→"数据工具"中的"合并计算"命令,弹出合并计算对话框,在"函数"列表中选择"求和",在"引用位置"列表中选取"1分店"的 B3:D6 单元格区域,单击"添加",再选取"2 分店"的 B3:D6 单元格区域,选中"创建指向源数据的链接",如图 4.96 所示,计算结果如图 4.97 所示。

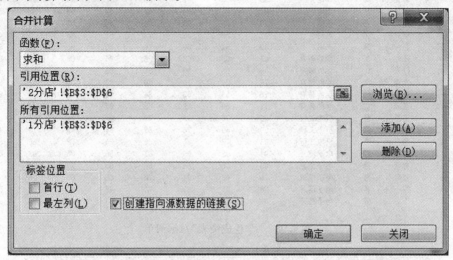

图 4.96　"合并计算"对话框

	A	B	C	D
1		合计销售数量统计表		
2	型号	一月	二月	三月
5	A001	202	175	192
8	A002	157	135	163
11	A003	176	152	170
14	A004	137	114	172
15				

1分店　2分店　合计

图 4.97　"合并计算"结果

4.6.5　建立数据透视表操作

数据透视表是一种可以对大量数据快速汇总和建立交叉列表的交互式表格。它能够对行和列进行转换以查看源数据的不同汇总结果,并显示不同页面以筛选数据,还可以根据需要显示区域中的明细数据。数据透视表是一种动态工作表,它提供了一种以不同角度观看数据清单的简便方法。

现有如图 4.98 所示"学生成绩表"建立数据透视表,统计各系男女生人数。

(1)选择"销售数量统计表"数据清单的 A1:L19 数据区域,单击"插入"选项卡下"表格"命令组的"数据透视表"命令,打开"创建数据透视表"对话框,如图 4.99 所示。

	A	B	C	D	E	F	G	H	I	J	K	L
1	学号	姓名	性别	系别	高数	马哲	思修	体育	计算机基础	军事理论	大学英语	总分
2	001	陈董	女	英语	89	95	95	98	98	84	88	647
3	002	何雯	女	英语	87	75	54	87	62	96	87	548
4	003	梁劼	男	英语	78	89	98	86	84	57	88	580
5	004	梁丹	女	英语	82	59	58	72	65	85	72	493
6	005	赵仲鸣	男	英语	89	54	62	76	68	95	96	540
7	006	张红	女	学前教育	65	85	68	56	86	68	85	513
8	007	陈思	女	学前教育	55	65	89	58	65	65	89	486
9	008	李瑶	女	学前教育	75	57	75	89	85	68	94	543
10	009	张小聪	女	学前教育	76	53	69	84	84	75	99	540
11	010	董瑶	女	学前教育	71	59	58	68	92	68	85	501
12	011	王哲	男	机电工程	89	75	98	75	98	66	68	569
13	012	李庆波	男	机电工程	59	59	76	62	87	43	78	464
14	013	李少欣	男	机电工程	63	78	85	65	85	78	65	519
15	014	邓慧斌	男	电子信息	92	92	65	87	56	85	98	575
16	015	郭煜	男	电子信息	63	85	58	86	68	75	82	517
17	016	张兴	男	电子信息	76	65	98	76	68	65	86	534
18	017	黎一明	男	电子信息	96	51	87	71	45	84	98	532
19	018	李海	男	电子信息	81	89	68	68	68	49	68	491

图 4.98 "学生成绩表"数据清单

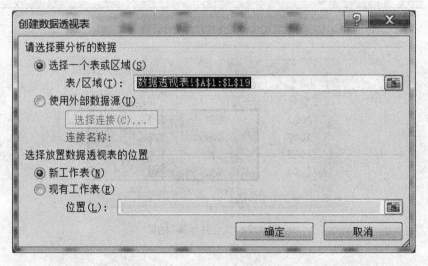

图 4.99 "创建数据透视表"对话框

（2）在"创建数据透视表"对话框中，自动选中了"选择一个表或区域"，在"选择放置数据透视表的位置"选项下选择"新工作表"，单击"确定"按钮，弹出"数据透视表字段列表"对话框。在对话框中，显示着数据列表中的所有列标题，每个按钮都可以拖动到图中的"页""行""列"和"数据"框中。需要分类的字段拖至"行""列"框中，作为数据透视表的行、列标题；拖至"页"框中的字段将成为分页显示的依据；要汇总的字段拖至"数据"区；这里将"性别"字段拖至"行"框中，"系别"字段拖至"列"框中，将"学号"字段拖至"数据区"，如图 4.100 所示。

（3）此时，在所选择放置数据透视表的位置处显示出完成的数据透视表，如图 4.101所示。

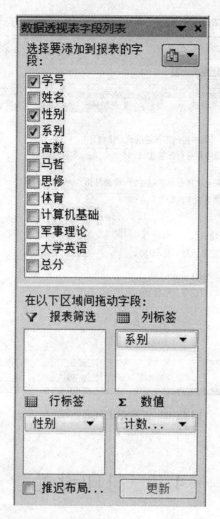

图 4.100　"数据透视表字段列表"对话框

	A	B	C	D	E	F
1						
2						
3	计数项:学号	列标签 ▾				
4	行标签 ▾	电子信息	机电工程	学前教育	英语	总计
5	男	5	3		2	10
6	女			5	3	8
7	总计	5	3	5	5	18
8						
9						

图 4.101　完成的数据透视表

选中数据透视表,单击鼠标右键,可弹出"数据透视表选项"对话框,利用对话框的选项可以改变数据透视表的布局和格式、汇总和筛选项及显示方式等,如图4.102所示。

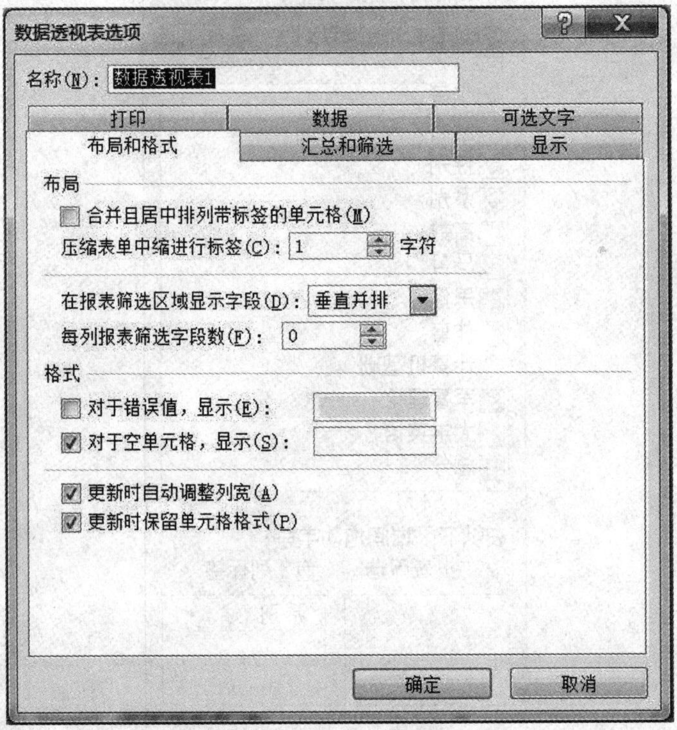

图4.102　"数据透视表选项"对话框

4.7　打印设置

工作表制作完成后,可以通过打印设置功能打印出更加美观的文件。

4.7.1　页面布局

利用"页面布局"选项卡可以设置页面、页边距、页眉/页脚和工作表等,可在选项卡"页面布局"下的页面设置命令组里进行设置,如图4.103所示。

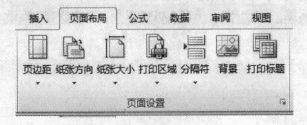

图4.103　"页面布局"选项卡

单击"页面设置"命令组的右下角小箭头,弹出"页面设置"选项卡,进行页面、页边距、页眉/页脚和工作表等相应设置,如图 4.104 所示。

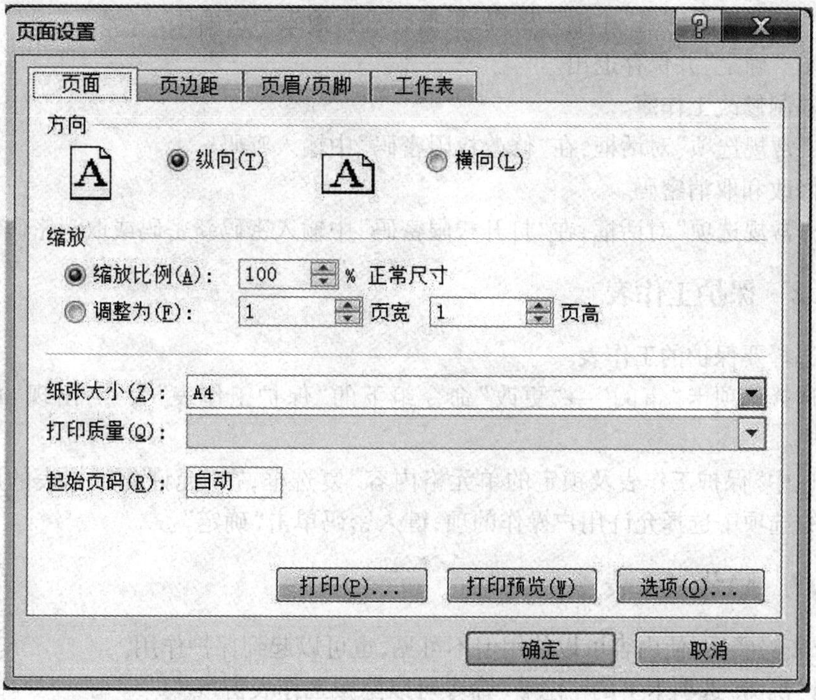

图 4.104　"页面设置"对话框

4.7.2　打印预览

打印之前,可以通过打印预览功能预先观察打印效果,其方法是通过在"页面设置"对话框的"工作表"标签下的"打印预览"命令实现的。

4.7.3　打印

页面设置和打印预览完成后就可以进行打印了,单击选项卡"文件"下的"打印"命令,或者"页面设置"中"工作表"标签下的"打印"命令完成打印。

4.8　工作表保护和隐藏

Excel 2010 可以有效地对所编辑的文件进行保护,例如,设置访问密码防止无关人员访问,或者禁止无关人员修改工作簿或工作表中的数据及隐藏公式等。

4.8.1　保护工作簿

(1)限制打开工作簿。

①打开工作簿,选择"文件"选项卡下的"另存为"命令,打开"另存为"对话框。

②单击"工具"下拉列表框中的"常规选项",打开"常规选项"对话框。

③在"打开权限密码"中输入密码,根据要求再输入一次确认。

④单击"确定"并保存退出。

(2)限制修改工作簿。

打开"常规选项"对话框,在"修改权限密码"中输入密码。

(3)修改和取消密码。

打开"常规选项"对话框,在"打开权限密码"中输入密码新密码或取消密码。

4.8.2 保护工作表

(1)选择要保护的工作表。

(2)选择选项卡"审阅"→"更改"命令组下的"保护工作表"命令,出现"保护工作表"对话框。

(3)选中"保护工作表及锁定的单元格内容"复选框,在"允许此工作表的所有用户进行"下的选项中选择允许用户操作的项,键入密码单击"确定"。

4.8.3 隐藏工作表

工作表隐藏后,使内容可以使用但不可见,也可以起到保护作用。

利用"视图"选项卡下的"隐藏"命令可以隐藏工作表窗口。

练习题

一、选择题

1. 在 Excel 2010 中,对工作表的数据进行一次排序,排序关键字是(　　)。

A. 只能一列　　　　　B. 只能两列　　　　　C. 最多三列　　　　　D. 任意多列

2. 以下操作中不属于 Excel 2010 的操作是(　　)。

A. 自动排版　　　　　　　　　　　B. 自动填充数据

C. 自动求和　　　　　　　　　　　D. 自动筛选

3. 在 Excel 2010 中,下列叙述中不正确的是(　　)。

A. 每个工作簿可以由多个工作表组成

B. 输入的字符不能超过单元格宽度

C. 每个工作簿默认有 3 张工作表

D. 单元格中输入的内容可以是文字、数字、公式

4. 复制选定单元格数据时,需要按住(　　)键,并拖动鼠标。

A. SHIFT　　　　　　B. CTRL　　　　　　C. ALT　　　　　　D. ESC

5. 公式 = SUM(C2:C6)的作用是(　　)。

A. 求 C2 到 C6 这五个单元格数据之和

B. 求 C2 和 C6 这两个单元格数据之和

C. 求 C2 和 C6 这两个单元格的比值

D. 以上说法都不对

6. 在 Excel 2010 中,字符型数据默认显示方式是(　　)。

A. 中间对齐　　　　B. 右对齐　　　　C. 左对齐　　　　D. 字定义

7. Excel 2010 工作簿存盘时默认的文件扩展名为(　　)。

A. SLX　　　　　　B. XLS　　　　　C. DOC　　　　　D. GIB

8. 在 Excel 2010 公式中用来进行乘的标记为(　　)。

A. ×　　　　　　　B. ( )　　　　　　C. ∧　　　　　　D. *

9. 在 Excel 2010 中当鼠标键移到自动填充柄上,鼠标指针变为(　　)。

A. 双箭头　　　　　B. 双十字　　　　C. 黑十字　　　　D. 黑矩形

10. 当输入数字超过单元格能显示的位数时,则以(　　)来表示。

A. 科学记数法　　　B. 百分比　　　　C. 货币　　　　　D. 自定义

11. Excel 2010 的日期第一天是(　　)。

A. 1/1/1901　　　　B. 1/1/1900　　　C. 当年的 1/1　　　D. 以上都不是

12. & 表示(　　)。

A. 算术运算符　　　　　　　　　　B. 文字运算符

C. 引用运算符　　　　　　　　　　D. 比较运算符

13. 默认的图表类型是二维的(　　)图。

A. 饼形　　　　　　B. 折线　　　　　C. 条形　　　　　D. 柱形

14. 下列图标中,(　　)是"自动求和"按钮。

A. Σ　　　　　　　B. S　　　　　　　C. f　　　　　　　D. fx

15. 下列(　　)函数是计算工作表中一串数值的总和。

A. SUM(A1:A10)　　　　　　　　　B. AVG(A1:A10)

C. MIN(A1:A10)　　　　　　　　　D. COUNT(A1:A10)

16. 在 Excel 2010 中,各运算符号的优先级由大到小顺序为(　　)。

A. 算术运算符、关系运算符、逻辑运算符

B. 算术运算符、逻辑运算符、关系运算符

C. 逻辑运算符、算术运算符、关系运算符

D. 关系运算符、算术运算符、逻辑运算符

17. 使用(　　)键,可以将当前活动单元格设为当前工作表中的第一个单元格。

A. Ctrl + 空格　　　　　　　　　　B. Ctrl + *

C. Ctrl + Home　　　　　　　　　　D. Home

18. Excel 2010 将下列数据项视作文本的是(　　)。

A. 1834　　　　　　B. 15E587　　　　C. 2.00E + 02　　　D. -15783.8

19. 在数据移动过程中,如果目的地已经有数据,则 Excel 2010 会(　　)。

A. 请示是否将目的地的数据后移　　　B. 请示是否将目的地的数据覆盖

C. 直接将目的地的数据后移　　　　　D. 直接将目的地的数据覆盖

二、填空题

1. 新建 Excel 2010 工作簿的快捷键是_____键。

2. Excel 2010 选定不连续单元格区域的方法是:选定一个单元格区域,按住_____键的同时选其他单元格或单元格区域。

3. 单元格的引用有相对引用、绝对引用及_____。

4. 如果 A1:A5 单元格分别为 5、10、11、4、2,则 AVERAGE(A1:A5,4) = _____。

5. SUM("5",3,TRUE) = _____。

6. 若 COUNT(A1:A7) = 4,则 COUNT(A1:A7,3) = _____。

7. EXCEL 2010 单元格格中,在默认方式下,数值数据靠_____对齐,日期和时间数据靠_____对齐,文本数据靠_____对齐。

8. 若 A1 单元格为文本数据 2,A2 单元格为逻辑值 TRUE,则 SUM(A1:A2,2) = _____。

9. 一个工作簿可由多个工作表组成,在缺省状态下,工作簿由_____个工作表组成。

10. 12&34 的运算结果为_____。

11. 向单元格中输入公式时,公式前应冠以 = 或_____。

三、思考题

1. 如何理解 Excel 2010 中的工作簿、工作表和单元格之间的关系。

2. 在 EXCEL 2010 中如何使用鼠标利用默认的工作表 SHEET2 创建一个名为"学生成绩表"?

四、操作题

任务一:

要求:"学生成绩表"工作表中的数据如图 4.105 所示,请使用函数完成相关操作。

姓名	性别	高数	马哲	思修	体育	计算机基础	军事理论	大学英语	总分	排名	500分以上人数	分段点	统计人数	产生[100,150]之间的随机数
王哲	男	89	75	98	75	98	68					499		
张红	女	65	85	68	56	86	68	85				549		
陈思	女	55	65	89	58	65	65	89						
陈萱	女	89	95	95	98	98	84	88						
邓慧斌	男	92	92	65	87	56	85	98						
郭恺	男	63	85	58	86	68	75	82						
何雯	女	87	75	54	87	62	96	87						
张兴	男	76	65	98	76	68	65	86						
黎一明	男	96	51	87	71	45	84	98						
李海	男	81	89	68	68	68	49	68						
李庆波	男	59	59	76	62	87	43	78						
李少欣	男	63	78	85	65	85	78	65						
李瑶	女	75	57	75	89	85	68	94						
梁勋	男	78	89	98	86	84	57	88						
张小懿	女	76	53	69	84	84	75	99						
梁丹	女	82	59	58	72	65	85	72						
赵仲鸣	男	89	54	62	76	68	95	96						
董瑶	女	71	59	58	68	92	68	85						
平均分														
最高分														
最低分														

图 4.105 学生成绩表

(1)计算每门课程的平均分,最高分,最低分。

(2)在 J 列计算每位同学的总分,并根据总分情况在 K 列对其按降序进行排名次。

(3)在 L2 单元格统计总分为 500 分及以上学生人数。

(4)在 N 列统计总分分布在 <500,500 < = 总分 <550,总分 > =550 分别为多少人。

（5）在 O 列产生 10 个介于[100,150]之间的随机整数。

任务二：

要求：

1. 建立工作簿文件"合作医疗市级定点医院住院病人费用明细表.xlsx"，建立"病人费用表"工作表。

2. 对"病人费用表"中的数据进行数据填充，按图 4.106 进行填充数据。

（1）在"病人费用表"中，自动填充"序号"一列数据，初始序号为"1001"。

（2）利用公式对"病人费用表"中床位费用""医疗总费用"两列进行填充，其中床位费用＝（报表日期－住院时间）×30，医疗总费用＝床位费用＋药品费用＋治疗费用。

	A	B	C	D	E	F	G	H	I	J
1	合作医疗市级定点医院住院病人费用明细表									
2							报表日期：	2016/3/31		单位：元
3										
4	序号	患者姓名	性别	年龄	住院科室	住院时间	床位费用	药品费用	治疗费用	医疗总费用
5		李鑫	女	45	外科	2015/12/18		5632.00	2180.00	
6		王宵	女	32	妇科	2015/12/1		2378.00	3100.00	
7		李聪	男	22	外科	2015/12/11		1100.00	2500.00	
8		卢魁	男	60	内科	2015/12/30		5312.00	900.20	
9		张茵	女	27	妇科	2016/1/3		2000.00	2100.00	
10		刘诚	男	70	内科	2016/1/12		1000.00	2343.00	
11		马玉	男	56	内科	2016/2/15		3000.00	111.10	
12		张南树	男	48	内科	2016/2/24		1500.00	1245.00	
13		邢通	男	11	儿科	2016/3/23		600.00	800.00	
14		孙伟岩	女	66	外科	2016/3/20		500.00	700.50	
15										
16										
17										

图 4.106　病人费用表

3. 对"病人费用表"进行格式化。

（1）将"病人费用表"中的标题"合作医疗市级定点医院住院病人费用明细表"居中显示，并设置字体为"隶书"，字号为"18"。

（2）将"病人费用表"中的所有单元格数据居中显示，表头数据字体为"楷体"，字号为"14"，床位费用、药品费用、治疗费用显示到小数点后两位，使用货币符号￥，使用千位分隔符。

（3）设置"病人费用表"的边框和底纹。要求：外部边框为粗实线，内部边框为细实线，而且表头行的下边框为双线型，并为表头行设置"黄色底纹"。

（4）将"病人费用表"中，医疗总费用大于 10 000 的单元格用浅红填充色深红色文本显示。

4. 在"病人费用表"中，为住院病人的药品费用建立一张"三维簇状柱形图"图标。

（1）设置图表标题为"病人费用"。

（2）设置横坐标轴标题为"姓名"，纵坐标轴标题为"费用"。

（3）将图表移到新工作表中。

5. 在"病人费用表"中，筛选出"医疗总费用"大于 3 000 并小于 9 000 的数据记录。

6.筛选出"医疗总费用"超过 9 000 的女病人的所有数据记录,并将筛选结果放置到"A20"单元格开始的空白区。

7.将"病人费用表"以"住院科室"为分类字段,对"医疗总费用"进行求各分类汇总。

8.创建数据透视图,将"序号"拖至"报表筛选",将"患者姓名"拖至"行标签",将"性别"拖至列标签,将"医疗总费用"拖至"数值区域"。

9.设置纸张为 A4,横向,将页眉设置为"病人费用表"。

第5章

PowerPoint 演示文稿制作软件

PowerPoint 是 Microsoft 公司推出的 Office 系列产品之一，它主要用于制作演示文稿的工具软件。PowerPoint 能够十分方便、快捷地制作一组幻灯片，每张幻灯片中可以包含文字、图形、声音和影像等多种信息，在学术交流、工作汇报、课堂教学和产品介绍等场合进行放映将产生更具说服力和感染力的特殊效果。PowerPoint 是表达观点、演示成果、传达信息的强有力的工具，随着办公自动化的普及，PowerPoint 的应用越来越广。

5.1 演示文稿基础知识

5.1.1 启动和退出

1. 启动 PowerPoint

PowerPoint 的启动有下列几种方法：

（1）执行"开始"→"所有程序"→"Microsoft office"→"Microsoft Office PowerPoint 2010"命令。

（2）双击 Windows 桌面上的"Microsoft PowerPoint"图标。

（3）找到要打开的 PowerPoint 文件，双击该文件或按回车键确认。

2. 退出 PowerPoint

退出 PowerPoint 有下列几种方法：

（1）单击 PowerPoint 程序窗口右上角的"关闭"按钮。

（2）执行"文件"→"退出"命令。

（3）按下快捷组合键 Alt + F4。

（4）双击控制菜单。

注意：如果在 PowerPoint 中编辑了幻灯片并且未事先保存，在退出时系统会提示用户是否保存，如果想保存文件，则选择"是"，系统会弹出"另存为"对话框，在确认保存位置和输入文件名后可单击"保存"按钮保存文件并退出；选择"否"，则不保存文件退出；选择"取消"按钮，则返回 PowerPoint 工作界面。

5.1.2 PowerPoint 的窗口组成

PowerPoint 作为 Office 家族的一员,秉承了 Office 办公软件的风格,让用户在使用不同的 Office 产品时都能感到熟悉和亲切。启动 PowerPoint 后,屏幕将出现如图 5.1 所示的工作界面。

图 5.1　PowerPoint 的窗口

1. 标题栏

标题栏显示目前正在使用的软件的名称和当前文档的名称,其右侧是常见的"最小化""最大化/还原""关闭"按钮。

2. 菜单栏

菜单栏包括"文件""开始""插入""设计""切换""动画""幻灯片放映""审阅""视图"9 个菜单项。单击某菜单项,可以打开对应的菜单,执行相关的操作命令,菜单栏中包含 PowerPoint 的所有控制功能。

(1)文件菜单:对 PowerPoint 文件进行操作。如新建、打开、保存等。

(2)开始菜单:对正处于使用状态的 PowerPoint 文件执行一些编辑操作,如剪切、复制、粘贴等。

(3)插入菜单:对幻灯片进行各种插入操作,如插入表格、形状、图片、艺术字等。

(4)设计菜单:对幻灯片进行设计操作,如页面设置、幻灯片方向、背景样式等。

(5)切换菜单:对幻灯片进行切换操作,如幻灯片切换方式、切换声音、持续时间等。

(6)动画菜单:主要对幻灯片进行动画效果设置,如动画效果等。

(7)幻灯片放映菜单:主要针对幻灯片放映过程进行各种处理,如设置幻灯片的放映方式等。

(8)审阅菜单:对窗口中打开的演示文稿进行排列或选择不同的演示文稿,如拼写检查、信息检索、同义词库等。

(9)视图菜单:用于改变屏幕界面的分布,如改变窗口的显示比例等。

3. 工具栏

工具栏是菜单栏的直观化,工具栏中的所有按钮,都可以在菜单栏里找到。每个按钮代表一个命令。通过工具栏进行操作和通过菜单进行操作的结果是一样的。工具栏里的工具按钮是可以改变的,用户可以根据需要来选择自己喜欢的工具,定制个性化的工具栏。操作方法与 Word 2010 介绍的方法相同。

4. 编辑区

编辑区是用来显示当前幻灯片的一个大视图,可以添加文本,插入图片、表格、图表、电影、声音、超级链接和动画,绘制图形、文本框等。

5. 备注栏

用户可在备注栏添加与每张幻灯片的内容相关的备注,并且在放映演示文稿时将它们用作打印形式的参考资料,或者创建希望让观众以打印形式或在 Web 页上看到的备注。

6. 幻灯片窗格

幻灯片窗格由每张幻灯片的缩略图组成。此窗格中有两个选项卡,一个是默认的"幻灯片"选项卡,另外一个是"大纲"选项卡。当切换到"大纲"选项卡时,可以在幻灯片窗格中编辑文本信息。

7. 状态栏

状态栏显示演示文稿一些相关的信息。例如,总共有多少张幻灯片,当前是第几张幻灯片等。

8. 视图栏

在制作演示文稿的不同阶段,PowerPoint 提供了不同的工作环境,称为视图。在视图栏中有 4 个视图切换按钮,如图 5.2 所示,将鼠标悬停在这些按钮上,会自动出现对应的视图切换按钮的名称。

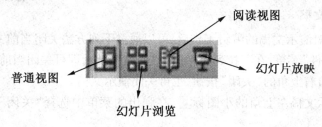

图 5.2 视图切换按钮

9. 显示比例

"显示比例"用于调节 PowerPoint 编辑区的显示大小。通过拖动图 5.3 中的滑块进行调节,其中:⊖为缩小,⊕为放大。

图 5.3 显示比例按钮

5.1.3 打开和关闭演示文稿

1. 打开演示文稿

对已经存在的演示文稿,如果想要进行编辑或放映,可以通过以下操作打开:"文件"菜单→"打开"命令→弹出"打开"对话框→在窗体中选择需要打开的文件或者在"文件名"栏中键入需要打开的文件名→然后选择"打开"按钮,即可打开演示文稿,如图5.4所示。

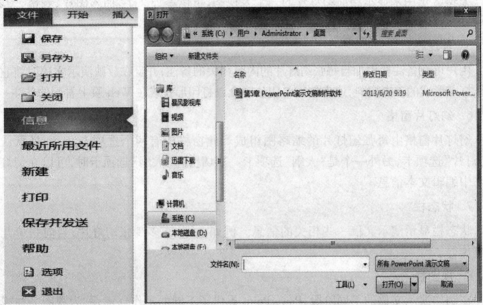

图5.4 "打开"对话框

2. 关闭演示文稿

当用户完成对演示文稿的编辑工作后,可以通过下列方法关闭当前文稿:

(1)单击"文件"菜单,在下拉列表中选择"关闭"命令,即可关闭当前演示文稿。

(2)单击窗口右上角的"关闭"按钮,也可关闭演示文稿。

(3)右击演示文稿左上角的小图标,在弹出的菜单中选择"关闭"命令,即可实现关闭文稿的操作。

(4)使用快捷组合键 Alt + F4。

5.2 PowerPoint 演示文稿的基本操作

利用 PowerPoint 制作的文件叫作"演示文稿",它是 PowerPoint 管理数据的文件单位,以独立的文件形式存储在磁盘上,其文件扩展名为. ppt,而演示文稿中的每页叫作一张幻灯片。一个演示文稿可以包括多张幻灯片,每张幻灯片都是演示文稿中既相互独立又相互联系的内容。

5.2.1　创建演示文稿

单击 PowerPoint 中的"文件"菜单,在下拉列表中选择"新建"命令,打开如图 5.5 所示的界面,该界面提供了一系列创建演示文稿的方法。

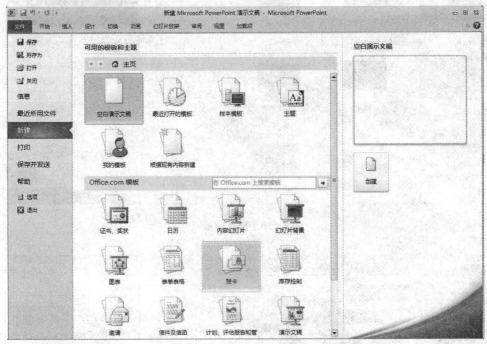

图 5.5　创建演示文稿

1. 空白演示文稿

从具备最少的设计且未应用颜色的幻灯片开始。单击"空白演示文稿"命令后,右则窗格会出现"空白演示文稿"样式,单击下方的"创建"图标,即可创建新的演示文稿。

2. 样本模板

在该模板中可以选定其中的一个现有样式来创建新演示文稿。单击鼠标选定的样本模式,点击右则"创建"图标,即可实现演示文稿的创建,如图 5.6 所示。

3. 主题

使用"主题"设计模板。鼠标单击选定的主题,点击右则"创建"图标,即可实现演示文稿的创建,如图 5.7 所示。

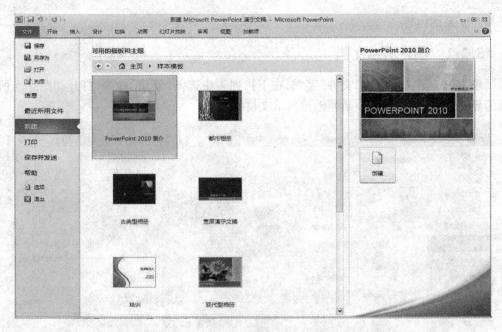

图 5.6　样式模板

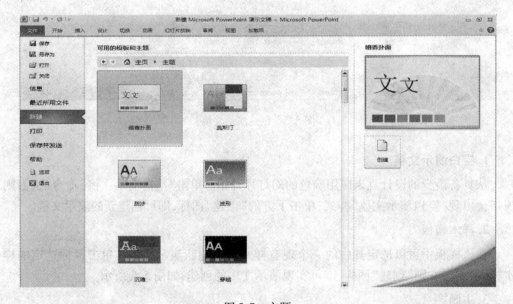

图 5.7　主题

4. 根据现有内容新建

在已经存在的演示文稿基础上创建、修改演示文稿。使用此命令创建现有演示文稿的副本，以对新演示文稿进行设计或内容更改。

5.2.2　保存演示文稿

完成演示文稿的制作后,一定要将演示文稿文件保存起来。在编辑、修改演示文稿时也要养成随时保存的好习惯,以避免因断电、死机等意外事故造成的文件损失,在 PowerPoint 中可使用以下方法保存演示文稿。

(1)执行"文件"→"保存"命令。

(2)单击常用工具栏上的"保存"按钮。

(3)按快捷键 Ctrl + S 。

注意,如果是第一次保存演示文稿,则要在弹出的对话框中设置好保存位置、文件名和保存类型,再单击"保存"按钮。若要把文稿以另外的文件名或文件类型保存,则可执行"文件"→"另存为"命令。

5.2.3　在演示文稿中增加和删除幻灯片

通常,演示文稿由多张幻灯片组成。当用户创建空白演示文稿时,自动生成一张空白幻灯片。当该幻灯片编辑完成后,若需要继续制作下一张幻灯片,此时必须增加新的幻灯片。而如果不再需要某些幻灯片,就可以进行删除操作。

1.选择幻灯片

若要插入新的幻灯片,首先需要确定该幻灯片插入的位置。选定当前幻灯片,则新插入的幻灯片将插入在该幻灯片后面的位置。

若要删除幻灯片,首先需要选定目标幻灯片,然后再执行删除操作。

(1)选择一张幻灯片。

在幻灯片窗格中单击目标幻灯片。

(2)选择多张相邻幻灯片。

在幻灯片窗格中单击第一张幻灯片,然后按下 Shift 键,再单击最后一张幻灯片,则在这两张幻灯片之间的幻灯片全部被选中。

(3)选择多张不相邻幻灯片。

在幻灯片窗格中按下 Ctrl 键并逐个单击要选择的幻灯片。

2.插入幻灯片

常用的插入幻灯片的方式有两种:插入新幻灯片和插入当前幻灯片的副本。前者需要重新定义插入的幻灯片格式等信息;而后者直接复制当前幻灯片并作为插入对象,用户只需编辑内容即可。

①插入新幻灯片。

选定要插入新幻灯片的位置,单击"开始"菜单下的"新建幻灯片",即可在当前幻灯片后面添加一张新的幻灯片。

②插入当前幻灯片的副本。

选中当前幻灯片,单击"开始"菜单下的"新建幻灯片"命令后边的黑色箭头,选中"复制所选幻灯片",即可在当前幻灯片之后插入一张和当前幻灯片完全相同的幻灯片。

3. 删除幻灯片

选中目标幻灯片,右键单击,在快捷菜单中选中"删除幻灯片"命令即可。

5.2.4 打印演示文稿

演示文稿可以打印成文档。单击"文件",在下拉列表中选择"打印"命令,进行相关设置,如图5.8所示。

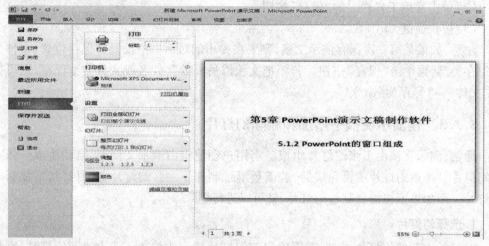

图5.8 "打印"设置

5.3 视图与幻灯片

5.3.1 视图

为了便于演示文稿的编辑,PowerPoint 中提供了几种不同的视图。选择"视图"菜单中对应的视图命令,或单击主窗口左下角的视图切换按钮可以实现视图方式之间的切换。

1. 普通视图

单击"视图"菜单,在其所属命令中选中"普通视图",如图5.9所示。

图5.9 普通视图

普通视图是创建演示文稿的默认视图。在该视图下,窗口由3部分构成,即左侧幻灯片窗格、右侧幻灯片窗口和下方备注窗口。

2.幻灯片浏览视图

在视图中,演示文稿中所有的幻灯片以缩略图的形式将被按顺序显示出来,以便一目了然地看到多张幻灯片的效果,且可以在幻灯片和幻灯片之间进行移动、复制、删除等编辑,如图 5.10 所示,该视图下无法编辑幻灯片中的各种对象。

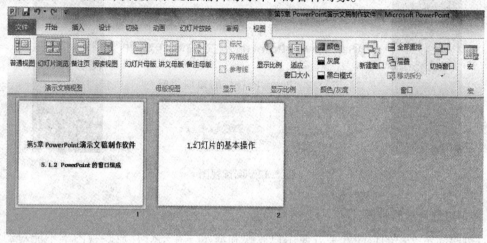

图 5.10　幻灯片浏览视图

3. 备注页视图

单击"视图"菜单中的"备注页"命令,进入幻灯片备注视图,可以在备注栏中添加备注信息(备注是演示者对幻灯片的注释或说明),备注信息只在备注视图中显示出来,在演示文稿放映时不会出现,如图 5.11 所示。

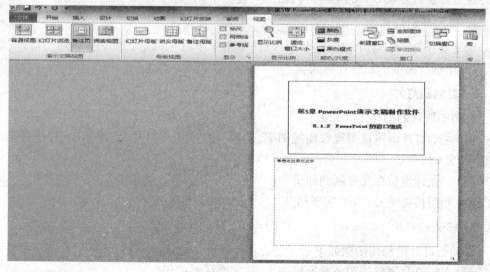

图 5.11　备注页视图

4. 阅读视图

单击"视图"菜单中的"阅读视图"命令,进入幻灯片的阅读视图模式,如图5.12所示。

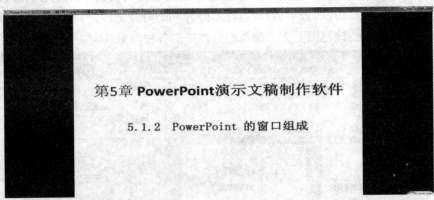

图5.12 阅读视图

5. 幻灯片放映视图

创建演示文稿的目的就是方便用户放映和演示。在幻灯片放映视图下不能对幻灯片进行编辑,如需修改,必须将其切换到"普通视图"下进行编辑。

只有切换到"幻灯片放映"视图下,才能实现全屏演示文稿。

5.3.2 幻灯片

通常在"幻灯片浏览视图"或"普通视图"下的幻灯片窗格能够比较直观和方便地对幻灯片进行各种复制、移动和删除等操作。

1. 添加新幻灯片

选定要添加新幻灯片的位置即插入点,单击菜单栏中的"开始"→"新建幻灯片"命令,在其中选择需要的幻灯片版式。

2. 复制幻灯片

复制幻灯片的操作步骤如下:

(1)在幻灯片浏览视图或普通视图下,选择要复制的幻灯片,右键单击,在快捷菜单中选中"复制"命令。

(2)将光标定位在要复制到的位置。

(3)利用快捷键 Ctrl + V 实现粘贴。

3. 移动幻灯片

移动幻灯片的操作步骤如下:

(1)在幻灯片浏览视图或普通视图下,选定要移动的幻灯片。

(2)按住鼠标左键不放,拖动所选定的幻灯片到合适的位置,松开鼠标左键即可。也可以选定要移动的幻灯片后,先点击右键选择"剪切",然后选择"粘贴"命令来实现幻灯片的移动。

4. 删除幻灯片

删除幻灯片的操作步骤如下：

在幻灯片浏览视图或普通视图下，选定要删除的幻灯片，单击鼠标右键，在快捷菜单中选择"删除幻灯片"或直接按 Delete 键。

5.4　幻灯片制作

5.4.1　文本的输入

1. 在"占位符"中添加文本

在选择用空白演示文稿方式建立幻灯片后，列出各种版式，用户选择所需的版式后，在幻灯片工作区，就会看到各"占位符"，如图 5.13 所示，单击"占位符"中的任意位置，此时虚线框将被加粗的斜线边框代替。"占位符"的原始示例文本将消失，在其内出现一个闪烁的插入点，表明可以输入文本了。

图 5.13　输入文字之前见到的文本框

2. 通过"文本框"输入文本

如果用户选择内容版式中的空白，或需要在幻灯片中的"占位符"以外的位置添加文本，则可以单击"插入"菜单，选择"文本框"命令，然后在目标位置处拖放，出现带控点的方框，即可在光标闪烁处输入文本。其操作方法与 Word 2010 的操作方法类似，如图 5.14所示。

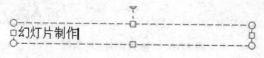

图 5.14　"文本框"内输入文字

3. 插入符号和特殊字符

将插入点移动到要插入符号或特殊字符的位置，单击"插入"菜单，选择"符号"命令，弹出"符号"选择框，鼠标单击其中的目标符号，然后单击下方的"插入"按钮，即可实

现符号和特殊字符的插入,如图5.15所示。

图5.15 "符号"选择框

5.4.2 图像的处理

1. 插入剪贴画

鼠标单击"插入"菜单,选择"剪贴画",在幻灯片的右侧就会出现"剪贴画"的面板,用户可以根据需求在其中进行相关设置和选择。

2. 插入其他图片

插入用其他方式获取图片的操作方式如下:

鼠标单击"插入"菜单,选择"图片",弹出插入图片的对话框,如图5.16所示。

图5.16 "插入图片"对话框

3. 编辑图片

编辑图片的方法与 Word 2010 介绍的方法相同。

4. 绘制图形对象

单击"插入"菜单,选择"形状",在其下拉列表中,用户可以用鼠标单击所选图形,然后到演示文稿目标处进行拖放,即可实现图形的绘制。

在操作过程中,用户还可以对所绘出的图形进行编辑,包括大小、颜色、位置等。

5.4.3　艺术字的处理

在 PowerPoint 中插入艺术字的操作步骤如下:

(1)将鼠标移动到要插入艺术字的位置。

(2)单击"插入"菜单中的"艺术字",然后进行艺术字效果的设置。

(3)在编辑艺术字的对话框中输入文字,根据需要设置字体、字号、粗细、倾斜,单击"确定"即可,如图 5.17 所示。

图 5.17　艺术字

5.4.4　视频和音频的插入

选中需要插入声音文件的幻灯片,鼠标单击"插入"菜单,选择"视频"或"音频",然后可以在其下拉选项中根据需要选定具体命令

5.5　主题与背景设置

背景是幻灯片外观设计中的一个部分。通过设置幻灯片的背景,可以对幻灯片的效果起到渲染作用。

如果对幻灯片背景的设置不满意,用户可以通过改变主题背景样式和设置背景格式等方法对其进行美化。

5.5.1　改变背景样式

PowerPoint 为每个主题提供了 12 种背景样式,用户可以选择其中的一种快速对演示文稿的背景进行更改。

打开演示文稿,鼠标单击"设计"菜单,然后选择"背景样式"命令,用户可以根据需要从中选择一种样式,单击后演示文稿全部采用该背景模式。

如果只想对其中部分幻灯片进行背景设置,首先选中要更改背景的幻灯片,然后右击背景样式,在快捷菜单中选择"应用于所选幻灯片"命令,则该选定的幻灯片改变了背景,而其他幻灯片背景不变,如图 5.18 所示。

5.5.2　背景格式设置

1.改变背景颜色

鼠标单击"设计"菜单,选择"背景样式",在下拉列表中选择"设置背景格式"命令,

弹出如图 5.19 所示的对话框。

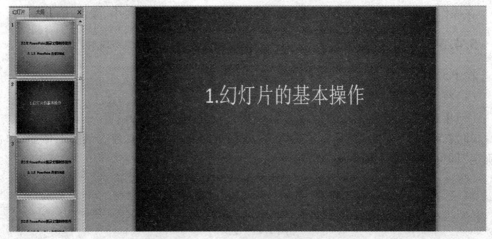

图 5.18　背景设置

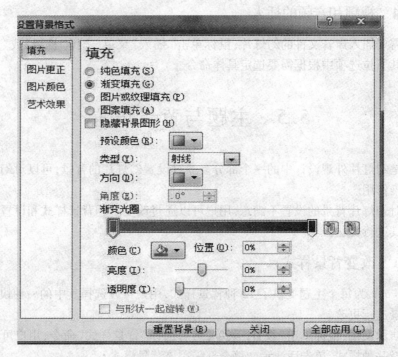

图 5.19　"设置背景格式"对话框

在"设置背景格式"对话框中,"填充"选项中包含纯色填充和渐变填充两种,这两种填充方法均可以对背景颜色进行更改。用户可以手动选择填充的方法,对"预设颜色""类型""方向""渐变光圈"等进行设置。

6. 图案填充

鼠标单击"设计"菜单,选择"背景样式",在下拉列表中选择"设置背景格式"命令,然后选中"图案填充"项,如图 5.20 所示。

图 5.20　图案填充设置

用户可以在"图案填充"下,对"前景色"和"背景色"进行设置。最后点击"关闭"按钮或者"全部应用"按钮。

3. 纹理填充

鼠标单击"设计"菜单,选择"背景样式",在下拉列表中选择"设置背景格式"命令,然后选中"图片或纹理填充"项,如图 5.21 所示。

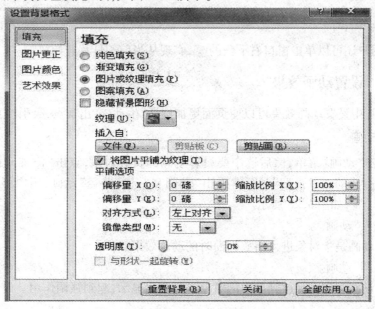

图 5.21　图片或纹理填充设置

用户可以在"图片或纹理填充"下,对"纹理""平铺选项""透明度"等进行设置。最后点击"关闭"或者"全部应用"。

4. 图片填充

鼠标单击"设计"菜单,选择"背景样式",在下拉列表中选择"设置背景格式"命令,然后选中"图片或纹理填充"项。在图 5.21 中,用鼠标单击"插入自"选项下的"文件"按钮,在弹出的对话框中选择目标图片并单击"插入"按钮,可以回到"设置背景格式"对话框。

点击"关闭"或者"全部应用",则所选择的图片将成为幻灯片的背景。

5.6 演示文稿放映设计

用户在创建完演示文稿以后,就要进行演示文稿的放映。

5.6.1 放映演示文稿

鼠标单击"幻灯片放映"菜单,在"开始放映幻灯片"下,可以进行不同的设置,如图 5.22 所示。

图 5.22 开始放映幻灯片

此外,用户还可以单击窗口右下角的 ☲,实现从当前幻灯片开始放映。

5.6.2 设置动画效果

在幻灯片中设置动画效果可以使页面更加鲜活、生动,突出重点,吸引注意力。

1. 设置动画

鼠标单击"动画"菜单,然后选中要设置动画的目标对象,点击"添加动画",在该界面中包含"进入"动画、"强调"动画、"退出"动画和"动作路径"动画,用户可以对所选对象进行相关设置,如图 5.23 所示。

(1)"进入"动画。

"进入"动画是指对象进入播放画面时的动画效果。

(2)"强调"动画。

"强调"动画主要对播放画面中的对象进行突出显示,起到强调作用。

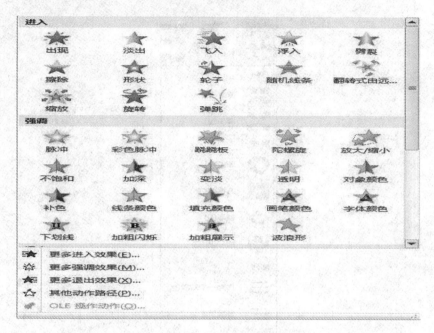

图 5.23　添加动画

（3）"退出"动画。

"退出"动画是指播放画面中的对象离开播放画面的动画效果。

（4）"路径"动画。

"路径"动画是指播放画面中的对象按指定路径移动的动画效果。

2. 动画属性

（1）设置动画效果选项。

动画效果选项是指动画的方向和形式。鼠标单击"动画"菜单，选择"效果选项"，即可出现各种效果选项的下拉列表，如图 5.24 所示。用户可以从中选择满意的效果选项。

（2）设置动画开始方式、持续时间和延迟时间。

动画开始方式是指开始播放动画的方式。

动画持续时间是指动画开始后整个播放时间。

动画延迟时间是指播放操作开始后延迟播放的时间。

鼠标单击"动画"菜单，在菜单栏右侧的"计时"选项卡中单击"开始"下拉按钮，可以选择动画开始方式，如图 5.25 所示。

（3）设置动画音效。

选定需要设定动画音效的对象，单击"动画"菜单，在其右下角点击向下的小箭头，弹出如图 5.26 所示的动画效果选项对话框（以盒式为例）。

从图 5.26 中可以看到，在"效果"选项卡下能够设置动画的方向、声音等；在"计时"选项卡下能够设置动画开始方式、动画持续时间等。因此，需要设置多种动画属性时，可以直接调出该"动画效果选项"对话框，对其设置各种动画效果。

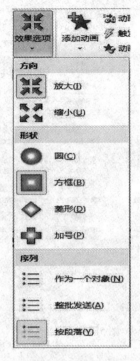

图 5.24 效果选项

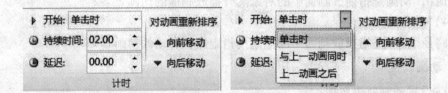

图 5.25 "计时"选项卡

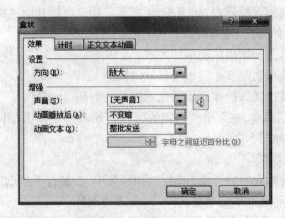

图 5.26 "效果"选项卡

3. 调整动画播放顺序

对象添加动画效果后,会在对象旁边出现该动画播放顺序的序号。通常,该序号与设置动画的顺序一致。

　　对多个对象设置动画效果后,如果对原有播放顺序不满意,则可以调整对象动画的播放顺序。

　　鼠标单击"动画",在"高级动画"选项卡中单击"动画窗格",将在该演示文稿的右侧出现动画窗格中的内容,如图 5.27 所示。

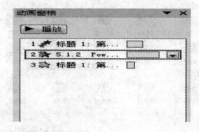

图 5.27　动画窗格设置

4. 预览动画效果

　　动画设置完成后,可以预览动画的播放效果。单击"动画"菜单,在其左侧单击"预览"按钮,即可实现动画预览,如图 5.28 所示。

图 5.28　预览设置

5.6.3　切换效果设计

　　幻灯片的切换是指放映时幻灯片离开和进入播放画面所产生的视觉效果。幻灯片的切换效果不仅使幻灯片的过渡衔接更为自然,还可以吸引观众注意。

1. 设置幻灯片切换样式

　　打开演示文稿,选定要设置切换效果的幻灯片。鼠标单击"切换"菜单,在"切换到此幻灯片"选项卡中,单击右下角的按钮,弹出如图 5.29 所示的列表。

　　用户在该样式列表中可以选择其中的任意一种。

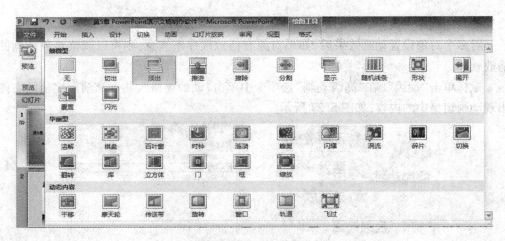

图 5.29   切换样式列表

2. 设置切换属性

切换属性包含效果选项、换片方式、持续时间和声音效果,用户可以根据实际需求进行相关设定。

3. 预览切换效果

在设置切换效果时,用户可以预览设定的切换效果。单击"切换"菜单,在左侧"预览"选项卡下单击即可。

5.7   演示文稿打包与打印

5.7.1   演示文稿的打包

若用户希望将演示文稿在未安装 PowerPoint 应用软件的计算机上进行播放时,需要将演示文稿进行打包,使演示文稿脱离 PowerPoint 应用软件直接放映。

1. 演示文稿打包

演示文稿可以打包到光盘,也可打包到磁盘的文件夹。

打开要打包的演示文稿,鼠标左键单击"文件"菜单,选择下拉列表中的"保存并发送"命令,在"文件类型"下选择"将演示文稿打包在 CD",在屏幕右侧出现打包内容,单击"打包成 CD"按钮,弹出"打包成 CS"对话框,如图 5.30 所示。

用户进一步可以在该对话框中对其进行设置。

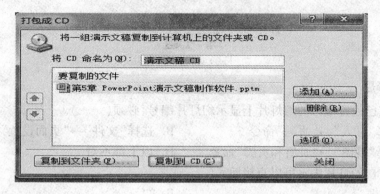

图 5.30　"打包成 CS"对话框

2. 运行打包的演示文稿

打开打包的文件夹的 PresentationPackage 子文件夹,双击该文件夹的 Presentation-Package. html 网页文件,在打开的网页上单击"Download Viewer"按钮,下载 PowerPoint 播放器 PowerPoint Viewer. exe 并安装,启动该播放器,出现"Microsoft PowerPoint Viewer"对话框,定位到打包文件夹,选择需要播放的演示文稿,单击"打开",即可播放该演示文稿。播放完毕后,还可以在对话框中选择播放其他演示文稿。

5.7.2　演示文稿打印

一份演示文稿制作完成以后,有时需要将演示文稿打印出来。PowerPoint 允许用户选择以彩色或黑白方式(大多数演示文稿设计是彩色的,而打印幻灯片或讲义时通常选用黑白颜色。用户可以在打印演示文稿之前先预览幻灯片和讲义的黑白视图,再对黑白对象进行调节)来打印演示文稿的幻灯片、讲义、大纲或备注页。

选择"文件"→"打印"命令,出现如图 5.31 所示的"打印"界面,可以对"打印份数""打印机"等项目组进行设定。在"设置"下拉列表中可以选择打印的幻灯片,可以全部打印或者只打印当前幻灯片或者自定义打印的范围。

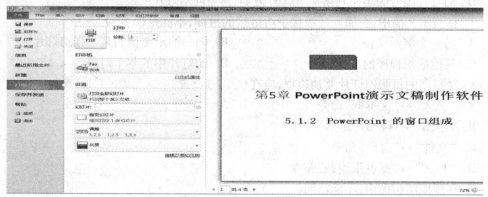

图 5.31　"打印"界面

当用户对打印设置完成后,单击该界面上的"打印"按钮,即可实现演示文稿的打印。

练习题

一、选择题

1. 要在已设置编号的幻灯片上显示幻灯片编号,必须(　　)。
A. 选择"插入"→"页码"命令　　　　　　B. 选择"文件"→"页面设置"命令
C. 选择"视图"→"页眉和页脚"命令　　　D. 以上都不对

2. 在空白幻灯片中不可以直接插入(　　)。
A. 文本框　　　　　　　　　　　　　　B. 文字
C. 艺术字　　　　　　　　　　　　　　D. Word 表格

3. 已设置了幻灯片的动画,但没有动画效果,是因为(　　)。
A. 没有切换到普通视图　　　　　　　　B. 没有切换到幻灯片浏览视图
C. 没有设置动画　　　　　　　　　　　D. 没有切换到幻灯片放映视图

4. 设置幻灯片放映时间的命令是(　　)。
A. "幻灯片放映"→"预设动画"命令　　　B. "幻灯片放映"→"动作设置"命令
C. "幻灯片放映"→"排练计时"命令　　　D. "插入"→"日期和时间"命令

5. 要真正改变幻灯片的大小,可通过(　　)命令来实现。
A. 在普通视图下直接拖拽幻灯片的四条边
B. "文件"→"页面设置"命令
C. "常用"工具栏的"显示比例"列表框
D. "格式"工具栏的"字体"命令

6. 打印幻灯片范围 4 - 9,16,21 - ,表示打印的是(　　)。
A. 幻灯片编号为第 4 到第 9,第 16,第 21
B. 幻灯片编号为第 4 到第 9,第 16,第 21 到最后
C. 幻灯片编号为第 4,第 9,第 16,第 21
D. 幻灯片编号为第 4 到第 9,第 16,第 21 到当前幻灯片

7. 在演示文稿中,在插入超级接中所链接的目标,不能是(　　)。
A. 另一个演示文稿　　　　　　　　　　B. 同一演示文稿的某一张幻灯片
C. 其他应用程序的文档　　　　　　　　D. 幻灯片中的某个对象

8. 对打印的每张幻灯片要加边框,应在(　　)设置。
A. "插入"→"文本框"命令
B. "绘图"工具栏的"矩形"按钮
C. "文件"→"打印"命令
D. "格式"→"颜色张线条"命令

9. 在组织结构图中,不能添加(　　)。
A. 同事　　　　　　　　　　　　　　　B. 上司
C. 下属　　　　　　　　　　　　　　　D. 助手

10. 在幻灯片放映中,下面表述正确的是(　　)。

A. 幻灯片的放映必须是从头到尾全部放映

B. 循环放映是对某张幻灯片循环放映

C. 放映幻灯片必须要有大屏幕投影仪

D. 在幻灯片放映前可以根据使用者的不同,有 3 种放映方式

11. 在 PowerPoint 2010 中,(　　)不是幻灯片的对象。

A. 文本框　　　　　　　　　　　　B. 图片

C. 图表　　　　　　　　　　　　　D. 占位符

12. 在(　　)方式下,可以采用拖放的方法来改变幻灯片的顺序。

A. 普通视图　　　　　　　　　　　B. 幻灯片放映视图

C. 幻灯片浏览视图　　　　　　　　D. 母版视图

二、填空题

1. 在_____视图,可方便地对幻灯片进行移动、复制、删除等编辑操作。

2. 要使每张幻灯片的标题具有相同的字体格式、有相同的图标,应通过_____快速地实现。

3. 在幻灯片母版中插入的对象,只能在_____中进行修改。

4. 在 PowerPoint 2010 中,提供的视图显示方式有_____。

5. 幻灯片间的动画效果,通过"幻灯片放映"菜单的_____命令来设置。

6. PowerPoint 2010 中,在打印幻灯片时,一张 A4 纸最多可打印_____张幻灯片。

三、思考题

1. PowerPoint 2010 提供了多少种电子演示文稿模板?

2. PowerPoint 2010 中的版式有多少种? 如何利用它来更好地进行电子演示文稿的制作?

3. PowerPoint 2010 提供了多少种电子演示文稿的制作向导?

4. PowerPoint 2010 的主要特点是什么?

5. 建立一个电子演示文稿应有哪些步骤?

6. 电子演示文稿中的各个对象的动画设置步骤是什么? 各有什么特点?

四、操作题

任务 1:

1. 熟悉窗口界面各窗口位置分布。

2. 掌握各窗口功能。

任务 2:

1. 新建一个演示文稿,内容包含 3 张版式不同的幻灯片。

2. 第一张幻灯片用"标题幻灯片"版式,标题键入"Powerpoint 使用"文本内容。副标题键入"作品效果"。

3. 第二张幻灯片用"标题和内容"版式,并在文本框中键入文字"powerpoint 窗口"。

4. 要求第一张幻灯片的标题设置为"48 号""方正舒体",文本内容设置为"40 号""华文中宋",并设置行距为 2 行,段前距为 0.5 行。第二张幻灯片的文字设置为"54 号"

"隶书"。

5.第三张幻灯片用"空白"版式,并插入任意一张剪贴画,并设置其位置为"水平左上角6厘米,垂直左上角8厘米"。剪贴画缩放比例为"200%"。

6.设置全部幻灯片主题为"时装设计",切换效果为"涡流"。第三张剪贴画对象效果设置为"自左侧擦除"。

7.保存文件名为"我的PPT文件.pptx",并放映演示文稿,如图5.32所示。

图5.32 演示文稿

效果图如图5.33所示。

图5.33 效果图(1)

任务3:

制作一场辩论大赛的会场背景幻灯片。

1.新建一个空白演示文稿。

2.选择一个适合的幻灯片主题模板。

3.设计幻灯片模板的颜色。

4.选择"标题和内容"幻灯片版式。

5.在幻灯片窗格中,单击标题栏占位符,输入文字"2014年第三届",选择"开始"选项卡,在"字体"组中设置字号为"54",字体为"华文行楷",字体颜色为"蓝色",文字"居中对齐"。

6.单击内容栏占位符,输入文字"大学生辩论大赛",设置字号为"60",字体为"黑体",再选中"辩论"两个字,并将其字号改为"130",字体设置为"华文行楷",文字"居中对齐"。

7. 文字"大学生辩论大赛"换行输入两行字"正方:网络使人更亲近""反方:网络使人更疏远",设置字号为"36",字体为"黑体",字体颜色为"红色",文字为"居中对齐"。并分别设置不同的动画效果,效果自拟。将动画设置为"与上一动画同时"。

8. 换行输入文字"主办单位:校团委",设置字号为"36",字体为"隶书",其他格式自拟。可适当调整文字的位置。并设置文字的超链接到百度网址。

9. 保存文件为"辩论大赛.pptx",观看效果,如图 5.34 所示。

图 5.34　效果图(2)

第6章

Internet 基础与应用

    Internet 是全世界最大的、完全开放的计算机网络,它集现代通信技术和计算机技术于一体,在计算机之间实现了信息交流和共享。

    当今社会已经成为信息化、数字化的社会。据相关部门统计,截至 2011 年,我国互联网用户数量已突破 4 亿。随着政府上网、企业上网以及家庭上网等一系列信息高速公路的建设,计算机网络和 Internet 应用已成为人们需要掌握的一项基本技能。

6.1 计算机网络基础知识

6.1.1 计算机网络

    计算机网络是指将地理位置不同的具有独立功能的多台计算机及其外部设备,通过通信线路连接起来,在网络操作系统、网络管理软件及网络通信协议的管理和协调下,实现资源共享和信息传递的计算机系统。

    简单地说,计算机网络是由两台以上计算机连在一起组成的"计算机群",再加上相应"通信设施"而组成的综合系统。

    从资源共享的角度理解计算机网络,主要把握以下两点:

    (1)计算机网络提供资源共享的功能。资源包括硬件资源、软件资源及数据信息。硬件包括各种处理器、存储设备、输入/输出设备等,如打印机、扫描仪和刻录机等。软件包括操作系统、应用软件和驱动程序等。对于当今越来越依赖于计算机管理,更重要的是信息共享,信息共享的目的是让网络上的每一个人都可以访问所有的程序、设备和特殊的数据,并且让资源共享摆脱地理位置的束缚。

    (2)组成计算机网络的计算机设备是分布在不同地理位置的独立的"自治计算机"。每台计算机核心的基本部件,如 CPU、系统总线、网络接口等都要求独立存在。因此,互联的计算机之间没有明确的主从关系,每台计算机既可以联网使用,也可以脱离网络独立工作。

6.1.2　计算机网络的形成与发展

1. 计算机网络的发展

1969 年,起源于美国国防部高级研究计划署的 ARPAnet。

1979 年,研究开发 TCP/IP,20 世纪 80 年代出现了以 TCP/IP 通信协议的 UNIX 系统。

1984 年,网络用户数量开始增多,ISO 颁布了 OSI 新一代计算机网络体系结构。

1986 年,美国国家科学基金会 NSF 投入 TCP/IP 的研发,建成 NSFNet。

1990 年以后,Internet 飞速发展,入网的用户数呈指数增长。

1993 年,美国政府提出了建立信息高速公路(国家信息基础设施,NII,National Information Infrastructure),一个贯通全美各大学、研究机构、企业及家庭的全国性网络。

1998 年 7 月,美国提出了 NGI(Next Generation Internet)。

随着网络的不断发展,各国在国家信息基础结构建设的重要性方面已形成了共识。于 1995 年 2 月成立了全球信息基础结构委员会(GIIC),目的在于推动和协调各国信息技术和国家信息基础实施的研究、发展与应用,从而大大推动全球信息化发展。

2. 计算机网络的发展阶段

第一代计算机网络是以单个计算机为中心的远程联机系统。典型应用是由一台计算机和全美范围内 2 000 多个终端组成的飞机定票系统。

第二代计算机网络是以多个主机通过通信线路互联起来,为用户提供服务,兴起于 20 世纪 60 年代后期,典型代表是美国国防部高级研究计划局协助开发的 ARPAnet。

第三代计算机网络是具有统一的网络体系结构并遵循国际标准的开放式和标准化的网络。

第四代计算机网络从 20 世纪 80 年代末开始,局域网技术发展成熟,出现光纤及高速网络技术、多媒体、智能网络,整个网络就像一个对用户透明的大的计算机系统,发展为以 Internet 为代表的互联网。

6.1.3　数据通信

数据通信是通信技术和计算机技术相结合而产生的一种新的通信方式。数据通信是指在两台计算机或终端之间以二进制的形式进行信息交换,传输数据。关于数据通信的相关概念,主要介绍下面几个常用术语。

1. 信道

信道(Information Channels,通信专业术语)是信号的传输媒质,可分为有线信道和无线信道两类。有线信道包括明线、对称电缆、同轴电缆及光缆等。无线信道包括地波传播、短波电离层反射、超短波或微波视距中继、人造卫星中继以及各种散射信道等。

2. 数字信号和模拟信号

通信的目的是为了传输数据,信号是数据的表现形式。对于通信技术来讲,任何将表示各类信息的二进制比特序列通过传输介质在不同的计算机之间传输。信号可以分

为数字信号和模拟信号两类。数字信号是一种离散的脉冲序列,计算机产生的电信号用两种不同的电平表示 0 和 1。模拟信号是一种连续变化的信号,如电话线上传输的按照声音强弱幅度连续变化所产生的电信号,就是一种典型的模拟信号,可以用连续的电波表示。

3. 调制与解调

我们常用的普通电话线是针对语音通话而设计的模拟信道,适用于传输模拟信号。而计算机产生的是离散脉冲表示的数字信号,因此要利用电话交换网实现计算机的数字脉冲信号的传输,就必须首先将数字脉冲信号转换成模拟信号。将发送端数字脉冲信号转换成模拟信号的过程称为调制(Modulation);将接收端模拟信号还原成数字脉冲信号的过程称为解调(Demodulation)。将调制与解调两种功能结合在一起的设备称为调制解调器(Modem)。

4. 带宽(Bandwidth)与传输速率

在模拟信道中,带宽表示信道传输信息的能力。带宽是以信号的最高频率和最低频率之差表示,即频率的范围。频率是模拟信号波每秒的周期数,用 Hz(赫兹)表示。在某一特定带宽的信道中,同一时间内,数据不仅能以某一种频率传输,而且还可以用其他不同的频率传输,因此,信道的带宽越宽(带宽数值越大),其可利用的频率就越多,其传输的数据量也就越大。

在数字信道中,用数据传输速率(比特率)来表示信道的传输能力,即每秒传输的二进制位数(bps,比特/秒),单位为 bps、kbps、Mbps、Gbps 与 Tbps。其中:

$1 \text{ kbps} = 1 \times 10^3 \text{ bps}$

$1 \text{ Mbps} = 1 \times 10^6 \text{ bps}$

$1 \text{ Gbps} = 1 \times 10^9 \text{ bps}$

$1 \text{ Tbps} = 1 \times 10^{12} \text{ bps}$

5. 误码率

误码率是指二进制比特数据在数据传输系统中被传错的概率,是通信系统可靠性指标。数据在通信信道传输中一定会因某种原因出现错误,传输错误是正常的和不可避免的,但一定要控制在某个允许的范围之内。在计算机网络系统中,一般要求误码率低于 10^{-6}。

6.2 Internet 概述

6.2.1 Internet 在我国的发展

Internet 在我国的发展经历以下几个阶段:

第一阶段:探索阶段(1987~1994 年)。

Internet 在我国的发展可以追溯到 1986 年。当时,中国科学院等一些科研单位通过国际长途电话拨号到欧洲一些国家,进行国际联机数据库检索。虽然国际长途电话的费用是极其昂贵的,但是能够以最快的速度查到所需的资料还是值得的。这可以说是我国使用 Internet 的开始。

1994 年 4 月,中科院计算机网络信息中心通过 64 kbps 的国际线路连到美国,开通路由器,我国开始正式接入 Internet 网。

第二阶段:成长阶段(1994~1996 年)。

在这段时间内我国先后建成了 4 大主干网路:中国公用计算机互联网(ChinaNet)、中国教育与科研计算机网(CERNet)、中国科学技术计算机网(CSTNet)、中国金桥互联网(ChinaGBN),为以后的发展奠定了基础。

第三阶段:应运而起(1996~1998 年)。

中国互联网进入了一个空前活跃的时期,应用和政府管理齐头并进。

第四阶段:网络大潮(1999~2002 年)。

中国互联网进入了普及和应用的快速增长期。

第五阶段:繁荣发展(2003 年至今)。

应用多元化到来,互联网逐步走向了繁荣。截至 2011 年 12 月底,中国网民规模突破 5 亿,达到 5.13 亿,全年新增网民 5 580 万。互联网普及率较上年底提升 4 个百分点,达到 38.3%。

中国手机网民规模达到 3.56 亿,占整体网民比例为 69.3%。家庭计算机上网宽带网民规模为 3.92 亿,占家庭计算机上网网民比例为 98.9%。截至 2011 年 12 月底,中国域名总数为 775 万个,其中.CN 域名总数为 353 万个。中国网站总数为 230 万个。

6.2.2　Internet 的主要应用

1. 交互式信息检索(WWW,World Wide Web)

Web 是一个基于超文本方式的信息检索工具,它为用户提供了一种友好的信息查询接口,是因特网上的信息服务系统。它把因特网上不同地点的相关信息聚集起来,通过 Web 浏览器(又称 WWW 浏览器,如 Netscape、IE 等)检索它们,无论用户所需的信息在什么地方,只要浏览器为用户检索到之后,就可以将这些信息(文字、图片、动画、声音等)"提取"到用户的计算机屏幕上。由于 Web 采用了超文本链接,用户只需轻轻单击鼠标,就可以很方便地从一个信息页转移到另一个信息页。Web 是目前 Internet 上最让人倾心的系统。

2. 电子邮件(E-mail)

电子邮件是因特网最常用、最基本的功能,也是一种最便捷的利用计算机和网络传递信息的现代化手段。电子邮件的传递由 SMTP(负责邮件的发送)和 POP3(负责邮件的接收、存储)协议来完成。网络用户可以通过 Internet 与全世界的 Internet 用户收发信件。电子邮件的内容不仅仅包含文字,还包含图像、声音、动画等多媒体信息。用户可以通过申请获得自己的信箱,使用计算机软件撰写邮件,通过网络送往对方信箱,对方从自己的信箱中读取信件。电子邮件因其快速、低廉而被广泛采用。

3. 文件传输(FTP)

在因特网上有着取之不尽的信息资源,仅仅依靠浏览器还是不够的,文件传输是信息共享的重要方式之一,也是因特网基本功能之一。

FTP 是文本传输协议的英文缩写,它既是一种协议,又一个程序。网络上的用户可以通过 FTP 功能登录到远程计算机,从其他计算机系统中下载用户所需要的文件,包括获取各种软件、图片、声音等,用户也可以将自己的文件上传给网络。

4. 电子公告板(BBS)

BBS 是一种交互性强、内容丰富而及时的因特网电子信息服务系统。其性质和街头或校园内公告栏相似,只不过 BBS 是通过因特网来传播或取得消息。用户在 BBS 站点可以获得各种信息服务,如下载软件、发布信息、参加讨论、聊天、收发邮件、发送文件等。比如说你的声卡出了问题,又不知道怎办,那么你就可以到 BBS 上发个"贴子",很快就有人来为你解答。你自己有什么心得或者有些好的软件、好的收藏愿意提供出来让大家共享,你也可以把它"贴"到 BBS 上。所以 BBS 是一个大宝库。

5. 新闻组(News Group)

新闻组是一个在 Internet 上提供给网络用户用来彼此交换或是讨论某一共同话题的系统。它是因特网信息服务基本功能之一。在新闻组里,用户可以公开发表和交换意见,可以针对特定的议题进行讨论,也可以单纯地看看别人所发表的文章。

6. 远程登录(Telnet)

远程登录是因特网最早应用程序之一,也是它的基本功能之一,是因特网远程访问的工具。

利用远程登录,在网络协议的支持下,可使用户的计算机暂时成为另一台远程计算机的虚拟终端。一旦登录成功,用户就可以进入远程计算机,并实时地使用该机上全部对外开放资源。通过远程登录,用户不仅可以进入世界各国的图书馆进行联机检索,也可以进入政府部门、研究机构的对外开放数据库及信息系统进行查阅,甚至可以在登录的计算机上运行程序。

7. 电子商务

电子商务是利用计算机网络进行的商务活动。在因特网开放的网络环境下,基于浏览器/服务器应用方式,买卖双方不露面地进行各种商贸活动,实现消费者的网上购物、商户之间的网上交易和在线电子支付以及各种商务活动、交易活动、金融活动和相关的综合服务活动。

8. 现代远程教育

网络教育利用 Internet 实现远程的教育资源共享,是以计算机网络系统为基础的教学系统,实现一种随时随地、交互性强并且内容最新的教学方法。它不仅是传统教育的补充或简单扩展,而且是全新的教育模式,甚至是未来教育的主流模式。

6.2.3　Internet 的接入方式

1. ISP

ISP(Internet Service Provider),互联网服务提供商,即向广大用户综合提供互联网接入业务、信息业务和增值业务的电信运营商。ISP 是经国家主管部门批准的正式运营企业,享受国家法律保护。

中国三大基础运营商:

中国电信:拨号上网、ADSL、CDMAIX,EVDO 及 FTTx。

中国移动:GPRS 及 EDGE 无线上网、TD – SCDMA 无线上网及一少部分 FTTx。

中国联通:GPRS、W – CDMA 无线上网、拨号上网、ADSL 及 FTTx。

其他的 ISP 还包括像中国教育和科研网(CERNET)、北京歌华宽带、北京电信通、长城宽带等。

2. Internet 的接入

(1)通过电话拨号接入。

需要具备以下条件:

①一条电话线路。

②一台传输速率为 33. 6 kbps 或 56 kbps 的调制解调器。

③TCP/IP 协议软件和拨号网络软件。

④向 Internet 网络服务提供商 ISP 申请一个用户账号。

用户首先向 ISP 申请一个用户账号,也可以使用公开账号,如北京信息港公开电话号码、用户名、密码均为 169,有了这个账号用户的计算机才能连接到 ISP 的 Internet 主机上;其次要安装调制解调器及驱动程序;然后还要安装 ICP/IP 协议软件和拨号网络软件。在此以后就可以通过电话线拨号上网了。这时用户的计算机相当于 ISP 主机的一个终端,它与主机都属于 Internet 的一部分。通常主机将 IP 地址动态地分配给每个终端用户,只有分配到 IP 地址的用户才能享受到 ISP 所提供的各种 Internet 服务。

2. 通过局域网接入

通过局域网接入 Internet,是指将用户的计算机连接到一个已经接入 Internet 的计算机局域网中,该局域网的服务器是 Internet 上的一台主机,这样用户的计算机就可以通过该服务器访问 Internet。

3. xDSL 接入

数字用户环路 DSL 技术是指通过电子设备和专用软件,使目前使用的电话线成为数字传输线路,并使带宽达到 2 Mbps 以上。具体的 DSL 技术可分为 ADSL、VDSL、VADSL 和 HDSL 等,统称 xDSL。

其中 ADSL 是一种不对称数字用户环路技术,使用于广域网,比传统的电话线要快得多。ADSL 采用专门的调制解调器,接入时无须拨号,只要接通电话线和电源即可。它可以同时连接多个设备,包括普通电话机和 PC 机等。ADSL 接入示意图如图 6.1 所示。

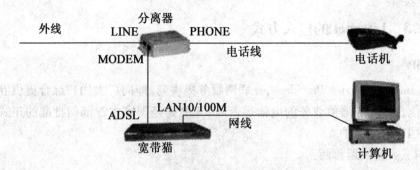

图 6.1　ADSL 接入示意图

4. 其他接入技术

（1）利用电信部门提供的综合业务服务网 ISDN 专线接入。窄带 ISDN 提256 bps ～ 2 kbps的低速服务,而宽带 ISDN 可以提供 2 ～600 Mbps 的高速连接。

（2）利用公共数字数据网 DDN 专线接入。

（3）在加装线缆调制解调器 Cable Modem 后,可以利用有线电视网接入。

（4）利用卫星通信网接入。

（5）利用移动通信的设备接入。

（6）电力网接入（电力载波、副载波调制）

6.3　WWW 应用

6.3.1　WWW 基础知识

1. 什么是 WWW

WWW 是 World Wide Web 的缩写,中文称为"万维网""环球网"等,常简称为 Web。分为 Web 客户端和 Web 服务器程序。WWW 可以让 Web 客户端(常用浏览器)访问浏览 Web 服务器上的页面。

WWW 提供丰富的文本、图形、音频、视频等多媒体信息,并将这些内容集合在一起,并提供导航功能,使得用户可以方便地在各个页面之间进行浏览。由于 WWW 内容丰富、浏览方便,目前已经成为互联网最重要的服务。

2. 超文本和超文本标识语言

用 WWW 浏览器上网浏览,看到的是各种丰富多彩的 web 页面,也就是网页。这些 Web 页面都是用超文本(Hyper Text)格式组织的。超文本是基于计算机的文档,是由超文本标识语言(HTML,Hyper Text Markup Language)编写的,经过合乎语法的解释和显示,呈现在大家面前的就是各种各样的网页。因此 Web 页(网页)是由 HTML 语言编写的,Web 文档就是 HTML 文档。

3. 超级链接

所谓的超链接是指从一个网页指向一个目标的连接关系,这个目标可以是另一个网页,也可以是相同网页上的不同位置,还可以是一个图片,一个电子邮件地址,一个文件,甚至是一个应用程序。而在一个网页中用来超链接的对象,可以是一段文本或者是一个图片。当浏览者单击已经链接的文字或图片后,链接目标将显示在浏览器上,并且根据目标的类型来打开或运行。

4. 统一资源定位符

统一资源定位符(Uniform Resource Locator,URL)也被称为网页地址,是因特网上标准的资源的地址。统一资源定位符 URL 是对可以从因特网上得到的资源的位置和访问方法的一种简洁的表示。URL 为资源的位置提供一种抽象的识别方法,并用这种方法给资源定位。只要能够对资源定位,系统就可以对资源进行各种操作,如存取、更新、替换和查找其属性。

每个统一资源定位符的开始都是该统一资源定位符的体制,其后是按体制不同的部分。以下是一些统一资源定位符体制的例子:

http——超文本传输协议资源。

https——用安全套接字层传送的超文本传输协议。

ftp——文件传输协议。

mailto——电子邮件地址。

ldap——轻型目录访问协议搜索。

file——当地计算机或网上分享的文件。

news——Usenet 新闻组。

gopher——Gopher 协议。

telnet——Telnet 协议。

5. 浏览器

浏览器是万维网服务的客户端浏览程序。可向万维网服务器发送各种请求,并对从服务器发来的超文本信息和各种多媒体数据格式进行解释、显示和播放。

个人计算机上常见的网页浏览器包括微软的 Internet Explorer、Mozilla 的 Firefox、Apple 的 Safari、Opera、HotBrowser、Google Chrome、GreenBrowser 浏览器、Avant 浏览器、360 安全浏览器、360 极速浏览器、搜狗高速浏览器、世界之窗、腾讯 TT、QQ 浏览器、搜狗浏览器、傲游浏览器等。

6.3.2 IE 浏览器

Internet Explorer,简称 IE 或 MSIE,是微软公司推出的一款网页浏览器(图 6.2)。Internet Explorer 是使用最广泛的网页浏览器,目前微软正式发布的 IE 最新版本为 IE11,我们以 Windows 7 系统上的 Internet Explorer 9 为例进行简单的介绍。

图 6.2　IE 浏览器

1. 浏览网页

（1）打开 IE 浏览器。

首先要确定计算机已经通过任何一种接入方式接入到 Internet。

打开 IE 有 3 种方法：

方法一：单击"开始"→"程序"→"Internet Explorer"。

方法二：双击桌面上的"Internet Explorer"图标。

方法三：在"开始"按钮旁边的快速启动栏里单击"Internet Explorer"图标。

（2）输入网址。

在 IE 的地址栏里输入要访问的 Web 站点的 URL 地址，可以省略前面的"http：//"直接输入，例如"www. sohu. com"，然后按回车键就可以访问了，如图 6.3 所示。

图 6.3　输入网址

　　如果在新的窗口中打开网页，可以在有超链接的地方右击鼠标，在弹出的菜单中选择"在新的窗口中打开"即可。

　　（3）IE9 的几个常用功能。

　　①在 IE9 上方左侧是前进后退按钮　　。

②在 IE9 上方中间是地址栏,在 IE9 中地址栏和搜索栏合二为一,不仅可以输入要访问的网址,还可以直接在地址栏输入关键词实现搜索的功能,同时在地址栏的最右侧还提供了刷新和停止的按钮。点击地址栏的下拉菜单可以看到收藏夹和历史记录,使用非常方便。

③IE9 提供了选项卡的功能,选项卡上显示的是页面的名称,可以同时打开多个网页。在默认情况下,选项卡显示在地址栏的右侧,也可以设置选项卡显示在地址栏的下方,和以前的 IE 版本一样。选项卡右侧的方块是新建选项卡按钮,单击就可以新建一个选项卡,也可以通过快捷方式 Ctrl + T 来操作。

④在 IE9 上方地址栏最右侧有 3 个按钮 ⌂ ☆ ⚙ ,它们分别是:

主页:每次打开 IE 会自动打开一个选项卡,选项卡中显示的是默认的主页。主页的地址可以在 Internet 选项中设置,并且可以设置多个主页,这样打开 IE 就会打开多个选项卡显示多个主页。

收藏夹:IE9 将收藏夹、源和历史记录集成在了一起,点击收藏夹按钮就可以展开窗口。

工具:单击工具按钮可以看到"打印""文件""Internet 选项"等功能按钮。

经常使用 IE6、IE7 等老版本的用户会发现,IE9 的界面上没有了状态栏、菜单栏等内容。如果要显示上述内容,在 IE9 中只需在窗口上方空白处单击鼠标右键(或是在左上角单击左键),即可弹出一个菜单,勾选上相应的要显示的内容即可。

2. 保存网页中的图片

保存网页中的图片的方法是非常简单的,在所要保存的图片上点击鼠标右键,在弹出菜单中选择"图片另存为"(图 6.4),然后选择要保存的路径和文件名就可以了。

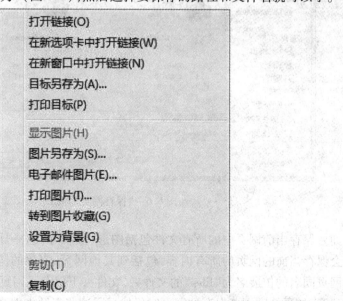

图 6.4　图片另存为

3. 保存网页

（1）在 IE 浏览器打开含有需要保存信息的网页。

（2）单击 地址栏右侧工具按钮，点击"文件"选项，选择"另存为"命令，如图 6.5 所示。

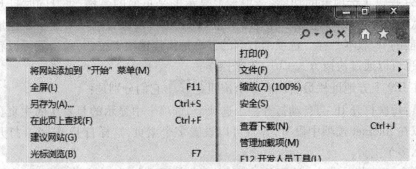

图 6.5　"另存为"命令

（3）在"保存网页"对话框中选择用于保存网页的文件夹在，并输入要保存的文件名。

（4）单击"存为类型"选择框旁边的下箭头，可以有几种类型选择，如图 6.6 所示。

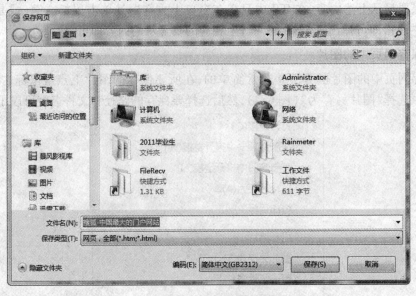

图 6.6　"保存网页"界面

如果保存当前网页中的所有文件包括图形、框架等，选择"网页，全部"类型，这种方法将会保存当前的网页的所有内容，包括到其他网页、资源的链接，同时，会自动建立一个和网页同名的扩展名为"files"的文件夹，文件夹下保存了网页包含的图片、样式表等文件。注意，如果希望浏览保存的网页时仍然显示这些资源文件，就不要删除。

如果将当前网页作为文本文件保存而且可以被浏览器或 Html 编辑器查看，则需要选择"网页，仅 Html"类型。

如果将当前网页保存为可以被任何文本编辑器修改或查看的文本文件,则需要选择"文本文件"类型。

(5)单击"保存",完成对当前网页的保存。

4. 收藏夹

收藏夹是用于收藏和管理用户感兴趣的网址的文件夹。

(1)将网址放入收藏夹的方法。

当遇到感兴趣的网址时,单击地址栏右侧收藏夹按钮→"添加到收藏夹"命令。

(2)使用收藏夹。

点击"收藏夹"按钮,在出现的菜单里直接选择需要的网址,如图 6.7 所示。

点击"收藏夹"图标,在窗口左侧会出现收藏夹栏,在里面选择要浏览的网址,在右面的窗口里就会显示该网址的内容。

图 6.7　"收藏夹"界面

5. 打印页面

单击地址栏右侧"工具"按钮选择"文件"→"打印"命令,就可以打开"打印"对话框,可以在里面进行页面设置,选择纸张、打印方向等,然后点击"确定"或"打印"按钮,如图 6.8 所示。

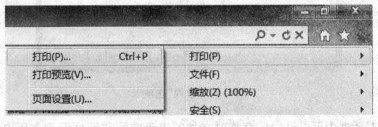

图 6.8　"打印"按钮

6. 设置个性化的 IE

（1）设置主页。

设置主页后，每次打开 IE 时，将按照设置的网址自动链接并打开其首页。

具体操作如下：

①在 IE 浏览器中，点击"工具"按钮→"internet 选项"命令，显示"internet 选项"对话框，如图 6.9 所示。

②在"internet 选项"对话框中有 3 个选择：

"使用当前页"：把当前正在浏览的页面作为浏览器主页。

"使用默认页"：把微软的主页作为浏览器的主页。

"使用空白页"：把空白页作为浏览器的主页。

选择结束单击"确定"按钮。

（2）使用缓存，提高 Web 页的浏览速度。

①打开并显示"Internet 选项"对话框。

②选择"常规"选项卡，单击"浏览历史记录"中的"设置"按钮，显示"Internet 临时文件和历史记录设置"对话框，如图 6.9 所示。

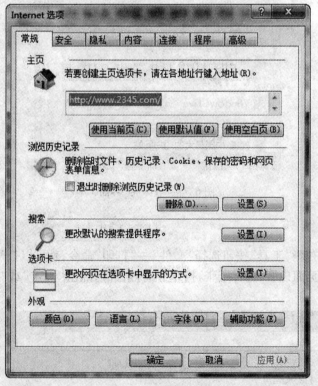

图 6.9 "常规"选项卡

③在该对话框中可以设置保存临时文件的磁盘空间和网页保存在历史记录的天数（视具体情况而定）。

④选择结束单击"确定"按钮。

（3）删除临时文件和清除历史记录。

①打开并显示"Internet 选项"对话框。

②在"Internet 选项"对话框中，在"浏览历史记录"中点击"删除"按钮即可。

（4）安全设置。

①设置安全级别。

打开并显示"Internet 选项"对话框，选择"安全"选项卡设置安全级别，可以设置"中""中高""高"3 个级别。

②设置受限站点。

打开并显示"Internet 选项"对话框，在对话框中单击"安全"→"受限站点"按钮→点击"站点"显示"受限站点"对话框。

在"将该网站添加到区域"文本框中，输入要限制的站点地址，然后单击"添加"按钮即可，完成后关闭对话框。

8. 下载文件操作

在 Web 页面上，点击要下载文件的链接，屏幕上将显示保存文件的对话框，如图6.10。在对话框中点击"保存"按钮，则文件直接保存到桌面个人文件夹下的"下载"的文件夹中。也可以点击"保存"按钮旁边的下拉菜单，选择"另存为"，打开如图 6.11 所示窗口，自行选择保存的路径。

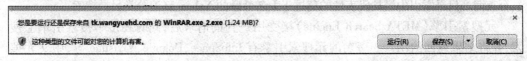

图 6.10　保存文件的对话框

图 6.11　"另存为"对话框

6.3.3 搜索引擎的使用

Internet 是一个巨大的信息宝库,为了迅速方便地查寻网上的信息资源,多数情况下都是靠搜索查找信息资源,一个途径是靠网页浏览器的搜索功能查找,另一个途径就是依靠搜索引擎。使用搜索引擎我们仅仅输入几个关键字就得到大量的相关信息,方便快捷。

1. 搜索引擎的定义

搜索引擎是指根据一定的策略、运用特定的计算机程序从互联网上搜集信息,在对信息进行组织和处理后,为用户提供检索服务,将用户检索的相关信息展示给其系统。

2. 搜索引擎的分类

搜索引擎包括全文索引、目录索引、元搜索引擎、垂直搜索引擎、集合式搜索引擎、门户搜索引擎与免费链接列表等。

全文搜索引擎是名副其实的搜索引擎,国外最著名的是 Google,国内则有著名的百度搜索。它们从互联网提取各个网站的信息(以网页文字为主),建立起数据库,并能检索与用户图片查询条件相匹配的记录,按一定的排列顺序返回结果。

目录索引虽然有搜索功能,但严格意义上不能称为真正的搜索引擎,只是按目录分类的网站链接列表而已。用户完全可以按照分类目录找到所需要的信息,不依靠关键词(Keywords)进行查询。目录索引中最具代表性的莫过于大名鼎鼎的 Yahoo、新浪分类目录搜索。

元搜索引擎(META Search Engine)接受用户查询请求后,同时在多个搜索引擎上搜索,并将结果返回给用户。著名的元搜索引擎有 InfoSpace、Dogpile、Vivisimo 等,中文元搜索引擎中具代表性的是搜星搜索引擎。

垂直搜索引擎为 2006 年后逐步兴起的一类搜索引擎。不同于通用的网页搜索引擎,垂直搜索专注于特定的搜索领域和搜索需求(如机票搜索、旅游搜索、生活搜索、小说搜索、视频搜索等),在其特定的搜索领域有更好的用户体验。相比通用搜索动辄数千台检索服务器,垂直搜索需要的硬件成本低、用户需求特定、查询的方式多样。

3. 搜索引擎的工作原理

以全文搜索引擎为例,搜索引擎的自动信息搜集功能分两种。一种是定期搜索,即每隔一段时间(比如 Google 一般是 28 天),搜索引擎主动派出"蜘蛛"程序,对一定 IP 地址范围内的互联网站进行检索,一旦发现新的网站,它会自动提取网站的信息和网址加入自己的数据库。

另一种是提交网站搜索,即网站拥有者主动向搜索引擎提交网址,它在一定时间内(2 天到数月不等)定向地向用户的网站派出"蜘蛛"程序,扫描网站并将有关信息存入数据库,以备用户查询。由于近年来搜索引擎索引规则发生了很大变化,主动提交网址并不保证用户的网站能进入搜索引擎数据库,因此目前最好的办法是多获得一些外部链接,让搜索引擎有更多的机会找到用户并自动将用户的网站收录。

4. 典型的搜索引擎站点

目前用户认识的主流的搜索引擎也不外乎是百度和谷歌,其次就是搜搜、搜狗以及雅虎、Bing 等,这些都是比较综合的搜索引擎。其他根据搜索引擎的不同分类主要有新闻类搜索引擎,如新浪的新闻搜索、百度的新闻搜索、谷歌的资讯搜索、新华网新闻搜索等。这些都是针对新闻的搜索。软件类搜索引擎也有很多。比较突出的就是迅雷狗狗搜索、太平洋软件搜索、华军软件园等。根据搜索引擎的分类还有很多,如音乐、电影、图片、文档、视频、博客、购物、旅游、地图、生活等。

5. 搜索技巧

(1)相关检索。

如果用户无法确定输入什么样的关键词才能找到所需的资料,相关检索可以提供一定的帮助。用户可以先输入一个相对简单的关键词,然后搜索引擎会提供"其他用户搜索过的关键词"作为参考,单击任何一个相关的搜索词,都可以得到相关搜索关键词的搜索结果。例如,我们在百度搜索"互联网"这一关键词。在百度搜索结果网页的下方就可以得到如图 6.12 所示的相关检索结果。

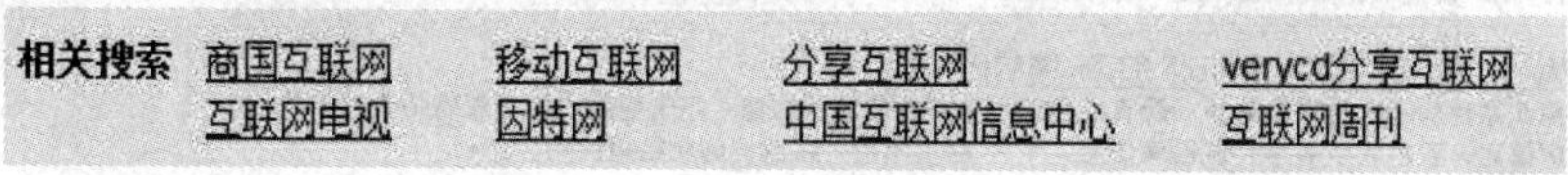

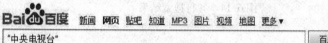

图 6.12　检索结果

(2)精确匹配。

给要查询的关键词加上双引号(半角,以下要加的其他符号同此),可以实现精确的查询,这种方法要求查询结果要精确匹配,不包括演变形式。例如,在搜索引擎的文字框中输入"中央电视台",它就会返回网页中有"中央电视台"这个关键字的网址,而不会返回诸如"中央电视"之类的网页,如图 6.13 所示。

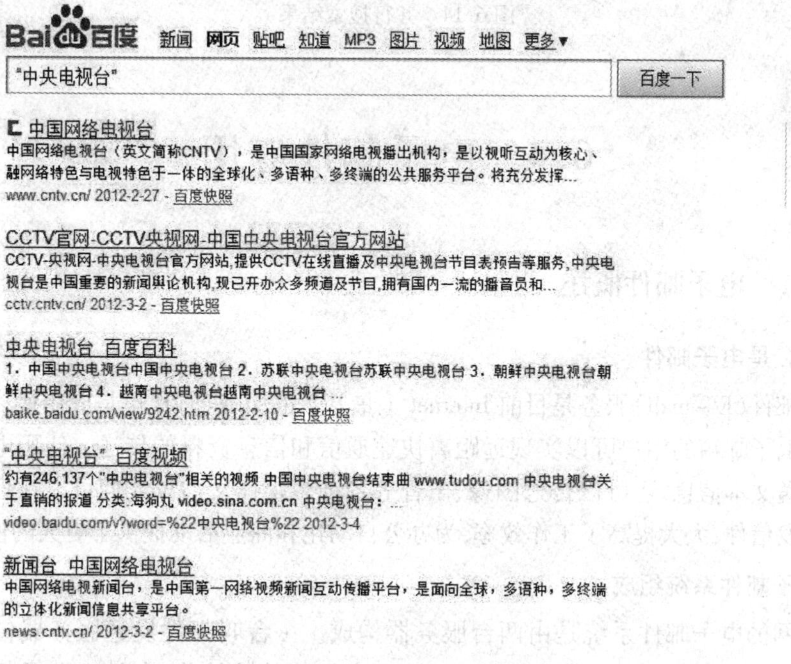

图 6.13　精确检索结果

(3)并行搜索。

使用"A→B"来搜索。此时的搜索结果为或者包含关键词 A,或者包含关键词 B 的搜索结果。例如,要搜索北京大学和清华大学的相关资料,主要输入"北大 l 清华"即可(这里要注意,竖线的前后都要有空格),结果如图 6.14 所示。

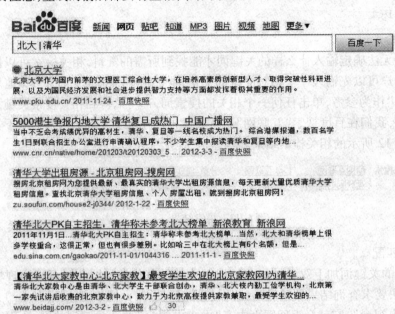

图 6.14　并行搜索结果

6.4　电子邮件应用

6.4.1　电子邮件概述

1. 什么是电子邮件

电子邮件(E – mail)服务是目前 Internet 上最基本的服务项目,也是应用最广泛的功能之一拥有电子邮箱的用户可以实现远距离快速通信和信息资料的传送。使用电子邮件不仅可以传送文本信息,还可以传送图像、声音等各种多媒体文件。人们可以在任何地方任何时间收发信件,大大提高了工作效率,为办公自动化和商业活动提供了更大的便利。

2. 电子邮件系统组成

因特网的电子邮件系统是由两台服务器构成。一台叫邮件发送服务器(SMTP),专司邮件发送,一台叫邮件接收服务器(POP3),专司邮件的接收、存储。电子邮件的收发必须遵守两个协议,一个是 POP3 协议,另一个是 SMTP 协议。

3. 邮局协议

POP3 是"邮局协议"的缩写,它是一种接收邮件的协议,它规定了用户的计算机如何与因特网上的邮件服务器相连,从而保证用户将邮件下载到自己的计算机以便脱机(即下网,退出因特网)阅读或撰写邮件。

而 SMTP,即"简单邮件传送协议"的英文缩写,它保证邮件传送服务器将用户的邮件转移到另一个 POP3 邮件接收服务器,该邮件服务器将接收到的邮件存储并转发给收信人。

4. 电子邮箱与邮箱地址

电子邮箱是通过网络电子邮局为网络客户提供的网络交流电子信息空间。电子邮箱具有存储和收发电子信息的功能,是因特网中最重要的信息交流工具。

在网络中,电子邮箱可以自动接收网络任何电子邮箱所发的电子邮件,并能存储规定大小的等多种格式的电子文件。电子邮箱具有单独的网络域名,其电子邮局地址在@后标注,电子邮箱一般格式为:用户名@ 域名,中间用一个表示"在"(at)的符号"@"分开,符号的左边是我们的邮箱账户名,右边是完整的邮件服务器的域名。例如:email@163.com,网易 163 的邮箱。

6.4.2　收发电子邮件

1. 在网页中使用和管理 E‐mail

(1)申请免费邮箱。

如果还没有电子邮箱,可以通过网站进行注册申请。可以选择的电子邮箱网站有很多,如网易 126、163、新浪、腾讯等都有免费邮箱可以使用,非常方便。

下面以网易 163 为例,介绍申请电子邮箱的方法步骤。

①在浏览器地址栏输入网址:http://mail.163.com,按回车键或者点"转到"就可以进入邮箱首页,如图 6.15 所示。

②点击"注册"按钮,就可以进入到注册页面,按照提示填写用户名密码等就可以注册到自己的邮箱了,如图 6.16 所示。

图 6.15　邮箱首页

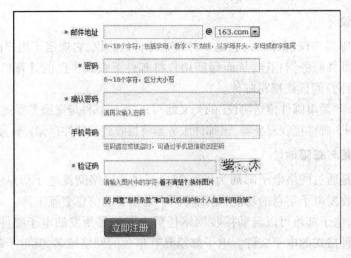

图 6.16　注册邮箱

（2）使用 Web 邮箱。

登录 http://mail.163.com 或单击网易首页登录网易通行证处的"免费邮箱"，就可以进入到如图 6.17 所示的窗口，点击收信或收件箱就可以看到收到的信件。

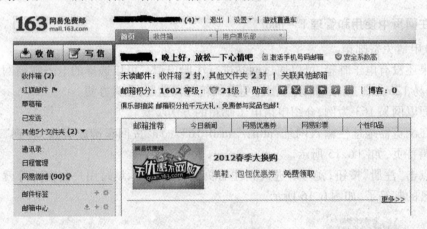

图 6.17　打开邮箱

如果点击如图 6.17 中的写信就会进入到撰写邮件的界面，如图 6.18 所示，在收件人后面的文本框中填入收信人的邮箱地址，填好题目及正文即编写好了一封邮件。点击发送就可以将邮件发送到对方的邮箱里。

Web 邮箱同时也提供了添加附件和邮件模板的功能，在编写邮件时可以根据情况选择使用，网易 163 邮箱的附件限制为最大 50 M，在发送邮件的过程中应该注意到这一点。

在发送后会有邮件是否发送成功的提示。

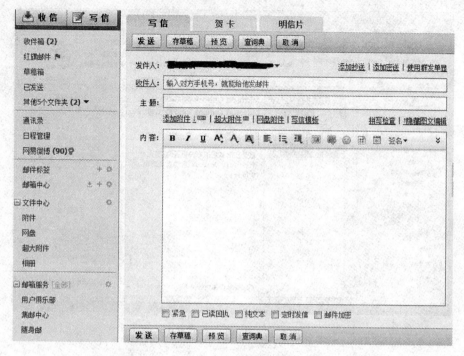

图 6.18　写邮件

2. 使用 Outlook 收发邮件

Outlook 2010 是 Microsoft office 2010(微软)提供的一种电子邮件客户端,是微软公司出品的一款电子邮件客户端,也是一个基于 NNTP 协议的 Usenet 客户端。

(1)Outlook 2010 账户的设置。

Outlook 2010 的界面如图 6.19 所示。

作为邮件管理的第一步,是设置邮件账号。点击"文件"→"添加账号",在"文件"选项卡下,点击"添加账户",选择"电子邮件账户"项,如图 6.20 所示。

进入 Internet 连接向导,先是"您的姓名"项,填入想在发件人出显示的名字。接着进入"Internet 电子邮件地址"项,一般情况下,选择"我想使用一个已有的电子邮件地址",然后在电子邮件地址栏中填入已经申请过的电子邮件地址。

下一步填入邮箱的密码,如图 6.21 所示。

账户设置完成,现在可以开始接收邮件了。

(2)收发电子邮件。

接收邮件并不是 Outlook 2010 的主要功能,只要点击接收邮件的按钮,Outlook 2010 就会自动地接收邮件,我们主要双击接收到的邮件,就可以在邮件内容的窗口看到选中的邮件的具体内容。

点击"开始"选项卡中的"新建电子邮件"选项,出现如图 6.22 所示的"新邮件"窗口。窗口分为 3 部分,即菜单栏、发送选项栏和内容编辑框。

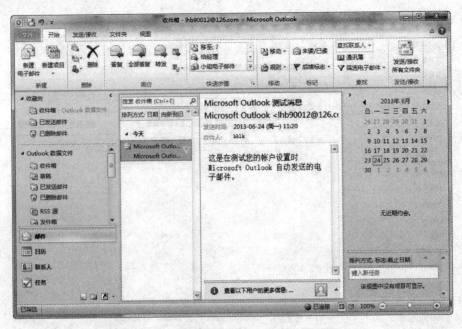

图 6.19　Outlook 2010 界面

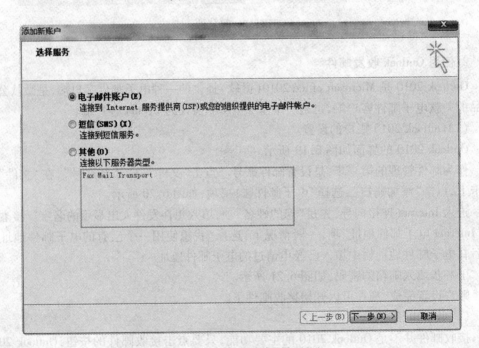

图 6.20　"添加新账户"界面(1)

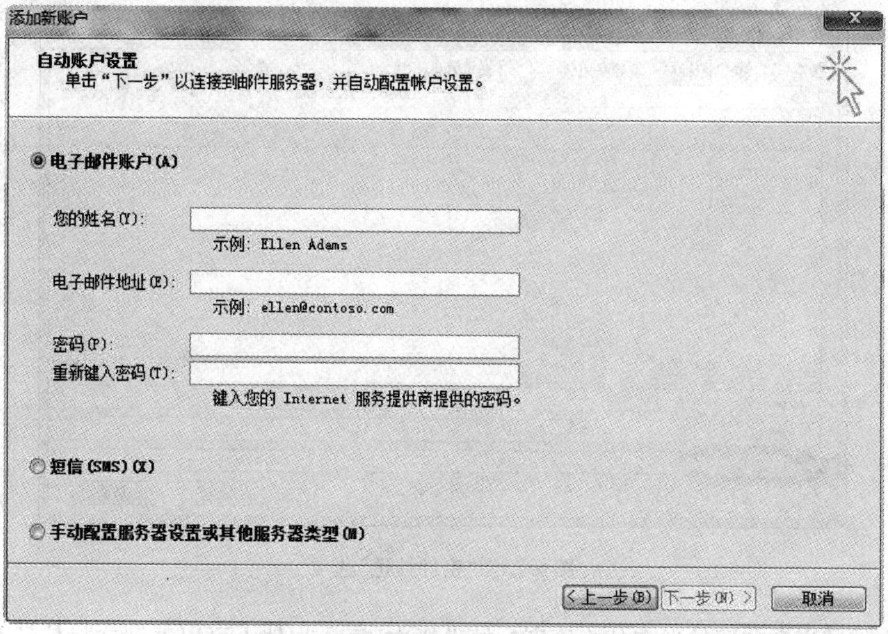

图 6.21　"添加新账户"界面(2)

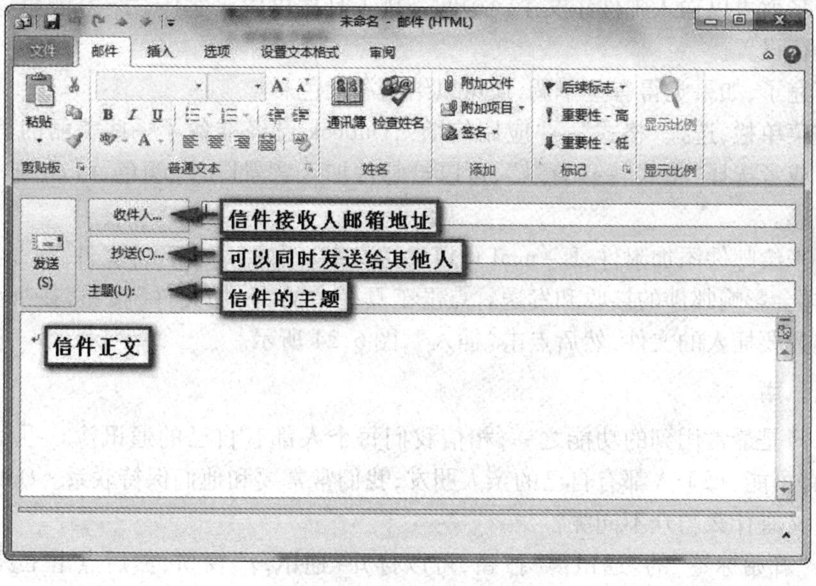

图 6.22　新建电子邮箱

　　这就好比我们写信,中间那一栏就是信封,要写明收件人地址,即收件人电子邮件地址;主题,则是给收件人一个提示,说明邮件的主题。抄送一栏,则充分体现了电子邮件的优势,我们可以写一封邮件,同时发送给若干个人,大大提高了工作效率。内容框就相当于信纸,可以写内容。

　　在建立邮件界面中点击抄送,然后会发现有"密件抄送"选项,图 6.23 所示。

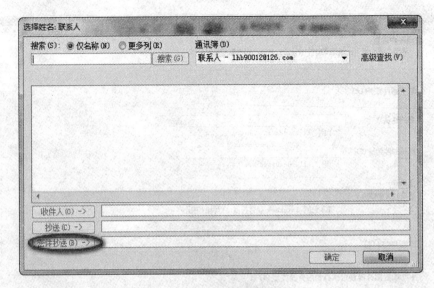

图 6.23 "密件抄送"选项

密件抄送和普通抄送有什么区别？抄送栏中，每个收件人可以看到这封信还有那些人和我同时收到,而使用密件抄送,其他收件人是看不到密件抄送者的邮件地址的。

接下来就可以输入邮件正文了。中间一排工具栏可以对字体、字号、颜色、文字排列方式等进行设置。

信写完了,如果觉得有些单调,还可以给它添加色彩。

在主菜单栏,选择"格式"→"应用信纸",Outlook 已经准备了一些美丽的信纸,供用户选择。或者选择"格式"→"背景",可以给邮件加入背景图片、颜色、声音,邮件立刻变得多姿多彩。

接下来给邮件添加附件,E－mail 可以发送文字、图像、声音各种文件,只是附件不要太大,这样会影响邮件的接收和发送。点击工具栏中的"附加文件"按钮,在"附加文件"窗口中选择要插入的文件,然后点击"插入",图 6.24 所示。

3.通讯簿

通讯簿是最常用到的功能之一,相信我们每个人都有自己的通讯簿。手写的、电子版的,都有可能,每个人都有自己的亲人朋友,我们常常要和他们保持联系。Outlook 2010 的通讯簿又有什么与众不同呢？

点击"开始标签"的"通讯簿"按钮,可以打开"通讯簿"窗口,然后点击工具栏的"文件"→"添加新地址",输入你所知道的全部信息,当然,越详细,越有利于你将来的使用,如图 6.25 所示。

确定后退出通讯簿窗口,当打开"通讯簿"或是点击建立邮件窗口的"收件人"按钮时,我们刚刚加入的联系人赫然在目。今后,如果我们要给联系人发邮件,只要双击新建的联系人,就会弹出"新邮件"窗口。

图 6.24　插入附件

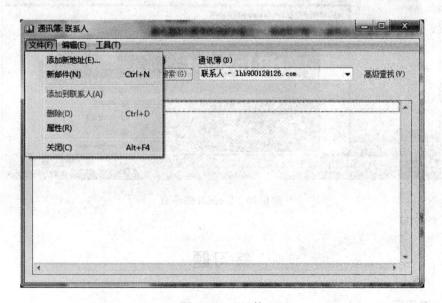

图 6.25　通讯簿

6.4.3　使用 Foxmail 软件收发电子邮件

Foxmail 邮件客户端软件,是中国最著名的软件产品之一,中文版使用人数超过 400 万,英文版的用户遍布 20 多个国家,列名"十大国产软件",被太平洋电脑网评为五星级软件。Foxmail 通过和 U 盘的授权捆绑形成了安全邮,随身邮等一系列产品。2005 年 3 月 16 日被腾讯收购。现在已经发展到 Foxmail 7.0。图 6.26 为 Foxmail 的界面。

在这个主界面可以完成邮件收发、回复、转发、删除、新邮件撰写等基本的操作,界面

上方为功能菜单栏,功能菜单下方左侧是邮箱账户名称列表,右侧主要是邮件列表以及邮件内容。

点开"撰写"即可写信,同普通的撰写信件没什么两样,设置字体、背景、插入图片、声音、附件等操作都可以进行,但 Foxmail 强就强在其信件内容的编辑及发送邮件迅速方面,在撰写邮件上,除了刚才提到的那些基本功能外,Foxmail 还支持信纸的模板定制、签名等,而在速度方面,用户可以选择普通的发送,也可以选择"特快专递"的发送,相比较而言,特快专递拥有其高效、稳定、迅捷等优点。

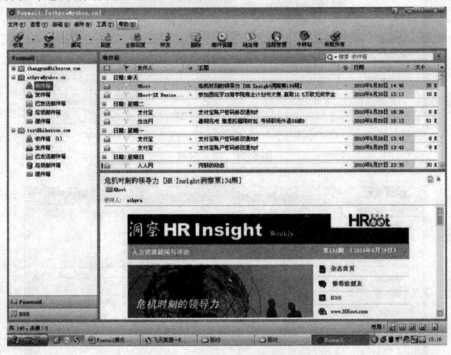

图 6.26 Foxmail 的界面

练习题

一、选择题

1. LAN 是( )的英文缩写。

A. 城域网   B. 网络操作系统

C. 局域网   D. 广域网

2. 第三代计算机通信网络,网络体系结构与协议标准趋于统一,国际标准化组织建立了( )参考模型。

A. OSI   B. TCP/IP   C. HTTP   D. ARPA

3. FTP 是指( )。

A. 远程登录   B. 网络服务器

C. 域名　　　　　　　　　　　　　　D. 文件传输协议

4. WWW 的网页文件是在(　　　)传输协议支持下运行的。

A. FTP 协议　　　　　　　　　　　　B. HTTP 协议

C. SMTP 协议　　　　　　　　　　　D. IP 协议

5. 广域网和局域网是按照(　　　)来分的。

A. 网络使用者　　　　　　　　　　　B. 信息交换方式

C. 网络作用范围　　　　　　　　　　D. 传输控制协议

6. TCP/IP 协议的含义是(　　　)。

A. 局域网传输协议　　　　　　　　　B. 拨号入网传输协议

C. 传输控制协议和网际协议　　　　　D. 网际协议

7. 下列 IP 地址中,可能正确的是(　　　)。

A. 192.168.5　　　　　　　　　　　B. 202.116.256.10

C. 10.215.215.1.3　　　　　　　　D. 172.16.55.69

8. 以下关于访问 Web 站点的说法正确的是(　　　)。

A. 只能输入 IP 地址　　　　　　　　B. 需同时输入 IP 地址和域名

C. 只能输入域名　　　　　　　　　　D. 可以输入 IP 地址或输入域名

9. 电子邮箱的地址由(　　　)。

A. 用户名和主机域名两部分组成,它们之间用符号"@"分隔

B. 主机域名和用户名两部分组成,它们之间用符号"@"分隔

C. 主机域名和用户名两部分组成,它们之间用符号"."分隔

D. 用户名和主机域名两部分组成,它们之间用符号"."分隔

10. Internet 的中文含义是(　　　)。

A. 因特网　　　　　B. 城域网　　　　　C. 互联网　　　　　D. 局域网

11. E - mail 邮件本质上是(　　　)。

A. 一个文件　　　　B. 一份传真　　　　C. 一个电话　　　　D. 一个电报

12. 域名系统 DNS 的作用是(　　　)。

A. 存放主机域名　　　　　　　　　　B. 存放 IP 地址

C. 存放邮件的地址表　　　　　　　　D. 将域名转换成 IP 地址

13. Internet 采用的通信协议是(　　　)。

A. HTTP　　　　　　　　　　　　　B. TCP/IP

C. SMTP　　　　　　　　　　　　　D. POP3

14. IP 地址 192.168.54.23 属于(　　　)IP 地址。

A. A 类　　　　　　　　　　　　　　B. B 类

C. C 类　　　　　　　　　　　　　　D. 以上答案都不对

15. 下列不是计算机网络系统的拓扑结构的是(　　　)。

A. 星形结构　　　　　　　　　　　　B. 单线结构

C. 总线型结构　　　　　　　　　　　D. 环形结构

16. 目前,网络的有形的传输介质中传输速率最高的是(　　　)。

A. 双绞线   B. 同轴电缆
C. 光缆   D. 电话线

17. Internet 使用的协议是(   )。
A. IPX/SPX   B. TCP/IP
C. FTP   D. SMTP

18. 就计算机网络分类而言,下列说法中规范的是(   )。
A. 网络可以分为光缆网、无线网及局域网
B. 网络可以分为公用网、专用网及远程网
C. 网络可以分为局域网、广域网及城域网
D. 网路可以分为数字网、模拟网及通用网

19. 使用 Outlook Express 操作电子邮件,下列说法中正确的是(   )。
A. 发送电子邮件时,一次发送操作只能发送个一个接收者
B. 可以将任何文件作为邮件附件发送给收件人
C. 接收方必须开机,发送方才能发送邮件
D. 只能发送新邮件、回复邮件,不能转发邮件

20. 域名是 ISP 的计算机名,域名中的后缀. gov 表示机构所属类型为(   )。
A. 政府机构   B. 教育机构
C. 商业机构   D. 军事机构

二、填空题

1. 有一个 URL 是:http://www. tongji. edu. cn/,表示这台服务器属于_____机构,该服务器的顶级域名是_____,表示_____。

2. IP 地址采用分层结构,由_____和主机地址组成。

3. IP 地址分为_____类,常用的是_____。C 类 IP 地址的主机地址的长度是_____,可以表示_____台主机。

4. 在浏览器中,默认的协议是_____。

5. 电子信箱的地址是 shanghai@ cctv. com. cn,其中 cctv. com. cn 表示_____。

6. 接收到的电子邮件的主题字前带有回形针标记,表示该邮件带有_____。

7. WWW 不是传统意义上的物理网络,而是在_____基础上形成的信息网络。

8. Internet 上的资源分为_____和_____两类。

9. 浏览器通过_____可以用于显示内容的控制。

10. 组成计算机网络的目的是实现软硬件资源的共享和_____。

11. 广域网的英文缩写是_____。

12. "WWW"称为"环球信息网"或者_____。

13. Outlook Exprees 软件主要功能是_____。

14. 像 Windows 2003 这样用于网络资源管理和控制的软件称为_____。

三、判断题

1. Internet 具有电子邮件(E - mail)、文件传输(FTP)、万维网(WWW)等主要功能。

(   )

2.在计算机网络中只能共享软件资源,不能共享硬件资源 。　　　　　(　　)

3.用电缆把多台计算机连接在一起就组成了计算机网络。　　　　　(　　)

4.一台计算机连进了局域网,就不能连进互联网。　　　　　　　　(　　)

5.IP 协议可以保证计算机之间的通信,但不能保证数据传输的可靠性。　(　　)

6.一台在 Internet 上的计算机,它的 IP 地址和域名都是唯一的。　　(　　)

7.超媒体是超文本和多媒体信息的组合。　　　　　　　　　　　　(　　)

8.使用电子邮件时,不能把视频文件作为附件和邮件一起发给收件人。　(　　)

9.浏览器只能用来浏览网页,不能通过浏览器使用 FTP 服务。　　　(　　)

10.域名从左往右域名逐级变高,高一级的网域包含低一级的网域。　(　　)

四、操作题

1.电子邮件操作。

从考试系统中启动 Outlook 2010,查看收件箱中发给考生的电子邮件,然后根据如下要求进行电子邮件操作。

(1)将收到的试题邮件中的附件以"A 卷附件. zip"的文件名另存到 Netkt 文件夹中。

(2)按如下要求撰写新邮件:

请查看本机的 IP 地址并将本机的 IP 地址作为邮件内容发给 xiaoA@ qq. com ,邮件的主题为"本机 IP 地址"。

(3)发送撰写的邮件。

2.网页浏览操作。

(1)打开中国互联网络信息中心的网址 http://www. cnnic. cn。

浏览其上侧导航栏的"CN 域名"页面内容。

(2)登录搜索引擎百度的主页 http://www. baidu. com,将其页面上的百度图片标志另存到考生的 Netkt 文件夹下并命名为"百度. gif"。

然后利用关键字搜索与"温哥华冬奥会"有关的站点,并将最后检索到的页面以文本的形式另存到考生目录下的 Netkt 文件夹中,文件名称为"温哥华冬奥会. txt"。

(3)登录软件下载站点 http://download. cnnic. cn,下载"中国互联网发展状况统计报告",并以"互联网报告. doc"为名保存在考生目录下的 Netkt 文件夹中。

参 考 文 献

[1] 顾淑清.大学计算机应用基础[M].北京:北京邮电大学出版社,2010.
[2] 彭宣戈.计算机应用基础[M].北京:北京航空航天大学出版社,2009.
[3] 姜丽荣,李厚刚.大学计算机基础[M].北京:北京大学出版社,2010.
[4] 白秀轩.多媒体技术基础与应用[M].北京:清华大学出版社,2008.
[5] 谢希仁.计算机网络教程[M].2 版.北京:人民邮电出版社,2010.
[6] 余江.计算机网络技术与应用[M].天津:天津科技大学出版社,2011.